高职高专"十三五"规划教材

# 起重运输设备选用与维护

## （第2版）

主编　张树海　戚翠芬

U0323180

北　京

冶金工业出版社

2022

# 内 容 提 要

本书共有 14 章,详细介绍了起重运输机械的主要结构及其选用与维护;从安全角度介绍了桥式起重机的电气系统及电路、防护装置、操作及维护,提出其常见故障的解决方法;结合实际对典型起重伤害事故进行了分析,并提出预防措施。各章后均有复习思考题,方便读者自测。

本书可作为职业院校冶金、机械类专业教材,也可用作冶金企业职工培训教材或供相关专业工程技术人员参考。

## 图书在版编目(CIP)数据

起重运输设备选用与维护/张树海,戚翠芬主编 . —2 版 . —北京:冶金工业出版社,2018.8 (2022.6 重印)

高职高专"十三五"规划教材

ISBN 978-7-5024-6609-1

Ⅰ.①起… Ⅱ.①张… ②戚… Ⅲ.①起重机械—高等职业教育—教材 ②运输机械—高等职业教育—教材 Ⅳ.①TH2

中国版本图书馆 CIP 数据核字(2018)第 196529 号

**起重运输设备选用与维护(第 2 版)**

| | | | |
|---|---|---|---|
| **出版发行** | 冶金工业出版社 | **电 话** | (010)64027926 |
| **地 址** | 北京市东城区嵩祝院北巷 39 号 | **邮 编** | 100009 |
| **网 址** | www.mip1953.com | **电子信箱** | service@ mip1953.com |

策划编辑 俞跃春 责任编辑 俞跃春 美术编辑 彭子赫
版式设计 葛新霞 责任校对 禹 蕊 责任印制 李玉山
北京印刷集团有限责任公司印刷
2013 年 1 月第 1 版,2018 年 8 月第 2 版,2022 年 6 月第 3 次印刷
787mm×1092mm 1/16;18.75 印张;453 千字;286 页
定价 48.00 元

投稿电话 (010)64027932 投稿信箱 tougao@cnmip.com.cn
营销中心电话 (010)64044283
冶金工业出版社天猫旗舰店 yjgycbs.tmall.com
(本书如有印装质量问题,本社营销中心负责退换)

# 第2版前言

纵观当今世界，所有经济发达国家，都大力发展职业教育。发展职业教育，加快培养技能型、实用型人才，以提高劳动者的素质，对我国经济社会发展具有十分重要的作用。职业教育的质量高低关键在于专业、课程建设水平，而教材建设在专业课程建设中占据举足轻重的地位。因此，开发适用的职业教育教材是十分重要、十分必要的。

物料搬运在整个国民经济中占有十分重要的地位，是一个国家生产力水平的重要标志之一。生产现代化水平的不断提高，对物料搬运从业人员的技能和素质要求也越来越高。本书是在"起重运输设备选用与维护"教学实践的基础上对冶金工业出版社出版的《起重运输设备选用与维护》的修订，修订的主要内容有：

（1）更新了标准。本书全部采用现行国家标准、行业标准。考虑到一些新旧标准的过渡和标准在工矿企业的实际应用情况，对有些标准还做了新旧比照。

（2）调整了结构。为了使教材的结构更加合理，层次更加清楚，便于读者理解和记忆，本书调整了编写结构。例如，将原来的项目形式改成章节形式，结构更加清晰；将原项目6的任务6.1由两部分调整成"选用减速器的一般原则"、"桥式起重机常用的减速器"、"减速器的维护与使用"三部分；将原任务6.2由三部分调整成"联轴器的作用和种类"、"联轴器的选用"、"联轴器的基本要求及使用与检查"、"联轴器的型号"、"联轴器的常见故障及消除方法"五个部分；原项目8由一个任务调整成六个任务。

（3）整合更新了内容。例如，第1章增加了"起重机的型号及表示方法"、"运输机械的种类"的知识点；第2章整合了"钢丝绳选择"的内容，删除了"钢丝绳标记"中有关GB 1102—1974的描述；第3章整合了"选择使用滑轮和滑轮组"的相关内容；对第4章"吊钩和吊钩组"中的部分内容进行了整合；第5章由四个任务整合成三节，增加了"停止器、单块制动器"的相关内容，对教学内容进行了大的调整；对第6章进行了较大的改写；第8章增加了

、"防爬器"等内容，整合了"防风器"的内容；第10

"下降极限位置限制器"、"防爬器"等内容，整合了"防风器"的内容；第10章增加了"电阻器型号标记"的内容；第12章增加了"事故等级划分"、"事故调查报告"的内容，增加了新的事故案例；第14章增加了"斗式提升机"的相关内容。

通过修订，本书内容更加新颖，结构更加合理，同时本书的职业性、实践性等特点更加突出。

本书由河北工业职业技术学院张树海、戚翠芬担任主编，崔继红、刘士英、李永刚任副主编。参加编写的有：济南钢铁公司侯日斌，河北钢铁集团邯郸钢铁公司杨振东，河北钢铁集团石家庄钢铁公司邢毅品，河北工业职业技术学院王丽芬、马金兰、李玲玲。全书由张树海统稿，河北工业职业技术学院巩甘雷博士主审了本书初稿。本书在编写中得到河北钢铁集团邯郸钢铁公司的大力协助；参考了多种相关书籍、资料，在此一并表示由衷的谢意。

由于编者水平所限，书中不足之处，敬请广大同行与读者批评指正。

编者

2018 年 3 月

# 第1版前言

　　我国高等职业教育示范院校建设已经取得初步成效，骨干院校建设正在如火如荼地进行中，示范、骨干院校建设最核心的是课程建设，而教材是体现课程建设成果的重要载体，是将课程建设成果进行转化的纽带。

　　为了适应示范院校的课程建设，我们在"起重运输设备选用与维护"教学实践经验的基础上，编写了本书。本书较之以往教材的不同之处在于，适应了以工作任务为导向的项目化教学模式的需要，根据起重运输机械使用维护岗位群技能要求，以岗位技能要求为主线，按照理论与实践相结合的原则，同时充分考虑经济发展、科技进步和产业结构调整的变化，把相关的理论、实训内容重新整合，形成若干"教学项目"。教学项目、教学任务是课程组和起重运输机械现场专家共同研究确定的，这样的编排方式既能符合学生的认知规律，由简单到复杂，层层递进；又是起重运输机械选用操作维修实践中真实工作过程的再现。

　　本书具有以下特点：

　　项目化。以项目为教学单元，注重知识与技能的紧密联系、有机结合，突出技能和技巧，不刻意强调知识的系统性和完整性，实现教学的项目化，使教学更有针对性，教学效果更加明显。以教学项目的形式编排内容，每个项目既相互联系，又有较强的独立性，学生既可以学习全部的项目，又可以根据需要挑选其中的任何一个项目进行学习。

　　职业性。以冶金行业实际生产中起重运输机械的典型选用维护与检修为课程内容，以典型工作任务为主线，培养学生处理工作中实际问题的能力，并适当融入职业技能鉴定的内容，充分体现职业性。

　　实践性。注重解决生产实践中的实际难题，注重培养素质和能力。针对起重运输工作的实际需要，技能课程安排在实训室、专业教室或冶金企业现场教学，突出实践性。

　　开放性。课程建设由学校、企业合作进行，共同核定培养规格、筛选岗位任务、选择教学内容、设计教学环境、提出师资要求、拟定考评方案，课程建设注意吸收学生的建议，坚持持续改进的原则，突出开放性。

新颖性。既介绍常用的、传统的技术、工艺、方法，又介绍新技术、新工艺、新方法。

注重素质教育。从高等职业教育的性质、特点、任务出发，注重素质教育，注重拓展学生的专业知识，培养学生的技术应用能力。通过该课程的学习能够使学生以更负责、更有远见、更有道德的方式从事自己的职业；以更喜爱专业技术的情感、积极探究专业技术；以更高地热情参与技术创新实践，为社会的进步和发展做出贡献。

本书共包括识别起重运输机械、钢丝绳选择及保养更换、滑轮卷筒的选择维护检修、取物装置的选取维护、制动器的选用和维护、减速器和联轴器的选用和维护、车轮与轨道的选用及检修、桥式起重机的安全防护装置、桥式起重机的安全技术和维护、桥式起重机的电气系统及电路、桥式起重机的操作、事故分析处理预防及典型案例分析、故障原因及处理、运输机械的选用及维护共14 个教学项目。

本书由河北工业职业技术学院张树海担任主编，崔继红担任副主编，编写过程中得到河北钢铁集团邯郸钢铁公司有关专家的大力协助和批评指正，在编写过程中参考了大量相关书籍、资料，在此一并表示由衷的谢意。

本书凝结了笔者多年来在起重运输机械教学改革方面的成果，但由于水平所限，书中不妥之处，敬请广大读者批评指正。

编者

2012 年 8 月

# 目　录

# 1 起重运输机械概述

## 1.1 起重机械概述

### 1.1.1 起重机械的基础知识

#### 1.1.1.1 起重机械在工业生产中的作用及发展简史

起重机械是一种空间运输工具，主要作用是完成物料的提升、装卸和搬运。它是现代工业企业中实现生产过程机械化与自动化，提高生产率的重要工具和设备，在工厂、矿山、港口、车站、建筑工地、仓库、电站等各个领域和部门中都有广泛应用。

起重机械作为物料搬运工具，在完成一个工作过程中，一般都包括"储、装、运、卸"作业。因此，起重机械对于提高生产能力、保证产品质量、减轻劳动强度、降低成本、提高运输效率、加快物资周转与流通等，均有重要的影响，对安全生产、减少事故更有显著的作用。

在现代企业中，起重吊装技术已经不是单纯的减轻体力劳动强度的手段，而是现代化生产不可缺少的组成部分。根据生产系统的需要，原材料、零部件应及时、迅速、有节奏地吊装到工艺岗位上去，否则现代化生产就不可能实现。实践证明：在某些关键岗位上增加一两台起重设备，劳动生产率就会成倍地增长。世界各工业发达国家都十分重视物料吊装搬运系统的投资。生产规模越大，物料吊装搬运的重要性就越显著。良好的物料吊装搬运机械组成合理的吊装搬运系统，可以充分发挥生产能力，同时也能保证生产的安全。

在冶金生产中，起重机械已用于金属生产的全部过程。一个年产百万吨的中小型钢铁厂，仅物品流通量就高达千万吨以上，其中有不少是在高温环境下快速进行搬运的，因此需要装备数百台起重机械。冶金企业中的原料、半成品、成品和渣料的吞吐量形成了庞大的物流系统，据统计，要冶炼 1t 钢，需要 1.5t 矿石、0.825t 炼焦煤、0.37t 石灰石和其他原料，总的物料搬运量达到 5 ~ 8t；车间之间的转运量为 55 ~ 73t，车间内部的转运量为 160t；用于物料搬运的费用是整个生产费用的 35% ~ 45%。起重机械在大型工业企业的重要性可见一斑。

起重机械是随着人类生产劳动发展而发展起来的。在古代，人们依靠人力、畜力操纵简单的起重工具，使物体做单向的垂直位移。我国是使用起重工具最早的国家，如在公元前 1115 ~ 1079 年间（商朝末年）就发明了"辘轳"，辘轳实际上就是结构简单的手动绞车，这种工具在偏远地区至今仍在使用；又如高转筒车，在公元 600 年之前我国即已使用，它安装在河流中，利用水的动力工作。在古埃及，公元前也应用了各种简单的起重机械，并且应用了有齿轮传动的起重卷筒。在欧洲 1827 年出现了用蒸汽机驱动的固定旋转起重机，1885 年出现了电力驱动的固定旋转起重机。随着科学的进步和工业发展的需要，现代起重机械发展迅速，人们已制造出种类繁多的起重机械，目前我国起重机械制造业不仅产品门类基本齐全，而且形成了自己的系列和标准。

**1.1.1.2　起重机械的工作特点**

起重机械是以间歇、周期的工作方式，通过吊钩或其他取物装置的起升或起升移运物料的，在工作中，经历上料、运送、卸料及返回原处的过程。其工作特点可概括如下：

（1）起重机械通常都具有庞大的金属结构和比较复杂的机构，能完成一个起升、下降运动，一个或几个水平运动。作业过程中，常常是几个不同方向的运动同时操作，技术难度较大。

（2）吊运中所受载荷是变化的，重达成百上千吨；所吊运的物件多种多样，长则几十米甚至上百米，形状很不规则，还有散粒、热熔状态、易燃易爆危险物品，吊运过程复杂且危险。

（3）大多数起重机械需要在较大范围内运行，有的要装设钢轨和车轮、轮胎或履带，还有的需在钢丝绳上行走（如架空索道），活动空间较大，危险面也增大。

（4）暴露的、活动的零部件较多，且常与吊运作业人员直接接触（如吊钩、钢丝绳等）。

（5）作业环境复杂，工矿企业、码头、建筑施工工地、运输、旅游等场所，都有起重机械在运行。作业场所还常会遇到高温、高压、易燃、易爆、输电线路、强磁场等危险因素，这些都会对设备及人员构成威胁。

（6）作业中常需多人配合，存在较大难度。要求驾驶、指挥、司索等作业人员熟练配合、协调工作、互相照应。作业人员应有处理现场紧急情况的能力。

（7）升降机、电梯、索道等直接载运人员在导轨、平台、钢丝绳上做升降、位移运动，潜伏着许多偶发的危险因素等。

上述诸多危险因素的存在，决定了起重机械伤害事故较多。据有关资料统计，我国每年因起重机械伤害事故死亡的人数已占全部因工死亡人数的15%左右。为了保证起重机械的安全运行，国家已将其列为特种设备加以特殊管理。

**1.1.1.3　起重机械的种类**

起重机械按其功能和结构特点，大致可以分为下列四大类。

（1）轻、小型起重设备。轻、小型起重设备一般只有一个升降机构，只能实现单一的升降运动。轻、小型起重设备的特点是轻便、结构紧凑、动作简单、作业范围小。属于这一类的有千斤顶、葫芦（电动葫芦常配有运行小车与金属构架）、绞车、滑车等。

（2）桥式起重机。桥式起重机又称天车，其特点是可以使挂在吊钩或其他取物装置上的重物在空间实现垂直升降或水平运移。

桥式起重机包括起升机构、大/小车运行机构。依靠这些机构的配合动作，可使重物在一定的立方体空间内起升和搬运。属于这一类的有通用桥式起重机、龙门起重机、装卸桥、冶金桥式起重机、缆索起重机等。

（3）臂架式起重机。臂架式起重机的特点与桥式起重机基本相同。臂架式起重机一般由起升机构、变幅机构、旋转机构构成。依靠这些机构的配合动作，可使重物在一定的圆柱体空间内起升和搬运。臂架式起重机如果装设在车辆上或其他形式的运输（移动）工具上，就构成了运行臂架式旋转起重机。如汽车式起重机、轮胎式起重机、履带式起重机、浮式起重机、铁路起重机等。

（4）升降机。升降机的特点是重物或取物装置只能沿导轨升降。升降机虽只有一个升降机构，但在升降机中，还有许多其他附属装置，所以单独构成一类。升降机包括电梯、货梯、升船机等。

除此以外,起重机还有多种分类方法。例如,按取物装置和用途分类,有吊钩起重机、抓斗起重机、电磁起重机、冶金起重机、堆垛起重机、集装箱起重机和援救起重机等;按运移方式分类,有固定式起重机、运行式起重机、自行式起重机、拖引式起重机、爬升式起重机、便携式起重机和随车起重机等;按驱动方式分类,有支承起重机和悬挂起重机等;按使用场合分类,有车间起重机、机器房起重机、仓库起重机、贮料场起重机、建筑起重机、工程起重机、港口起重机、船厂起重机、坝顶起重机和船上起重机等。

本书主要介绍桥式起重机的相关知识。

#### 1.1.1.4 起重机械的计算载荷

设计选用起重机时,应考虑它的使用期限。在规定的使用期限内,起重机各零部件和结构件在循环载荷作用下应保证有足够的耐久性,不致产生疲劳损坏;同时,也应考虑到起重机在使用期限内,在可能出现的最大载荷组合的情况下,各零部件、结构件应具有足够的强度和稳定性,以保证起重机安全可靠地工作。根据上述要求。起重机设计选用计算通常分为寿命计算、强度计算和强度验算,与这三种计算相适应的,有三种不同情况的载荷,这些载荷称之为计算载荷。

(1) 第Ⅰ类载荷。第Ⅰ类载荷是指工作状态正常载荷。这类载荷是指起重机在正常工作条件下所承受的载荷,即起重机工作时经常可能出现的载荷。这类载荷是由起重机自重、等效起重量(起重机在工作寿命期内的平均起重量)、重物正常摆动的水平载荷、平稳启/制动引起的动载荷等组合成的。除选择电动机外,一般不考虑风压载荷的影响。这类载荷是用来计算传动零件和重级、特重级起重机的金属结构件的疲劳、磨损和发热等的一种计算载荷,所以又称为寿命计算载荷。

(2) 第Ⅱ类载荷。第Ⅱ类载荷是指工作状态最大载荷。这类载荷是指起重机在使用期限内工作时可能出现的最大载荷。它是由起重机自重、最大额定起重量、急剧的启/制动引起的动载荷、工作状态下最大风压力及重物最大偏摆引起的水平载荷等组合成的。这类载荷是进行传动零部件和金属结构件的强度计算、稳定计算和整机工作稳定性计算的载荷,因此又称为强度计算载荷。

(3) 第Ⅲ类载荷。第Ⅲ类载荷是指非工作状态最大载荷。这类载荷是指起重机处于非工作状态时可能出现的最大载荷,即非工作状态下起重机所承受的自重、最大风压力及轨道(路面)坡度引起的载荷等。这类载荷是作为零部件和金属结构件的强度验算和起重机非工作状态下整机稳定性验算的载荷,因此又称为验算载荷。

对起重机而言并不是每一种零部件都要进行这三种载荷的计算。总的说来,第Ⅱ类载荷计算对于起重机任何部分都是必要的;而第Ⅰ类、第Ⅲ类载荷只有对部分零部件是必要的。例如需要进行第Ⅲ类载荷计算的只是那些在起重机非工作期间可能承受暴风载荷的零部件,如起重机的变幅机构、回转支承装置的某些零件和夹轨器等;至于起升机构、运行机构等,在起重机不工作期间几乎不受力,因而不需要进行第Ⅲ类载荷的计算。

### 1.1.2 桥式起重机的种类、主要构造和参数

#### 1.1.2.1 桥式起重机的种类

桥式起重机又称天车、行车,它是起重机械中使用最广泛的一种。随着国民经济的飞

速发展，桥式起重机在许多部门已成为必不可少的设备。在现代化大生产的条件下，随着机械化和自动化程度的不断提高，桥式起重机在生产过程中已不单纯起辅助作用，而成为连续作业生产流程中的一种专用设备。桥式起重机横架在车间、仓库及露天固定跨间的上方，作为吊运物体，以及做某些特殊工艺操作的起重机。它的特点是：构造简单、易于操作；在起升机构极限高度与大、小车轨道所允许的空间范围内，能在任意位置吊运；维修方便、起重量大、不占地面作业的面积；不仅能减轻工人的体力劳动，而且还能提高生产效率，所以它广泛地应用于工业生产之中。

桥式起重机一般分为通用桥式起重机、冶金桥式起重机和龙门桥式起重机三大类，如图1-1所示。其中通用桥式起重机主要用于一般车间的物件装卸、吊运；冶金桥式起重机主要用于冶金生产中某些特殊的工艺操作；龙门式桥式起重机用于露天堆放物件的搬运。各类桥式起重机由于取物装置、专用功能的不同，所以在构造特点及作用方面也有所不同。

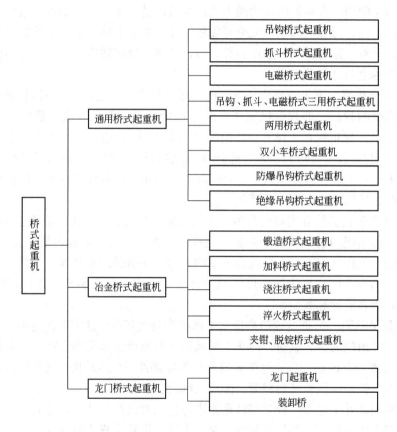

图1-1　桥式起重机的分类

A　通用桥式起重机

通用桥式起重机搬运物品多样，使用场所广泛，这里主要介绍几种常用的桥式起重机。

（1）吊钩桥式起重机。吊钩桥式起重机在起重机械中占的数量较多，用途最广。它是由桥架（大车）、小车、桥架运行机构、桥架金属结构和电气控制设备等几部分组成，如图1-2所示。

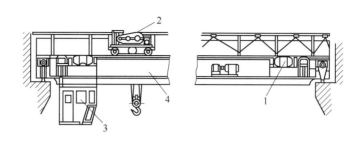

图 1-2 吊钩桥式起重机

1—大车运行机构；2—小车；3—司机驾驶室；4—桥架金属结构

一般，起重量在 10t 以下的桥式起重机，采用一套起升机构，也就是一个吊钩；15t 以上的桥式起重机采用主、副两套起升机构，即两个吊钩。其中起重量较大的吊钩为主钩，起重量较小的吊钩为副钩。主钩起重量大，但起升速度较慢。副钩起重量小，但起升速度较快，可以提高轻载吊运的效率。主副钩的起重量一般表示为主钩/副钩，用数字表示。例如 20/5，即主钩起重量为 20t，副钩起重量为 5t。主、副钩有时也称大、小钩，其起重量的比值一般为 1/6～1/4。它的起重量系列在部颁标准中规定为 3～250t。

（2）抓斗桥式起重机。抓斗桥式起重机如图 1-3 所示。从图中不难看出它与吊钩式桥式起重机的区别就在于取物装置的不同。吊钩桥式起重机的取物装置是吊钩，抓斗桥式起重机的取物装置是抓斗。由于取物装置不同，它们的作用也不同。吊钩桥式起重机主要吊运能捆绑的整体物件，而抓斗桥式起重机主要吊运不易捆绑的散碎物料。抓斗桥式起重机有双绳抓斗和电动抓斗等多种。这种桥式起重机的起重量系列在部颁标准中规定为 3～20t。

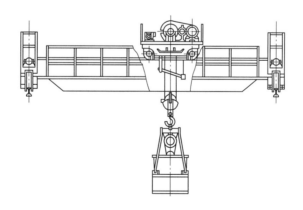

图 1-3 抓斗桥式起重机

（3）电磁桥式起重机。电磁桥式起重机（又称起重电磁铁）如图 1-4 所示。它的基本构造与吊钩桥式起重机基本相同，不同的是在吊钩上挂一个直流电磁盘，并利用电磁盘作为取物装置，主要用来吊运具有导磁性的金属材料，如钢板、型钢和废钢铁等，尤其是散碎导磁性的金属材料。这种桥式起重机的起重量有 5t、10t、15t、20t、30t 几种。

（4）吊钩、抓斗、电磁桥式三用桥式起重机。这种桥式起重机（见图 1-5）是一种一机多用的起重设备，除取物装置外其他结构与吊钩桥式起重机完全一样。由于它具有吊

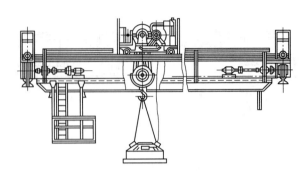

图 1-4　电磁桥式起重机

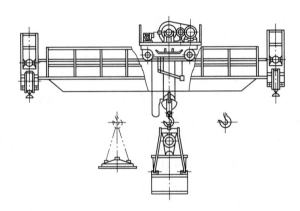

图 1-5　吊钩、抓斗、电磁桥式三用桥式起重机

钩、电动抓斗、电磁盘三种取物装置，所以它可根据不同的工作性质，变换使用其中任意一种吊具。对于物料经常改变的生产场所，应使用这种桥式起重机。由于电磁盘使用的是直流电，吊钩电动抓斗使用的是交流电，因此在使用时要通过转换开关来改变电源。这种桥式起重机的起重量有 5t、10t 两种。

（5）两用桥式起重机。两用桥式起重机（见图 1-6）有两种类型：一种是吊钩桥式、抓斗桥式起重机，另一种是桥式电磁、抓斗桥式起重机。它的特点是一台小车上设有两套各自独立的起升机构。一套为吊钩用、另一套为抓斗用，或一套为起重电磁铁用、另一套为抓斗用。虽然两套起升机构不能同时使用，但它不必像吊钩、抓斗、电磁桥式三用桥式起重机那样，用其中一种取物装置时，需要把另外一种卸下来。它可以根据工作的需要随意选用，所以它比三用桥式起重机的生产效率高。这种桥式起重机的起重量有 5/5t、10/10t、15/15t 三种。

（6）双小车桥式起重机。双小车桥式起重机（见图 1-7）具有两台起重量相同、可以单独工作也可以联合工作的起重小车。在某些（如 $2\times50t$、$2\times75t$）双小车的两个小车上，配有可变速的起升机构，因此轻载时可以采用高速运行，重载时可以低速运行；在吊运较重物件时，两台小车可以并车同时吊运。

由于这种桥式起重机具有两台起重小车，可以根据不同的工作情况来确定使用一台还是两台小车。两台小车同时使用时最适合于吊运长形工件。这种桥式起重机的有效工作范

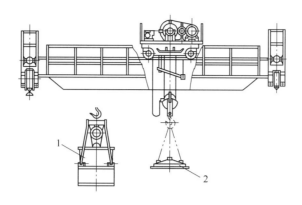

图 1-6 两用桥式起重机
1—抓斗；2—电磁盘

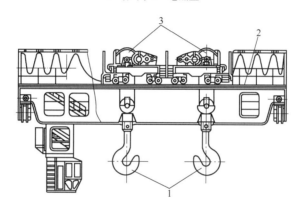

图 1-7 双小车桥式起重机
1—吊钩；2—桥架；3—小车

围广，它的起重量有 $2 \times 2.5t$、$2 \times 5t$、$2 \times 10t$、$2 \times 20t$、$2 \times 30t$ 几种。

（7）防爆吊钩桥式起重机。防爆吊钩桥式起重机的构造与吊钩桥式起重机相同，只是所用的整套电气设备具有防爆性能，以防止桥式起重机在工作中产生电火花引起燃烧或爆炸事故。这种桥式起重机最适用于具有易燃易爆混合物的车间、库房或其他易燃易爆的场所。

（8）绝缘吊钩桥式起重机。这种桥式起重机的构造与吊钩桥式起重机基本相同，只是为了防止在工作过程中，带电设备有可能通过被吊运的物件传到桥式起重机上，危及司机的生命安全，故在吊钩、小车架、小车轮三个部位设置了三道绝缘装置。绝缘材料多用环氧酚醛玻璃布板。这种桥式起重机适用于冶炼铝、镁的工厂。它的起重量有 5t、10t、15/3t、20/3t、30/5t 几种。

  B 冶金桥式起重机

冶金桥式起重机是冶金工艺过程中不可缺少的专用桥式起重机，通常有主副两台小车，每台小车都在各自的轨道上行走。按其用途的不同，冶金桥式起重机可分为以下几种：锻造桥式起重机（见图 1-8）、加料桥式起重机、浇注桥式起重机、淬火桥式起重机、夹钳和脱锭桥式起重机。

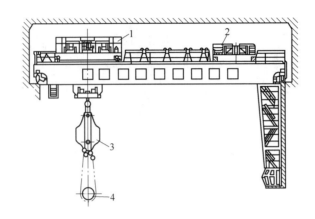

图 1-8　锻造桥式起重机
1—副小车；2—主小车；3—转料机；4—平衡杆

C　露天桥式起重机

凡是室外的桥式起重机统称为露天桥式起重机，如龙门起重机、装卸桥、汽车吊、塔式吊等。这里仅介绍龙门起重机和装卸桥两种。

（1）龙门起重机。龙门起重机又称门式桥式起重机，它与通用桥式起重机相比，主梁的构造以及传动机构基本相同，只是金属结构部分多了两条腿，工作环境是室外。图 1-9 中的（a）、（b）所示分别为双梁龙门起重机和单梁龙门起重机。

一般用途的龙门起重机的起重量多在 50t 以下，跨度一般在 35m 以下，主梁与两个支腿做成刚性连接。跨度在 35m 以上的龙门起重机，为避免温度影响，主梁和支腿的连接形

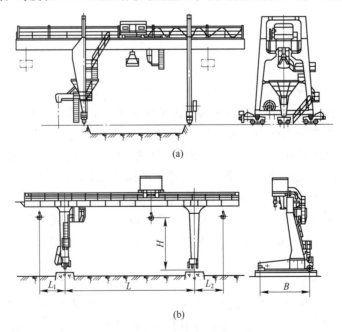

(a)

(b)

图 1-9　龙门起重机
（a）双梁龙门起重机；（b）单梁龙门起重机

式一个为刚性连接,另一个为柔性连接,以改善卡轨现象。由于龙门起重机的两腿在地面上行走,为了避免伤人,大车运行速度一般不超过 60m/min。

龙门起重机通常都做成带悬臂的,悬臂部分的长度一般为龙门起重机跨度的 3/10 ~ 2/5。另外根据室外露天工作的特点,龙门起重机还必须装设防风装置,电气设备需装设防雨罩等。

(2)装卸桥。装卸桥的构造与龙门起重机有些相似,但由于用途不同,它们的结构与参数也有若干差异。装卸桥多用于冶金厂、发电厂、海港等生产部门,用抓斗装运矿石、煤炭等散货。它的起重量不大,一般不超过 30t。

装卸桥与龙门起重机的区别在于:

1)龙门起重机的小车运行速度与通用桥式起重机的小车运行速度相近,一般在 40m/min 左右,但装卸桥的小车运行速度可达 150 ~ 200m/min,故设有特殊减振的小车架。

2)装卸桥的大车运行速度只有 20 ~ 30m/min。由此可见,装卸桥适合于定点装卸物料,而且单位小时的生产率是相当高的,而龙门式桥式起重机用在露天场所进行各种物料的吊运,它不完全强调生产效率。

装卸桥如图 1-10 所示。由于龙门起重机和装卸桥露天工作,具有较大的挡风面积,

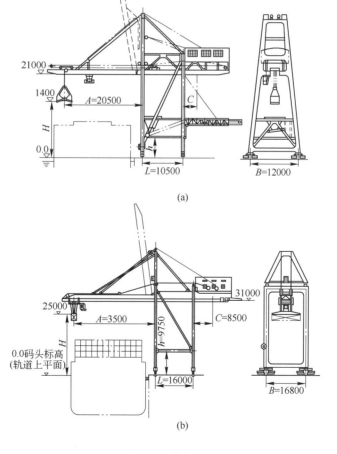

图 1-10 装卸桥
(a)抓斗装卸桥;(b)集装箱装卸桥

所以必须在安全的风力范围内工作。一般设计规定风力大于 7 级（包括 7 级）时不准工作，并且需设有防风装置（夹轨器、锚定等）、防雨罩子，以防装卸桥倒塌和下雨时漏电等。

1.1.2.2　桥式起重机的主要结构

桥式起重机主要由机械、电气、金属结构三大部分组成。机械部分包括大车运行机构、小车运行机构、起升机构；电气部分包括电器设备和电器线路；金属结构部分包括桥梁、驾驶室等。大车运行机构安置在桥架走台上，起升机构和小车运行机构安置在小车架上。

A　机械部分

a　运行机构

（1）大车运行机构。桥式起重机的大车运行机构由电动机、传动轴、联轴器、减速器、制动器、角型轴承箱和车轮等组成。其主要作用是驱动大车的车轮沿大车轨道运行。大车运行机构的驱动方式分为集中驱动和分别驱动两种形式。

1）集中驱动方式。用一台电动机通过减速器及传动轴，带动大车的两个车轮的驱动方式称为集中驱动方式，如图 1-11 所示。集中驱动方式又分为低速轴集中驱动、中速轴集中驱动和高速轴集中驱动三种形式。

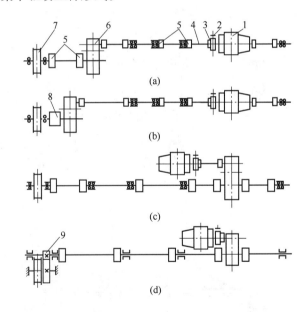

图 1-11　大车集中驱动方式

(a),(b)高速轴集中驱动；(c) 低速轴集中驱动；(d) 中速轴集中驱动

1—电动机；2—制动器；3—带制动轮半齿轮联轴器；4—浮动轴；

5—半齿轮联轴器；6—减速器；7—车轮；8—全齿轮联轴器；9—开始齿轮

高速轴集中驱动如图 1-11 （a）所示。电动机的两个伸出轴经高速传动轴与减速器相连。传动轴根据桥架跨度大小分为若干段，其中靠近电动机和减速器的两段做成浮动轴（即没有轴承支承的轴段），其他各段都有双列自位滚动轴承作支承，并且用半齿轮联轴器来连接。由于高速轴驱动轴的转速高、传递扭矩小，因而轴以及有关零件的尺寸小、重量轻。集中驱动方式的缺点是需要用两个减速器，要求传动轴具有较高的加工精度和装配精度，以减小因偏心质量在高速运转时引起的剧烈振动。这种传动方式适宜于跨度较大（≥16.5m）的工作场合。图 1-11（b）与图 1-11（a）基本相同，只是在减速器与车轮之间用全齿轮联轴器代替浮动轴连接，使减速器更靠近端梁。这种方式对桥架主端受载有利，但对装配来说不如浮动轴允许偏差大。

低速轴驱动如图 1-11（c）所示。低速轴集中驱动使用一个减速器，由于传动轴转速相对较低，因此对传动轴加工精度要求低，振动小；传动的力矩较大，所以传动轴的直径较大，自重大，一般适用于跨度较小（≤13.5m）的场合。这种驱动方式是在跨度中间装有电动机与减速器，减速器输出轴分两侧经低速传动轴带动车轮，传动轴转数与车轮转数相同，一般不大于 50～100r/min。由于低速传动轴离桥架主梁远，电动机、减速器制动等沉重部件都集中在桥架的中央，这些都对主梁的受载不利。

中速轴集中驱动［见图 1-11(d)］的特点是扭矩较小、传动轴直径较细、传动机件的质量轻、需采用一个减速器和两对减速齿轮，主要用于四桁架式桥架结构。这种传动方案的缺点是开式齿轮传动寿命低、机构分组性差、车轮拆装不便。

集中驱动一般只用于小吨位的桥式起重机，一些旧式桥式起重机也还在使用。

2）分别驱动方式。分别驱动方式是用两台规格完全相同的电动机分别通过齿轮联轴器直接与减速器高速轴连接，减速器低速轴经联轴器与大车车轮连接。分别驱动省去了中间传动轴，减轻了大车运行机构的质量，而且不因主梁的变形影响运行机构的传动性能，便于维修。由于它具有以上的优点，因此被广泛采用在国产的大吨位桥式起重机或新式桥式起重机上。

在分别驱动的桥架运行机构中，两侧的主动车轮都有各自的电动机构通过制动器、减速器和联轴器等部件来驱动。两台电动机之间可以采用专门的电气联锁来保持同步工作，但是目前多数情况下不采用电气联锁方法，而是利用感应电动机的力学特性和机构的刚性，自行调整由于不同步而引起的桥架运行歪斜。

分别驱动桥架运行机构传动方案如图 1-12 所示。这些方案的不同之处仅是电动机、减速器和车轮之间的连接方法。为了补偿被连接轴端之间的歪斜和偏差，最好采用浮动轴的连接方式，如图 1-12（a）所示。浮动轴的长度一般应不小于 80mm，否则补偿效果不大。这是因为两端的半齿轮联轴器的内、外齿轮的允许倾斜角是一定的（≤30″），而轴端之间允许的径向偏差与浮动长度成正比。用全齿轮联轴器允许被连接的轴端有一定的歪斜和偏差，但不如浮动轴允许的偏差大。为使机构紧凑，目前采用图 1-12（b）所示方案较多。

分别驱动桥架运行机构与集中驱动的相比，具有下述优点：一是由于省去长传动轴，运行机构的自重大为减轻，安装维修更为简便；二是分别驱动

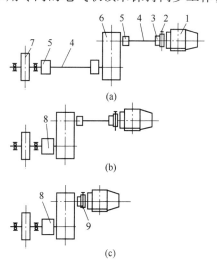

图 1-12　分别驱动方式

1—电动机；2—制动器；

3—带制动轮半齿轮联轴器；4—浮动轴；

5—半齿轮联轴器；6—减速器；7—车轮；

8—全齿轮联轴器；9—制动轮

受桥架变形的影响小，而且当一侧的电动机损坏后，还能靠另一侧的电动机维持短时间的工作，不致造成起重工作中途停车。它由于具有以上的优点，因此被广泛应用在国产的大吨位桥式起重机或新式桥式起重机上。

近年来在一些桥式起重机的新产品设计中，采用了一种将电动机、制动器、减速器和主动车轮直接串接成一体，中间不用联轴器连接的桥架运行机构。机构中的电动机轴和车轮轴端分别直接与减速器高速和低速齿轮相接，而部件的壳体之间采用凸缘和螺钉连接，由于省掉了联轴器，机构变得更紧凑而轻巧。制动电动机的结构可以是带锥盘制动器的锥形转子鼠笼式电动机，如前面电动葫芦所用的一样。机构的减速器除采用圆柱外啮合齿轮传动外，还有用摆线针轮或少齿差的行星传动形式。

大起重量桥式起重机和冶金起重机的大车运行机构通常采用两个或四个电动机。各自通过一套传动机构分别驱动。大起重量天车自重大，起重量也大，因此，为了降低轮压，通常采用八个或更多的车轮结构。桥架通过桥架的平衡梁用销轴与车轮组的平衡梁连接，使起重机的载荷由桥架均匀地传到车轮上。常用的平衡梁车轮组连接形式如图1-13所示。

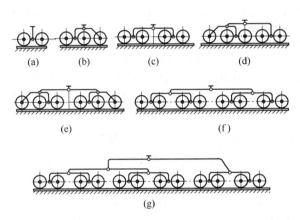

图 1-13　铰接式平衡梁车轮组连接装置
(a) 二轮一列；(b) 三轮一列；(c) 四轮一列；(d) 五轮一列；
(e) 六轮一列；(f) 八轮一列；(g) 十二轮一列

（2）小车运行机构。桥式起重机的起升机构是安装在小车上的，小车运行机构的主要作用是用来驱动小车沿主梁上的轨道做横向运动。

小车运行机构（见图1-14）主要包括电动机、制动器、车轮、浮动轴、半齿轮联轴器、立式减速器、全齿轮联轴器等。

图1-14（a）是减速器在中间的小车运行机构。小车两个主动车轮固定在小车架的两个角轴承箱，两个从动轮分别安装在另外两个角形轴承箱的旋转心轴上（不传递扭矩的轴）。运行机构的电动机安装在小车架的台面上，由于电动机轴和车轮轴不在同一水平面内，所以使用立式三级圆柱齿轮减速器。在电动机轴与车轮轴之间，用全齿轮联轴器或带浮动轴的半齿轮联轴器连接，以补偿小车架变形及安装的误差。减速器在外侧的小车运行机构如图1-14（b）所示。这种结构的特点是安装和检修都很方便，但它占据了较大的空间。

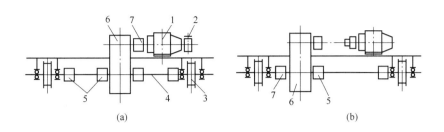

图 1-14  小车运行机构

（a）减速器在中间的小车运行机构；（b）减速器在外侧的小车运行机构

1—电动机；2—制动器；3—车轮；4—浮动轴；5—半齿联轴器；6—立式减速器；7—全齿联轴器

起重量大于 100t 的桥式起重机上的小车，通常装有平衡梁（运行台车），即在起重小车的每个支点上装有两个或两个以上的车轮，这些车轮装在一个或一个以上的平衡梁上，平衡梁与小车架铰接，使车轮压接近均匀。

（3）运行机构的安全技术。大、小车的运行机构应当设置制动器。制动器失效时，不准开车运行。大、小车的运行机构应当设置限位器、缓冲器和止挡装置，车挡损坏不准开车运行。在同轨作业的起重机，还应当设置防止撞击的限位器、缓冲器和防碰撞装置。

分别驱动的大车运行机构，两端制动器应调整一致，防止制动时发生大车歪斜。对采用锥形踏面的大车主动轮，锥度的大端应安装在指向跨中方向。小车车轮为单轮缘时，轮缘应在轨道外侧。为了确保天车运行安全，应对大、小车的运行机构制动器进行调整，以控制滑行距离：

1）大车断电制动后的滑行距离数值应不大于 $v/15$（m），$v_大$ 为大车额定运行速度（m/min）。

2）小车断电制动后的滑行距离数值应不大于 $v/20$（m），$v_小$ 为小车额定运行速度（m/min）。

3）为防止制动过快而产生的吊物大幅游摆，限制大车和小车制动后，最小滑行距离大于 $v^2/5000$（m），$v$ 为大、小车额定运行速度。

b  起升机构

（1）起升机构的组成。起升机构是桥式起重机中最基本的机构，它的主要作用是实现的物料升降。起升机构主要由驱动装置、传动装置、卷绕系统、取物装置、制动装置和安全装置等组成，如图 1-15 所示。

1）驱动装置。起升机构的驱动装置安装在小车架上。它是实现物料升降的动力源，一般都采用分别驱动方式。

2）传动装置。起升机构的传动装置也布置在小车架上。它包括传动轴、联轴器、减速器等。

3）卷绕系统。起升钢丝绳从卷筒上绕出，通过滑轮组，把取物装置联系起来，即构成了桥式起重机的卷绕系统。卷绕系统直接影响起重吊运作业的安全，其造成的人

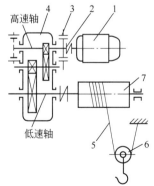

图 1-15  起升机构

1—电动机；2—联轴器；3—制动器；
4—减速器；5—钢丝绳；
6—滑轮；7—卷筒

身伤害事故起数，每年都占全部伤害事故的 30% ~ 40%。

4）取物装置。桥式起重机上的取物装置也称吊具，有吊钩、抓斗、电磁吸盘等，其中应用最广泛的是吊钩。

5）制动装置。制动装置主要是指制动器，它通常安装在高速轴上，是桥式起重机上非常重要的机械部件和安全部件。

6）安全装置。桥式起重机起升机构的安全装置主要有限位器（限制吊钩上升的高度）、起重量限制器（防止超负载吊运）。

（2）起升机构的传动原理。起升机构是由电动机通过联轴器与减速器的高速轴相连，减速器的低速轴与卷筒相连。当机构工作时，减速器的低速轴带动卷筒，将钢丝绳卷起或放下，经过滑轮组系统，使吊钩实现上升和下降的功能。机构停止工作时，制动器使吊钩连同货物悬停在空中。吊钩的升和降取决于电动机的旋转方向。

（3）起升机构的安全技术。起升机构必须装置制动装置，吊运炽热金属或易燃、易爆等危险品，以及发生事故后可能造成重大危险或损失的起升机构，其每一套驱动装置都应装设两套制动装置。

正常使用的起重机，每班都应对制动装置进行检查。

有主、副两套起升机构的起重机，主、副钩不应同时开动，但设计允许同时使用主、副钩的专用起重机除外。

起升机构必须装置超载限制器、上升极限位置限制器、下降极限位置限制器。当取物装置上升和下降到极限位置时，应能自动切断电动机电源。钢丝绳在卷筒上的缠绕，除不计固定钢丝绳圈数外，至少保留两圈。

吊运额定起重量的重物下降时，断电后的制动下滑距离 $S(m)$ 应满足：

$$S < v/\beta$$

式中　$v$——起重机的额定起升速度，m/min；

　　　$\beta$——起升机构的工作类型系数，1/min，轻级 $\beta = 120$，中级 $\beta = 100$，重级和特重级 $\beta = 80$。

B　电气部分

桥式起重机的电气部分是由电器设备和电器线路组成的。

a　桥式起重机的电器设备

桥式起重机的主要电器设备有供电装置、电动机、保护箱、控制屏、各机构控制器、电阻器、限位开关和安全开关等。

（1）供电装置。供电装置包括电源集电器和导电滑线两部分。导电滑线一般采用角钢制作，也有采用圆钢、裸铜线及软电缆等制作的。前者一般用于大车导电滑线；后者则常用于小车导电滑线上。

（2）电动机。电动机是桥式起重机上最重要的电器设备之一，不论是桥式起重机上的大车运行机构、小车运行机构还是桥式起重机的起升机构都是靠电动机来驱动的。目前，桥式起重机上采用的电动机主要有 JZR$_2$、YZR 以及冶金三相异步电动机。JZR$_2$ 系列电动机由于设计上存在某些缺点，即将被 YZR 系列电动机所代替。

（3）保护箱。保护箱放置在驾驶室内，箱内装有由刀开关、交流接触器、过电流继电器、熔断器和信号灯等组成的配电盘。

（4）控制屏。控制屏上装有零压继电器（失压保护）、过电流继电器（保护电动机）和控制电动机转子电路工作的反接接触器、加速接触器、单相接触器、换相继电器等电器元件，与主令控制器相配合，用于操纵功率较大的电动机的启动、调速、改变方向和制动等。

（5）各机构控制器。控制各机构的控制器主要有凸轮控制器和主令控制器。其主要的作用是控制各机构电动机的启动、调速、改变方向和制动。

（6）电阻器。电阻器串接在电动机转子回路中，通过接触器的吸合和断开，逐级增加或减小电阻的阻值，从而限制电动机的启动电流和调节电动机的旋转速度。

（7）限位开关和安全开关。限位开关用来限制各机构的工作范围；安全开关包括舱口门开关、端梁门开关和紧急开关等，起安全保护作用。

b　桥式起重机的电气线路

桥式起重机的电气线路由照明信号电路、主电路和控制电路三大部分组成。

（1）照明信号电路。照明信号电路包括桥上照明、桥下照明和驾驶室照明三部分。它的电源取自保护箱内刀开关的进线端，因此，在切断动力设备电源时仍有照明用电。

（2）主电路。主电路是带动电动机工作的电路，它由电动机的定子外接电路和转子外接电路组成，由控制电路控制。

（3）控制电路。控制电路控制主电路与电源的接通或断开，电动机的正转或反转、快速或慢速等，同时对各机构的正常工作起到安全保护作用。

C　金属结构部分

桥式起重机的金属结构部分包括桥架、驾驶室等。

a　桥架

桥式起重机的桥架是一种移动的金属结构，它承受起重负荷及小车的重量，通过车轮支承在轨道上，因此它是桥式起重机的主要承载结构。

（1）桥架的结构形式。桥架的结构形式主要取决于主梁的结构形式。桥架主梁的结构形式繁多，主要有箱形结构、四桁架式和空腹桁架式等几种。

箱形结构的桥架是桥式起重机桥架的基本形式，如图1-16所示。它的优点是制造工艺简单、通用性强、易于安装和检修。在5~80t的中、小桥式起重机系列中，主要采用这种结构形式。其缺点是自重大。

四桁架式结构的桥架如图1-17所示。它的优点是自重轻、刚性大，缺点是制造工艺复杂，不便于成批生产。这种结构仅适用于小起重量、大跨度的桥式起重机。

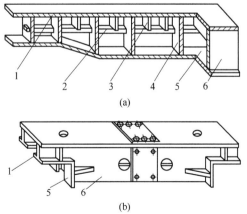

(a)

(b)

图1-16　箱形结构的桥架图
（a）箱形结构主梁图；（b）箱形结构端梁构造图
1—上盖板；2—水平加劲板；3—短加劲板；
4—长加劲板；5—下盖板；6—腹板

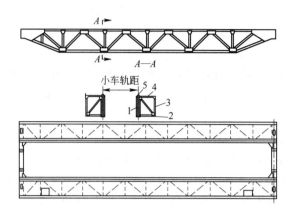

图 1-17　四桁架式结构的桥架图

1—主桁架；2—下水平桁架；3—辅助桁架；4—上水平桁架；5—钢轨

空腹桁架结构的桥架如图 1-18 所示。它的优点是自重轻，整体刚度大，制造、装配、检修方便等，一般 100~500t 通用桥式起重机和冶金桥式起重机多采用这种结构形式。

（2）主梁的几个性能参数。

1）上拱度。组成桥架的两个主梁，都制成均匀向上拱起的形状。桥式起重机主梁的上拱是指以桥架两端梁的上平面为基准，主梁上平面相对于端梁上平面的向上弯曲。起重机主梁向上弯曲的最大值在主梁的跨度中心，此中心点的最大上拱值称为主梁的上拱度，一般用 $f_主$ 表示，主梁长度方向上各部位的拱度轨迹称为

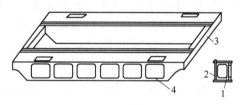

图 1-18　空腹桁架结构的桥架图

1—横向框架；2—主梁；3—端梁；4—空腹辅助桁架

主梁的上拱度曲线，或简称拱度线，如图 1-19（a）所示。主梁制成带拱度的形状是因为桥式起重机在吊运物件时主梁会产生下挠，小车在运行中会产生附加阻力和自行滑动。有一定的上拱度后，不仅可以消除上面这种现象，而且还能使大车运行机构处于较有利的工作状态。

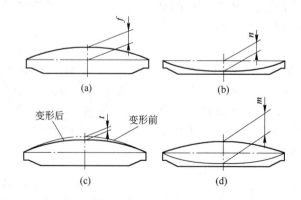

图 1-19　主梁的上拱度及变形情况

（a）上拱度；（b），（c）永久变形；（d）弹性变形

主梁上任意一点的上拱度值,如图 1-20 所示。

$$y = \frac{4f_{主} x(L - x)}{L^2}$$ （1-1）

式中　$y$——主梁任一点 $x$ 处的上拱度;

　　　$f_{主}$——跨度中心的上拱值;

　　　$x$——任意一点距坐标原点的距离;

　　　$L$——桥式起重机跨度。

一般规定上拱度的值为跨度的 1/1000。

2)弹性变形。桥式起重机吊、卸负荷前后,主梁挠度的变化值 $m$ 为弹性变形,如图 1-19（d）所示。

3)永久变形。一般规定桥式起重机吊起额

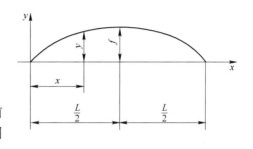

图 1-20　任意一点 $y$ 的变化

定负载时,主梁产生的最大弹性变形,不允许超过跨度的 1/700。超过这个数值便可能产生永久变形。永久变形是相对出厂时原始值而言的。一般有两种情况,一种是上拱度减小,如图 1-19（c）中的 $t$;一种是低于水平线的下挠,如图 1-19（b）中的 $n$。

主梁不允许发生永久变形,发现永久变形要采取措施进行修复。

b　驾驶室

驾驶室是司机驾驶桥式起重机的地方。在驾驶室里安装有控制器、保护箱和司机座位等。在驾驶室的后上方,有通向大车走台的舱口,为上车清扫、检查设备的通道。

驾驶室有固定在主梁下部一端的,也有随小车移动的;有敞开式的,也有封闭式的。

c　金属结构的安全要求

起重机金属结构应当具有满足安全使用的强度、刚度和稳定性要求。

起重机主梁、端梁及小车架等主要受力结构件发生明显腐蚀（腐蚀量达原厚度的10%）,承载能力不能达到额定承载能力时,应当进行维修使其达到使用要求,或者进行改造,降低额定起重量,否则应当予以报废。

起重机主梁、端梁及小车架等主要受力结构件产生裂纹时,应当停止使用,只有对阻止裂纹继续扩展的措施进行安全评估确认后,方可继续使用,否则应当报废。

起重机主梁、端梁及小车架等主要受力结构件因产生塑性变形而不能正常、安全使用时,如果不能修复,应当予以报废。

当小车处于跨中,在额定载荷下,主梁跨中的挠度值在水平线下,达到跨度的 1/700时,如不能修复,应当予以报废。

### 1.1.2.3　桥式起重机的主要参数

桥式起重机的参数是说明桥式起重机工作性能的指标,也是设计、选用桥式起重机的依据。桥式起重机的主要参数有起重量、跨度、起升高度、各机构的工作速度、轮压及桥式起重机各机构的工作类型。为了保证桥式起重机的合理使用和安全运行,防止事故的发生,必须了解桥式起重机的技术参数。

A　起重量 $G(Q)$

(1)额定起重量 $G_n$。额定起重量是指桥式起重机在正常工作时允许起吊的重物或物料连同可分吊具或属具（如抓斗、电磁吸盘、平衡梁等）质量的总和,单位为 t。桥式起重机的取物装置本身的质量除吊钩和吊钩组外，都包括在额定起重量之中，如抓斗、电磁盘、挂梁、料罐及各种辅助吊具等本身的质量等都在额定起重量之中。通常情况下所讲的起重量，都是指额定起重量。为了设计、制造系列标准化，国家制定了起重量系列标准，见表1-1。

表1-1　起重机械起重量系列　　　　　　　　　　　　　t

| | | | | |
|---|---|---|---|---|
| 0.1 | 1 | 10(11.2) | 100(112) | 1000 |
| 0.125 | 1.25 | 12.5(14) | 125(140) | |
| 0.16 | 1.6 | 16(18) | 160(180) | |
| 0.2 | 2 | 20(22.5) | 200(225) | |
| 0.25 | 2.5 | 25(28) | 250(280) | |
| 0.32 | 3.2 | 32(36) | 320(360) | |
| 0.4 | 4 | 40(45) | 400(450) | |
| 0.5 | 5 | 50(56) | 500(560) | |
| 0.63 | 6.3 | 63(71) | 630(710) | |
| 0.8 | 8 | 80(90) | 800(900) | |

注：1. 括号中的最大起重量数应尽量避免选用；
　　2. 最大起重量大于1000t时，可以按R20优先数系选用。

（2）总起重量 $G_t$。总起重量是指桥式起重机能吊起的重物或物料，连同可分吊具和长期固定在桥式起重机上的吊具或属具（包括吊钩、滑轮组、起重钢丝绳等）的质量总和。

（3）有效起重量 $G_p$。有效起重量是指桥式起重机能吊起的重物或物料的净质量。如带有可分吊具抓斗的桥式起重机，允许抓斗抓取的物料的质量就是有效起重量，抓斗与物料的质量之和则是额定起重量。

B　跨度 $S(L)$

桥式起重机的大车运行轨道中心线之间的水平距离称为跨度，单位为 m。一般来讲，起重量 3～50t 的桥式起重机跨度为 7.5～31.5m，起重量 63～250t 的桥式起重机跨度为 16～34m，每隔3m一个间距，见表1-2。

表1-2　起重机跨度系列（GB/T 14405—2011）

| 起重量 $G_n$/t | | 建筑物跨度定位轴线间距 $L$/m | | | | | | | | | | |
|---|---|---|---|---|---|---|---|---|---|---|---|---|
| | | 12 | 15 | 18 | 21 | 24 | 27 | 30 | 33 | 36 | 39 | 42 |
| | | 跨度 $S$/m | | | | | | | | | | |
| ≤50 | 无通道 | 10.5 | 13.5 | 16.5 | 19.5 | 22.5 | 25.5 | 28.5 | 31.5 | 34.5 | 37.5 | 40.5 |
| | 有通道 | 10 | 13 | 16 | 19 | 22 | 25 | 28 | 31 | 33 | 36 | 39 |
| 63～125 | | — | — | 16 | 19 | 22 | 25 | 28 | 31 | 34 | 37 | 40 |
| 160～250 | | — | — | 15.5 | 18.5 | 21.5 | 24.5 | 27.5 | 30.5 | 33.5 | 36.5 | 39.5 |

注：1. 有无通道是指建筑物上沿着起重机运行线路，是否留有人行安全通道；
　　2. 建筑物跨度定位轴线间距 $L$ 和起重机跨度 $S$ 超过表中给定数值时，按每3m一挡延伸。

例如：邯钢中板厂电器库（地操）桥式起重机的跨度为 16.5m，南副跨——1号、2号、3号、4号桥式起重机的跨度为 19.5m，炉头——1号桥式起重机的跨度为 22.5m，原料跨——1号、2号、3号桥式起重机的跨度为 31.5m 等。

C 起升高度 $H$

桥式起重机的起升高度为吊具上极限位置与下极限位置之间的距离,单位为 m。下极限位置通常以工作场地的地面为准;上极限位置,使用吊钩时以钩口中心为准,使用抓斗时以抓斗最低点为准。起重机的起升高度见表 1-3。

表 1-3 起重机的起升高度

| 起重量 $G_n$/t | 吊 钩 | | | | 抓 斗 | | 电磁吸盘 |
|---|---|---|---|---|---|---|---|
| | 一般起升高度/m | | 加大起升高度/m | | 一般起升高度 /m | 加大起升高度 /m | 一般起升高度 /m |
| | 主钩 | 副钩 | 主钩 | 副钩 | | | |
| ≤50 | 12 ~ 16 | 14 ~ 18 | 24 | 26 | 18 ~ 26 | 30 | 16 |
| >50 ~ 125 | 20 | 22 | 30 | 32 | — | — | — |
| >125 ~ 320 | 22 | 24 | 30 | 32 | — | — | — |

注:1. 有范围的起升高度,其具体值视起重机系列设计的通用方法而定,与起重量有关;
　　2. 表中所列为起升高度常用值,其实际值通常从 6m 开始每增加 2m 一挡,取偶数。

D 工作速度 $v$

工作速度是指桥式起重机各机构的运行速度,单位为 m/s,工程上习惯用 m/min。

(1)起升速度:起升机构电动机在额定转速下吊具的上升速度,用 $v_n$ 表示。一般的起升速度为 8 ~ 12m/min,大起重量时为 1 ~ 4m/min。

(2)大车运行速度:大车电动机在额定转速下大车的运行速度,用 $v_k$ 表示。大车运行速度一般为 80 ~ 120m/min。

(3)小车运行速度:小车电动机在额定转速下小车的运行速度,用 $v_t$ 表示。小车运行速度一般为 30 ~ 50m/min。

桥式起重机的工作速度根据具体工作要求而定。一般用途的起重机采用中等工作速度,这样可以使驱动电动机功率不致过大;安装工作有时需要较低的工作速度;吊运质量较小的物品,要求提高工作效率,应取较高的工作速度;吊运质量较大的物品,要求运行平稳,应取较低的工作速度。吊钩起重机的工作速度见表 1-4,抓斗及电磁起重机的速度见表 1-5。

表 1-4 吊钩起重机的工作速度 (GB/T 14405—2011)

| 起重量 $G_n$/t | 类别 | 工作级别 | 主钩起升速度 /m·min⁻¹ | 副钩起升速度 /m·min⁻¹ | 小车运行速度 /m·min⁻¹ | 大车运行速度 /m·min⁻¹ |
|---|---|---|---|---|---|---|
| ≤50 | 高速 | $M_7$、$M_8$ | 6.3 ~ 20 | 10 ~ 25 | 40 ~ 63 | 71 ~ 100 |
| | 中速 | $M_4 \sim M_6$ | 4 ~ 12.5 | 5 ~ 16 | 25 ~ 40 | 56 ~ 90 |
| | 低速 | $M_1 \sim M_3$ | 2.5 ~ 8 | 4 ~ 12.5 | 10 ~ 25 | 20 ~ 50 |
| >50 ~ 125 | 高速 | $M_6$、$M_7$ | 4 ~ 12.5 | 5 ~ 16 | 32 ~ 40 | 56 ~ 90 |
| | 中速 | $M_4$、$M_5$ | 2.5 ~ 8 | 4 ~ 12.5 | 25 ~ 36 | 50 ~ 71 |
| | 低速 | $M_1 \sim M_3$ | 1.25 ~ 4 | 2.5 ~ 10 | 10 ~ 20 | 20 ~ 40 |
| >125 ~ 320 | 高速 | $M_6$、$M_7$ | 2.5 ~ 8 | 4 ~ 12.5 | 25 ~ 40 | 50 ~ 71 |
| | 中速 | $M_4$、$M_5$ | 1.25 ~ 4 | 2 ~ 10 | 16 ~ 25 | 32 ~ 63 |
| | 低速 | $M_1 \sim M_3$ | 0.63 ~ 2 | 2 ~ 8 | 10 ~ 16 | 16 ~ 32 |

注:在同一范围内的各种速度,具体值的大小应与起重量成反相关,与工作级别和工作行程成正相关,地面操纵的运行速度按低速级取值。

表 1-5 抓斗、电磁、多用桥式起重机的速度　　　　m/min

| 起重机类别 | 起升速度 | 小车运行速度 | 大车运行速度 |
| --- | --- | --- | --- |
| 抓斗桥式起重机 | 20~63 | 25~56 | 71~100 |
| 二用桥式起重机 | 20~50 | 25~50 | 50~100 |
| 电磁桥式起重机 | 10~25 | 20~50 | 40~90 |
| 三用桥式起重机 | 6.3~16 | 20~50 | 40~90 |

E 轮压 p

桥式起重机的轮压是指车轮对轨道的法向作用力。很显然，大车的最大轮压就是桥架自重和小车处在极限位置时小车自重与额定起重量作用在大车车轮上的最大垂直压力。

F 工作级别

起重机的工作级别是表示起重机受载情况和忙闲程度的综合性参数。由于起重机由各个机构组成，起重机在工作时，各个机构的工作情况又是不一样的，为标明各个机构的工作情况，所以又引出了机构工作级别的概念。

a 桥式起重机整机工作级别

桥式起重机整机工作级别分为 $A_1$~$A_8$ 共 8 个工作级别，它是根据桥式起重机的利用等级和载荷状态来确定的。

（1）整机的利用等级。桥式起重机的利用等级表明桥式起重机在其有效寿命期间的忙闲程度，以总工作循环次数的多少区分，分成 10 个级别（$U_0$~$U_9$），见表 1-6。

表 1-6 起重机的利用等级

| 利用等级 | 总的工作循环次数 $N$ | 使用情况 |
| --- | --- | --- |
| $U_0$ | $1.6 \times 10^4$ | 不经常使用 |
| $U_1$ | $3.2 \times 10^4$ | |
| $U_2$ | $6.3 \times 10^4$ | |
| $U_3$ | $1.25 \times 10^5$ | |
| $U_4$ | $2.5 \times 10^5$ | 经常轻闲地使用 |
| $U_5$ | $5 \times 10^5$ | 经常中等地使用 |
| $U_6$ | $1 \times 10^6$ | 不经常繁忙地使用 |
| $U_7$ | $2 \times 10^6$ | 繁忙地使用 |
| $U_8$ | $4 \times 10^6$ | |
| $U_9$ | $>4 \times 10^6$ | |

（2）载荷状态。桥式起重机的载荷状态表明桥式起重机受载的轻重程度，一般分为 4 级（$Q_1$~$Q_4$），见表 1-7。

表 1-7 起重机载荷状态及其名义载荷谱系数 $K_p$

| 载荷状态 | 名义载荷谱系数 $K_p$ | 说 明 |
|---|---|---|
| $Q_1$——轻 | 0.125 | 很少起升额定载荷，一般起升轻微载荷 |
| $Q_2$——中 | 0.25 | 有时起升额定载荷，一般起升中等载荷 |
| $Q_3$——重 | 0.50 | 经常起升额定载荷，一般起升较重载荷 |
| $Q_4$——特重 | 1.00 | 频繁起升额定载荷 |

起重机载荷状态与两个因素有关：一个是起升载荷 $P_i$ 与最大载荷 $P_{max}$ 的比值（$P_i/P_{max}$）；一个是起升载荷 $P_i$ 的作用次数 $n_i$ 与总的工作循环次数 $N$ 的比值（$n_i/N$）。表示 $P_i/P_{max}$ 和 $n_i/N$ 的图形或数字称为"载荷谱"。载荷谱系数 $K_p$ 由下式算出：

$$K_p = \Sigma \left[ \frac{n_i}{N} \left( \frac{P_i}{P_{max}} \right)^m \right] \tag{1-2}$$

式中  $K_p$——载荷谱系数；

$P_i$——第 $i$ 个起升载荷，$P_i = P_1$，$P_2$，$P_3$，…；

$P_{max}$——最大载荷；

$n_i$——载荷 $P_i$ 的作用次数；

$N$——总工作循环次数；

$m$——指数，这里 $m = 3$。

当桥式起重机的实际载荷情况确定后，先按式（1-2）计算出载荷的实际载荷谱系数 $K_p$，然后从表 1-7 中选择一个与之接近并稍大的值，作为该起重机的载荷谱系数名义值，这样就确定了起重机的载荷状态。载荷状态分为 $Q_1 \sim Q_4$ 四级，相当于过去分类的轻、中、重和特重四级。

（3）整机工作级别确定。已知桥式起重机整机的利用等级和载荷状态，查表 1-7 就可以确定桥式起重机整机的工作级别。按新标准，起重机的整机工作级别分为 $A_1 \sim A_8$ 八级，见表 1-8。

表 1-8 起重机的工作级别

| 载荷状态 | 名义载荷谱系数 $K_p$ | 利 用 等 级 | | | | | | | | | |
|---|---|---|---|---|---|---|---|---|---|---|---|
| | | $U_0$ | $U_1$ | $U_2$ | $U_3$ | $U_4$ | $U_5$ | $U_6$ | $U_7$ | $U_8$ | $U_9$ |
| $Q_1$——轻 | 0.125 | | | $A_1$ | $A_2$ | $A_3$ | $A_4$ | $A_5$ | $A_6$ | $A_7$ | $A_8$ |
| $Q_2$——中 | 0.25 | | $A_1$ | $A_2$ | $A_3$ | $A_4$ | $A_5$ | $A_6$ | $A_7$ | $A_8$ | |
| $Q_3$——重 | 0.50 | $A_1$ | $A_2$ | $A_3$ | $A_4$ | $A_5$ | $A_6$ | $A_7$ | $A_8$ | | |
| $Q_4$——特重 | 1.00 | $A_2$ | $A_3$ | $A_4$ | $A_5$ | $A_6$ | $A_7$ | $A_8$ | | | |

如果没有现成的表格可查，可以按式（1-3）确定起重机的整机工作级别。如起重机的利用等级为 $U_x$，载荷状态为 $Q_y$，则该起重机的工作级别为 $A_z$，$x$、$y$、$z$ 之间存在下列关系：

$$x + y - 2 = z \tag{1-3}$$

各种桥式起重机的工作级别举例见表 1-9。

**表 1-9　各种桥式起重机的工作级别举例**

| 桥式起重机形式 | 桥式起重机的用途 | 工作级别 |
|---|---|---|
| 吊钩式 | 水电站安装及检修 | $A_1 \sim A_3$ |
| | 一般车间及仓库 | $A_3 \sim A_5$ |
| | 繁重车间及仓库 | $A_6 \sim A_7$ |
| 抓斗式 | 间断装卸 | $A_6 \sim A_7$ |
| | 连续使用 | $A_8$ |
| 电磁式 | 连续使用 | $A_7 \sim A_8$ |
| 冶金专用式 | 吊料箱 | $A_7 \sim A_8$ |
| | 装　料 | $A_8$ |
| | 锻　造 | $A_7 \sim A_8$ |
| | 淬　火 | $A_8$ |
| | 夹钳、脱锭 | $A_8$ |

b　桥式起重机机构的工作级别

虽然起重机整机工作级别一样，但各个机构的忙闲和受载情况却存在很大差异。为合理选用、操作起重机械，避免超出工作级别而造成机构受损的情况发生，还必须确定起重机机构的工作级别。

起重机机构的工作级别按机构的利用等级和载荷情况也分为八个工作级别，用 $M_1 \sim M_8$ 表示。

（1）机构的利用等级。起重机机构的利用等级由机构在使用寿命期限内总运行小时数来确定，利用等级分为 $T_0 \sim T_9$ 十个等级，见表 1-10。

**表 1-10　机构利用等级**

| 机构利用等级 | 总设计寿命/h | 使用情况 |
|---|---|---|
| $T_0$ | 200 | 不经常使用 |
| $T_1$ | 400 | |
| $T_2$ | 800 | |
| $T_3$ | 1600 | |
| $T_4$ | 3200 | 经常轻闲地使用 |
| $T_5$ | 6300 | 经常中等地使用 |
| $T_6$ | 12500 | 不经常繁忙地使用 |
| $T_7$ | 25000 | 繁忙地使用 |
| $T_8$ | 50000 | |
| $T_9$ | 100000 | |

（2）机构的载荷情况。机构的载荷情况表明机构承受的最大载荷及载荷的变化情况，分为 $L_1 \sim L_4$ 四种，见表 1-11。载荷的名义载荷谱系数用 $K_m$ 表示。

$$K_{\mathrm{m}} = \Sigma \left[ \frac{t_i}{t_{\mathrm{T}}} \left( \frac{P_i}{P_{\max}} \right)^m \right] \tag{1-4}$$

式中　$K_{\mathrm{m}}$——载荷谱系数；

$P_i$——该机构承受的第 $i$ 个载荷，$P_i = P_1$，$P_2$，$P_3$，…；

$P_{\max}$——$P_i$ 中的最大载荷；

$t_i$——载荷 $P_i$ 的持续时间，$t_i = t_1$，$t_2$，$t_3$，…；

$t_{\mathrm{T}}$——所有不同载荷作用的总持续时间；

$m$——机构零件材料疲劳实验曲线的指数，这里 $m = 3$。

按式（1-4）计算出的机构载荷谱系数，应从表 1-11 中选取一个与之接近但稍大的名义值。载荷谱系数的名义值共有四个，即 0.125、0.25、0.5、1.0，分别对应 $L_1$、$L_2$、$L_3$、$L_4$ 四种载荷情况。

**表 1-11　机构载荷状态及其名义载荷谱系数 $K_{\mathrm{m}}$**

| 载荷状态 | 名义载荷谱系数 $K_{\mathrm{m}}$ | 说　明 |
|---|---|---|
| $L_1$——轻 | 0.125 | 经常承受较轻的载荷，偶尔承受较大载荷 |
| $L_2$——中 | 0.25 | 经常承受中等的载荷，较少承受较大载荷 |
| $L_3$——重 | 0.50 | 经常承受较重的载荷，也常承受最大载荷 |
| $L_4$——特重 | 1.00 | 频繁承受最大载荷 |

（3）机构的工作级别的确定。知道了桥式起重机构的利用等级和载荷情况，查表 1-12 就可以确定起重机机构的工作级别。

**表 1-12　起重机机构的工作级别**

| 载荷状态 | 名义载荷谱系数 $K_{\mathrm{m}}$ | 利　用　等　级 | | | | | | | | | |
|---|---|---|---|---|---|---|---|---|---|---|---|
| | | $T_0$ | $T_1$ | $T_2$ | $T_3$ | $T_4$ | $T_5$ | $T_6$ | $T_7$ | $T_8$ | $T_9$ |
| $L_1$——轻 | 0.125 | | | $M_1$ | $M_2$ | $M_3$ | $M_4$ | $M_5$ | $M_6$ | $M_7$ | $M_8$ |
| $L_2$——中 | 0.25 | | $M_1$ | $M_2$ | $M_3$ | $M_4$ | $M_5$ | $M_6$ | $M_7$ | $M_8$ | |
| $L_3$——重 | 0.50 | $M_1$ | $M_2$ | $M_3$ | $M_4$ | $M_5$ | $M_6$ | $M_7$ | $M_8$ | | |
| $L_4$——特重 | 1.00 | $M_2$ | $M_3$ | $M_4$ | $M_5$ | $M_6$ | $M_7$ | $M_8$ | | | |

如果没有现成的表格可查，可以按式（1-5）确定起重机机构的工作级别。如起重机机构的利用等级为 $T_x$，载荷状态为 $L_y$，则该起重机的工作级别为 $M_z$。$x$、$y$、$z$ 之间存在下列关系：

$$x + y - 2 = z \tag{1-5}$$

使用者了解桥式起重机工作级别之后，要根据所操作桥式起重机的工作级别正确使用桥式起重机，避免因超出其工作级别而造成桥式起重机损坏的事故。新的"工作级别"和旧的"工作类型"是不同的，为了在使用中便于类比，可按表 1-13 相互换算。

**表 1-13　桥式起重机工作级别和旧的工作类型对照表**

| 工作级别 | $A_1 \sim A_4$（$M_1 \sim M_4$） | $A_5 \sim A_6$（$M_5 \sim M_6$） | $A_7$（M7） | $A_8$（$M_8$） |
|---|---|---|---|---|
| 工作类型 | 轻　级 | 中　级 | 重　级 | 特重级 |

c　起重机机构工作级别确定实例

载荷谱图是表示载荷大小与其出现频次关系的图形，图 1-21 所示为是标准的机构载荷谱图。当机构的实际载荷变化情况已知时，实际载荷谱系数可先根据实际情况绘制载荷图谱，直接按公式计算，然后选择不小于并与之最接近的名义载荷谱系数；当机构的实际载荷状态未知时，可按表 1-11 中的说明栏的内容或按与标准载荷图谱最接近的情况，选择适当的载荷状态级别。

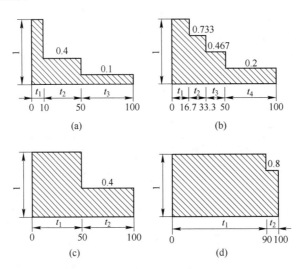

图 1-21　起重机机构的标准载荷谱图

（a）$L_1$；（b）$L_2$；（c）$L_3$；（d）$L_4$

**【例 1-1】**　图 1-21（b）为起重机某机构的载荷情况图，纵坐标为载荷，横坐标为时间，数值如图所示，试通过计算确定该机构的载荷状态；如果该"机构的利用等级"为 $T_6$，试确定该机构的工作级别。

**解：**

$$K_m = \Sigma\left[\frac{t_i}{t_T}\left(\frac{P_i}{P_{max}}\right)^m\right]$$

$$= \frac{16.7}{100}\times\left(\frac{1}{1}\right)^3 + \frac{16.6}{100}\times 0.733^3 + \frac{16.7}{100}\times 0.467^3 + \frac{50}{100}\times 0.2^3$$

$$= 0.232$$

该机构的载荷谱名义值为 0.25，其载荷情况为 $L_2$。又已知该机构的利用等级为 $T_6$，查表 1-12 得出该机构的工作级别为 $M_6$。

## 1.1.3　轻小型起重设备

### 1.1.3.1　千斤顶

千斤顶是一种结构简单的起重机械，起重量一般为 0.5 ~ 100t，起重高度不超过 1m。千斤顶结构简单，工作平稳，自重小，便于携带，广泛应用于交通、工矿等行业。

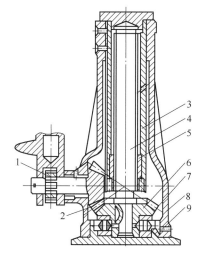

图 1-22 齿轮螺旋千斤顶

1—带手柄的棘轮组；2—小圆锥齿轮；

3—套筒；4—丝杠；5—铜螺母；

6—大圆锥齿轮；7—止推轴承；

8—机架；9—底座

按照结构形式，千斤顶可分为机械式千斤顶和液压式千斤顶两种。

A  机械式千斤顶

机械式千斤顶种类很多，常见的有齿轮螺旋千斤顶、丝杆式普通螺旋千斤顶、齿条千斤顶等。

（1）齿轮螺旋千斤顶。齿轮螺旋千斤顶结构如图1-22所示。铸铁外壳上有一个可上下移动的套筒，套筒由梯形或矩形螺旋副带动，利用上部的顶盖顶起重物。工作时，摇动手柄，通过棘爪带动圆锥齿轮机构，圆锥齿轮带动丝杠旋转。由于丝杠不能沿轴向移动，与之配合的螺母便会沿丝杠上下移动，从而带动套筒和重物升降。

该结构的螺旋千斤顶，不但操作简单，具有自锁性，而且由于圆锥齿轮副的传动比大于1，因此能通过减速传动达到省力的目的。要使重物下降，只需将棘爪轮扭转180°，反向旋动手柄即可。

（2）丝杆式普通螺旋千斤顶。图1-23所示为旋转丝杠式普通螺旋千斤顶。千斤顶的主要工作零件是螺杆。螺杆的设计应满足强度、稳定及自锁三方面的要求。工作过程中，丝杠同时受到压缩及扭转的作用，其强度条件为：

$$\frac{1.3Q}{\frac{\pi}{4}d_1^2} \leqslant [\sigma] \tag{1-6}$$

式中  $Q$——起升载荷，kN；

$d_1$——丝杠螺纹小径，mm；

$[\sigma]$——丝杠许用应力，Pa。

千斤顶的起升载荷 $Q$ 可按下式计算：

$$Q = P\frac{2\pi L}{t}K \tag{1-7}$$

式中  $P$——作用于手柄的力，kN；

$L$——手柄长度，mm；

$t$——丝杠螺距，mm；

$K$——效率系数，$K = 0.3 \sim 0.4$。

丝杠相当于下端固定、上端自由的"压杆"，起重时，应严格遵守起重量及起重高度的有关规定，以保证安全。

千斤顶的自锁条件是丝杠的螺纹升角小于丝杠与螺母之间的摩擦角。

（3）齿条千斤顶。齿条千斤顶外形如图1-24所示，也称齿条顶升器，是采用齿条作为刚性顶举件的千斤顶。

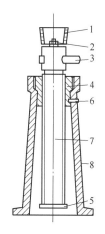

图 1-23  丝杆式普通螺旋千斤顶

1—托杯；2—螺钉；

3—手柄；4—螺母；

5—挡圈；6—紧定螺钉；

7—丝杠；8—机架

齿条式千斤顶由齿条、齿轮、手柄、棘爪加一套杠杆机构构成，转动头安装在承载齿条的上方，用来放置被举升的载荷。使用时，只要摇动手柄，齿轮便带动齿条上升或下降，从而实现重物的上升或下降。有时被举升的载荷也可以放在侧面的凸耳上，但在此情况下，由于齿条承受偏心载荷，所以其允许的举重量只能是额定举重量的一半。为了支持其所举起的载荷，防止由于自重引起的降落应装有安全摇柄装置。

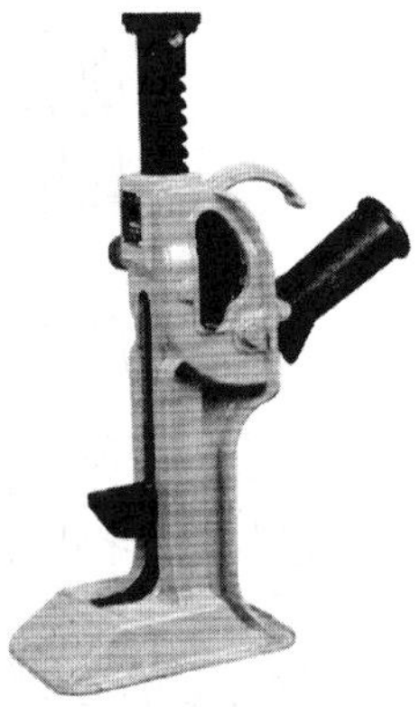

图1-24　齿条千斤顶

1）齿条千斤顶的使用技巧。

①上升时抬起摇杆，将在下方的升降扳手拉至水平位置，将杠杆插入摇杆孔内做上下往复运动，重物即渐渐上升。摇杆上抬或下按能听见棘爪与齿条接触的咯嗒声音以示正常（下降时相同）。

②下降时抬起摇杆，将升降扳手按下回复原来位置，上下往复扳动摇杆，重物即渐渐下降。需急速下降时使升降扳手处于下降时的位置，用拇指将起重扳柄部用力下按，抬起摇杆，齿条即急速降落。急速降落不得随意使用，只作空载时快速下降。

2）齿条千斤顶的使用注意事项。

①千斤顶使用前，应先检查制动齿轮及制动装置的可靠程度，并保证在顶重时能起制动作用。

②千斤顶的齿条和齿轮应无裂纹或断齿，手柄及其所有配件完整无缺，且连接正确可靠时方可使用。

③千斤顶使用时，应放在平整坚固的地方，底部应铺垫坚实的垫板以扩大支承面积，顶部和物体接触处也应垫上木板，既可防止重物被挤坏，又可防止受压时千斤顶滑脱。

④顶重时，必须将千斤顶垂直放置，并且不允许超负荷，以确保使用安全。

⑤操作时应先将物体稍微顶起一点，然后检查千斤顶底部的垫板是否平整和牢固，如垫板受压后不平整、不牢固、千斤顶发生偏斜，必须将千斤顶松下，经处理后重新进行顶升，顶升时应随物体的上升在物体的下面及时增垫保险枕木，以防止千斤顶倾斜或失灵而引起物体突然下落的危险。

⑥起升重物时，应在千斤顶两旁另搭架枕木垛，以防意外。枕木垛和重物底面净距离应始终保持在50mm以内，即应随顶随垫。

⑦千斤顶的顶升高度不得超过规定的行程。

⑧几台千斤顶同时顶升同一物体时，要有专人统一指挥，目的是使几台千斤顶的升降速度基本相同，以免造成事故。

⑨放落千斤顶时，不能突然下降，以免千斤顶内部结构遭受冲击及引起重物振动、倾覆。

⑩齿条及齿轮等部分须经常保持整洁，并定期清洗涂油，防止泥沙杂物阻滞齿轮和齿条部分，增加阻力和缩短使用寿命。

3）故障排除方法。在使用过程中，如遇齿条上升或下降困难，可通过弹簧组件的中间螺母进行微量调节。上升受阻向下调节，下降受阻向上调节，一般情况下调节幅度为1mm，最大可调节2mm。

B 液压千斤顶

液压千斤顶具有上升平稳、安全可靠、操作简单、起重量大等优点，是重型设备安装工作中不可缺少的工具之一。

液压千斤顶的原理如图1-25所示，主要由储液池、高压液缸、大小活塞以及控制液体流动方向的活门、放液阀等构成。

工作时，通过上移手柄1使小活塞2向上运动从而形成局部真空，油液从储液池8通过活门3被吸入小油缸，然后下压手柄1使小活塞2下压，把小油缸内的液压油通过液压活门5压入高压液缸7内，从而推动大活塞9上移，反复动作顶起重物。使用完毕后扭转放液阀6，连通高压液缸7和储液池8，油液直接流回储液池，大活塞下落。大活塞下落速度取决于放液阀的扭转程度。

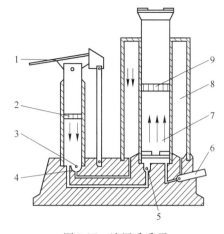

图1-25 液压千斤顶
1—手柄；2—小活塞；3，5—液压活门；4—凸端；6—放液阀；7—高压液缸；8—储液池；9—大活塞

1.1.3.2 葫芦

葫芦是一种具有挠性拽引件、结构紧凑的小型起重设备。工作时，通常将其悬挂于高处或挂在架空行走的小车上，葫芦的起升高度和速度均较千斤顶为大。葫芦按其驱动方式可分为手动葫芦和电动葫芦。

A 手动葫芦

手动葫芦的种类很多，最常用的是圆柱齿轮式手动葫芦（俗称倒链），广泛用于临时性起重工作。

手动葫芦的外形如图1-26所示，左侧为手拉链轮及制动器（载荷作用下的螺旋制动器），右侧为二级齿轮减速箱，中间部分为起重链轮。起升时，人在地面拽引环形牵引链，使手链轮顺时针方向转动，沿五齿长轴旋入压紧棘轮，手链轮、棘轮和制动器片靠摩擦力互相压紧并一起转动，同时驱动五齿长轴及片齿轮、四齿短轴、花键孔齿轮及起重链轮转动，带动起重链条即可通过下部的动链轮提升重物。起升时，棘轮顺时针在棘轮爪下滑过，棘轮爪不能起阻止作用。如停止拽引链条，重物力图使机构反向旋转，但此时棘轮、制动轮、手链轮三者仍靠摩擦结合在一起，棘爪将棘轮卡住，因而机构无法逆转，重物便悬停在空中，不会自行下滑。当需要使重物下降时，必须反向拽引环形牵引链，使手链轮由五齿长轴上旋出，从而和棘轮、制动轮分开。棘爪虽然仍阻止棘轮逆转，但由于三盘分开，机构轴已能逆转，这时重物可以下降。但下降速度受人拽引链条速度所控制。一旦停止拽动手动链轮时，重物即重新被制动，所以手动葫芦有良

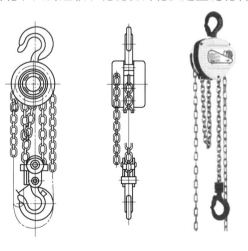

图1-26 手动葫芦外形图

好的自锁作用，安全可靠。国产手拉葫芦已系列化生产，HS
型系列手动葫芦的起重量从 0.5 ~ 20t 共 11 种规格，其技术性
能可查阅相关手册。

　　B　电动葫芦

　　电动葫芦是一种固定于高处，直接用于垂直提升物品的小
型轻便的电动起重设备。其外形如图 1-27 所示。电动机、减速
器、卷筒及制动装置组装在一个机箱内，结构紧凑，通常由专
门厂家生产，价格便宜，因此电动葫芦在中、小型物品提升工
作中得到广泛的应用。电动葫芦可以单独悬挂于固定的高处，
为专用设备进行吊装、检修工作，或对指定地点的物品进行装
卸作业；也可以悬挂在可行走的小车上，构成单轨猫头吊车或
双梁桥式吊车。用电葫芦配套构成的桥式吊车，比相同起重量

图 1-27　电动葫芦外形

的桥式吊车尺寸小、自重轻，结构紧凑，操作维修简便，因此应用十分广泛。

　　a　电动葫芦的构造及工作原理

　　我国生产的电动葫芦构造形式很多，目前以 CD 型和经过改进设计以后的 CD1 型电动
葫芦应用最广。

　　CD 型电动葫芦如图 1-28 所示。布置在卷筒装置 2 一端的电动机 1，通过弹性联轴器在
卷筒内部与装在卷筒装置另一端的减速器 3 相连。工作时，电动机通过联轴器带动减速器的
输入轴，经过三级齿轮减速，由减速器的输出轴驱动卷筒转动，缠绕钢丝绳，使吊钩 4 升
降。不工作时，装在电动机尾端风扇轮轴上的锥形制动器 7 处于制动状态。一般在电动葫芦
的卷筒上，还装有导绳装置。该装置用螺旋传动，以保证钢丝绳在卷筒上的整齐排列。

　　电动葫芦的电动小车 5 多数采用带锥形制动器的电动机驱动两边的车轮。

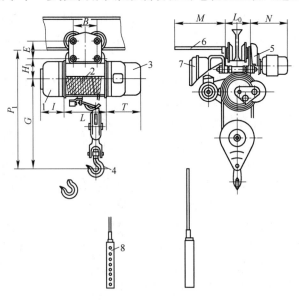

图 1-28　CD 型电动葫芦总图

1—锥形转子电动机；2—卷筒装置；3—减速器；4—吊钩；
5—电动小车；6—电缆挂架；7—制动轮；8—电气按钮盒

电动葫芦大都采用三相交流鼠笼式电动机。电动机的控制常常采用地面控制按钮。在悬垂电缆下部的电气按钮盒 8 上装有按钮，一般两个按钮控制升降，两个按钮控制左右运行。如果电动葫芦用在电动单梁等起重机上，也可以在司机室里操纵。

目前，国内生产的电动葫芦广泛采用了锥形转子电动机，锥形转子电动机的制动装置由套在电动机转子上的制动弹簧、风扇制动轮和端盖上的制动环组成。电动机运行时，锥形转子电动机的气隙磁场产生轴向磁拉力，压缩制动弹簧，使风扇制动轮与电动机端盖上的制动环脱开，电动机能自由转动。断电时，轴向磁拉力消失，转子在制动弹簧的推力下产生轴向移动，使风扇制动轮压紧制动环，产生摩擦力，迫使电动机迅速停转并绑住转子，以防止起吊的重物下落，保障安全。制动力矩的大小可通过调整螺母来调整。

b  电动葫芦的主要技术参数

CD 型或 CD1 型电动葫芦的起重量为 0.5t、1t、2t、3t、5t、10t、20t；起升高度为6m、9m、12m、18m、24m、30m；正常起升速度为 8m/min（10t 的为 7m/min）。根据使用要求，MD 型或 MD1 型电动葫芦还可以带有正常起升速度 1/10 的微升速度，以满足精密安装、装夹工件和砂箱合模等精细作业的要求。

C  电动葫芦的使用与维护

一般用途的电动葫芦的工作环境温度为 −20~40℃，不适于在有火焰危险、爆炸危险和充满腐蚀性气体的介质中以及相对湿度大于85%的场所里工作，也不宜用来吊运熔化金属和有毒、易燃、易爆物品。

正确合理地使用电动葫芦，是保证电动葫芦正常运行和延长其使用寿命的重要因素。电动葫芦在使用中应注意下列问题：

（1）不超负荷使用；

（2）应按技术说明的规定保证各润滑部位有足够的润滑油（脂）；

（3）不宜将重物长时间悬在空中，以防发生永久变形；

（4）电动葫芦在工作中如发现制动后重物下滑量较大，需对制动器进行调整。

1.1.3.3  绞车

绞车又称为卷扬机，是用卷筒缠绕钢丝绳或链条以提升或牵引重物的轻小型起重设备。

绞车具有通用性高、结构紧凑、体积小、重量轻、起重大、使用转移方便等优点，被广泛应用于建筑、水利工程、林业、矿山、码头等的物料升降或平拖，还可作现代化电控自动作业线的配套设备。绞车的起重量一般在 0.5~50t，分为快速和慢速两种，其中高于20t 的为大吨位绞车。绞车可以单独使用，也可作为其他起重机械中的组成部件。

绞车主要技术指标有额定负载、支持负载、绳速、容绳量等。

绞车按照动力分为手动、电动、液压三类；按照卷筒形式分为单卷筒和双卷筒；按照卷筒分布形式又分为并列双卷筒和前后双卷筒。

A  手动绞车

手动绞车如图 1-29 所示，在手柄回转的传动机构上装有停止器（一般是棘轮式），可使重物保持在需要的位置。装配或提升重物用的手动绞车还应设置安全手柄和制动器。手动绞车一般用在起重量小、设施条件较差或无电源的地方。

B　电动绞车

电动绞车如图 1-30 所示，广泛用于工作繁重和所需牵引力较大的场所。单卷筒电动绞车的电动机经减速器带动卷筒，电动机与减速器输入轴之间装有制动器。为适应提升、牵引和回转等作业的需要，还有双卷筒和多卷筒装置的绞车。一般额定载荷低于 10t 的绞车可以设计成电动绞车。

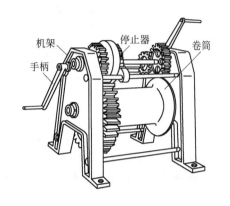

图 1-29　手动绞车

图 1-30　电动绞车

电动机是电动绞车的重要组成部分，同时也是电动绞车中价格最贵的部件，如果损坏，那么维修或是更换费用将非常高昂。因此应注意保养绞车的电动机。绞车电动机保养方法如下：

（1）使用环境应经常保持干燥，电动机表面应保持清洁，进风口不应受尘土、纤维等阻碍。

（2）当电动机的热保护连续发生动作时，应查明故障是因为电动机还是因为超负荷或保护装置整定值太低。消除故障后，方可投入运行。

（3）应保证电动机在运行过程中有良好的润滑。一般的电动机运行 5000h 左右，即应补充或更换润滑脂，运行中发现轴承过热或润滑变质时，应及时换润滑脂。更换润滑脂时，应清除旧的润滑脂，并用汽油洗净轴承及轴承盖的油槽，然后用 ZL-3 锂基脂填充轴承内外圈之间的空腔的 1/2（对 2 极）及 2/3（对 4、6、8 极）。

（4）当轴承的寿命终了时，电动机运行的振动及噪声将明显增大，检查轴承的径向游隙达到规定值时，即应更换轴承。

（5）拆卸电动机时，从轴伸端或非轴伸端取出转子都可以。如果没有必要卸下风扇，还是从非轴伸端取出转子较为便利，从定子中抽出转子时，应防止损坏定子绕组或绝缘。

（6）更换绕组时必须记下原绕组的形式、尺寸及匝数、线规等。当失落了这些数据时，应向制造厂索取。如果随意更改原设计绕组，常常会使电动机某项或几项性能恶化，甚至无法使用。

C　液压绞车

液压绞车主要是额定载荷较大的绞车，一般情况下 10t 以上的绞车设计成液压绞车。

液压绞车主要由液压马达（低速或高速马达）、液压常闭多片式制动器、行星齿轮箱、离合器（选配）、卷筒、支承轴、机架、压绳器（选配）等组成。液压马达具有很高的机械效率，启动扭矩大，并可根据工况要求带不同的配流器，还可根据用户需要设计阀组直接集成于马达配油器上，如带平衡阀、过载阀、高压梭阀、调速换向阀或其他性能的阀组、制动器、行星齿轮箱等直接安装于卷筒内。卷筒、支承轴、机架根据力学要求设计，整体结构简洁合理并具有足够的强度和刚性。因此，液压绞车在结构上具有紧凑、体积小、重量轻、外形美观等优点，在性能上则具有安全性好、效率高、启动扭矩大、低速稳定性好、噪声小、操作可靠等优点。

如果提高液压马达的容积效率，采用优质的平衡阀还可以解决一般绞车普遍存在的二次下滑和空钩抖动现象，使液压绞车的提升、下放和制动过程平稳，带离合器的绞车还可实现自由下放。

D 绞车安全操作规程

（1）绞车司机须经过安全技术培训，方可持证上岗。

（2）必须建立明确的信号制度，严格按安全规程进行操作。

（3）绞车房内，必须悬挂制动系统图、电器系统图、司机操作规程及其他有关禁止和限制事项等。

（4）应检查拉杆、杠杆有无变形裂纹，各部位螺丝、销子有无松动，调整螺丝的连接是否可靠，闸轮有无裂纹和油垢现象。

（5）检查滚筒轴承座有无裂纹，各部位螺丝、键有无松动，齿轮箱轴承、齿轮轴的润滑情况是否良好，不足者应及时补充。

（6）检查控制器手把转动是否灵活，换向器和接触器的烧损现象是否严重，各处连接线头是否松动（检查控制器时应切断电源）。

（7）检查各种电器装置接地线是否松动，控制器是否完好。

（8）检查信号灯/铃、过卷开关、紧急制动闸及电磁铁是否动作灵活。

（9）以0.3m/s的速度，检查钢丝绳磨损情况。

（10）运转中，司机两手不得离开操作把，并集中注意电流变化、深度指示器行程和排绳情况，不得和别人闲谈及聊天。

（11）停车时，常用闸必须闸紧，停车1h以上，必须断电和使用保险闸。

（12）作业后，维修清理机器各部位时，必须利用停车时间，运转中不得进行。

### 1.1.3.4 起重滑车

起重滑车是一种能以较小的力提升较重物品的轻小型起重设备。起重滑车由定滑轮和动滑轮组成，并带有吊挂件。定滑轮位置固定不变，用以改变力的方向；动滑轮与重物一起升降，用以减小拉力。起重滑车可单独使用，也可与绞车等配合使用，成为许多起重机械起升机构的基本组成部分。由于使用、携带方便，起重滑车在起重安装作业中广泛应用。起重滑车和滑轮组的外形如图1-31所示。

A 起重滑车的分类

（1）按操纵方式，起重滑车可分为手动起重滑车（见图1-32）和电动起重滑车。

手动起重滑车由人力拉动拽引链，通过蜗杆蜗轮驱动链卷筒，使重物升降。采用载重自制式制动器，载荷越重制动力矩越大，安全可靠。工作范围为挂钩下的一条垂直线。

电动起重滑车由电动机驱动齿轮传动机构、钢丝绳卷筒和吊钩滑轮，使重物升降。其壳体内为钢丝绳卷筒，与电动机和带制动器的齿轮传动机构相连，中间壳体上部有吊耳。挂定后可垂直吊装重物，也可将滑车挂在运行小车上，成为运行式载重小车，沿架空轨道

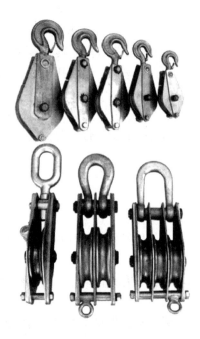

定滑轮组

动滑轮组

重物

图 1-31　起重滑车和滑车组　　　　　　图 1-32　手动滑车

行驶，在车间内部或车间与车间之间运送物料。

（2）按轮数多少，起重滑车可分为单门滑车、双门滑车和多门滑车。

（3）按滑车与吊物的连接方式，起重滑车可分为吊钩式滑车、链环式滑车、吊环式滑车和吊架式滑车四种。一般中小型的滑车多属于吊钩式、链环式和吊环式，而大型滑车采用吊环式和吊梁式。

（4）按轮和轴的接触方式，起重滑车可分为轮轴间装滑动轴承和轮轴间装滚动轴承两种。

（5）按夹板是否可以打开，起重滑车可分为开口滑车和闭口滑车两种。开口滑车的夹板是可以打开的，便于装绳索。开口滑车一般都是单门的，常用作导向滑车。

（6）按使用方式，起重滑车可分为定滑车和动滑车两种。

B　单门滑车的穿绕

滑车与钢丝绳穿绕在一起，配以卷扬机，即可进行重物的起吊运输作业。一只滑车只能改变力的方向，并不能省力。如果用两只滑车，并用钢丝绳把它们穿绕在一起组成滑车组，则不仅能改变力的方向，而且能省力。在起重运输作业中，单门滑车作为导向滑车使用，滑车组配以卷扬机作起重用。

单门滑车一般都做成开口型的，其一面的夹板是活动式，可以翻开。单门开口型滑车的穿绕比较方便简单，钢丝绳的穿绕方法及步骤如下所述：

（1）把滑车平放在地上，有活动夹板的一面朝上。

（2）把滑车的吊钩向顺时针方向转动90°，使桃形轴的尖端对准桃形孔口。

（3）把活动夹板翻开。

（4）把钢丝绳放入滑轮槽中。

（5）合上活动夹板，活动夹板上桃形孔对准桃形轴。

（6）把吊钩逆转90°，恢复原位，经过以上五个步骤的动作，钢丝绳的穿绕即算完成。

（7）把滑车的吊钩挂在钢丝绳的绳环上，即可进行起吊作业。

C 滑车的维护保养

（1）滑车应根据工作繁重和环境恶劣的程度，确定定期检查的周期。周期最长不得少于每季一次。有条件者可按1.6倍额定起重量进行一次静载试验。

（2）滑车拆开检修，应将零件用汽油洗刷干净，并涂上润滑液和防锈油，然后将零件重新装配好。

（3）滑车在装卸过程中不得摔砸，以防部件变形。

（4）滑车长期不用时，应清洗并涂防锈油，存放在通风、干燥的地方保管，避免锈蚀。

## 1.1.4 门式起重机

门式起重机（见图1-33）由门架1、小车2、大车运行机构3和电气设备等部分组成。

门式起重机用于各种工矿企业、交通运输及建筑施工等部门的露天仓库、货场、车站、港口、码头、建筑工地等露天场所，作装卸搬运货物、设备以及建筑构件安装之用。

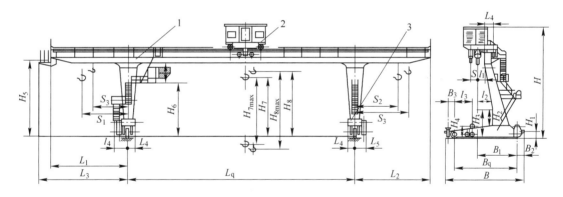

图1-33 门式起重机

1—门架；2—小车；3—大车运行机构

门式起重机的门架可以是有两个高度相等支腿的全门架或仅有一个支腿的半门架。其门架可以是无悬臂［见图1-34（a）］、单悬臂［见图1-34（b）］和双悬臂［见图1-34（c）］。小跨度时采用两支腿均为刚性支腿的结构；大跨度时，采用一个刚性支腿和一个柔性支腿［见图1-34（c）］的结构。

### 1.1.4.1 门式起重机的种类和构造

A 门式起重机的种类

门式起重机的种类很多，按其门架的上部结构形式可以分为葫芦单梁门式起重机（见图1-35）、双梁门式起重机（见图1-36）和单主梁门式起重机（见图1-33）。按其主梁的结构可分为单箱形主梁、双梁箱形主梁、桁架结构梁等；按其起重小车的构造可以分为电动葫芦式门式起重机（见图1-35）、自行小车式门式起重机（见图1-33）和牵引小车式门式起重机（见图1-37）。

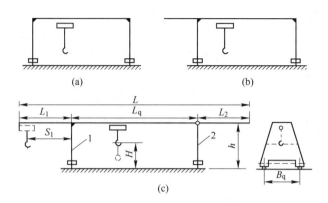

图 1-34 门式起重机类型简图

（a）无悬臂；（b）单悬臂；（c）双悬臂

1—刚性支腿；2—柔性支腿

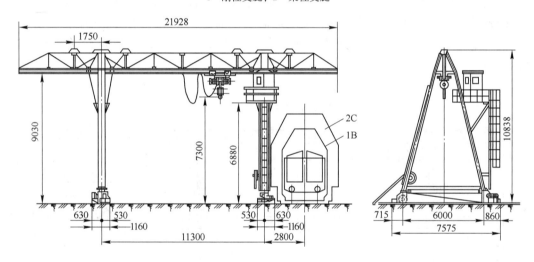

图 1-35 葫芦单梁门式起重机

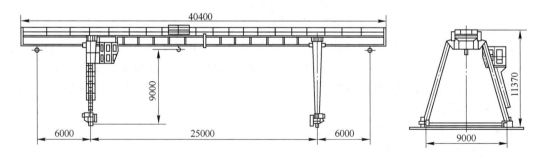

图 1-36 双梁门式起重机

**B 门式起重机的构造**

（1）电动葫芦门式起重机。该起重机和电动单梁桥式起重机相似，采用标准的电动葫芦作为起升机构，沿门架主梁下部的工字钢下翼缘运行。其主梁的截面形式如图 1-38 所示。

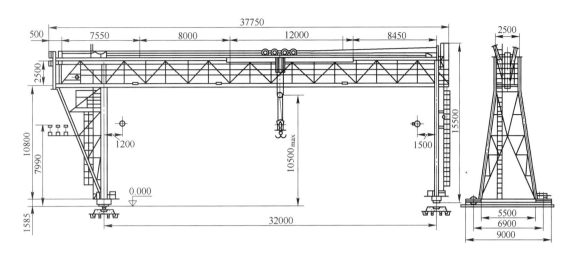

图 1-37 牵引小车式门式起重机

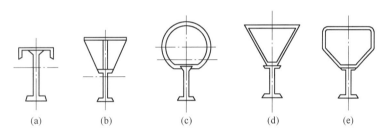

图 1-38 电动葫芦门式起重机主梁截面形式

电动葫芦门式起重机的大车运行机构是电动的。门架支腿常为型钢或钢管制成的组合截面式或桁架结构式。跨度较小时（≤30m），两支腿皆为刚性支腿；跨度较大时，制成一个刚性支腿一个柔性支腿。

这种门式起重机用电动葫芦作为组装部件，制造方便，但起重量、起升高度和机构工作速度不大，只能用于工矿企业的露天场所做一般装卸工作。

（2）普通自行小车式门式起重机。这种门式起重机的起重小车与普通桥式起重机的相同，取物装置为吊钩、抓斗、电磁吸盘或两用/三用式。大车运行机构是电动的，常装有手动、电动夹轨器。门架主梁多用箱形结构。中、小起重量和中、小跨度常用单箱形主梁；大、中起重量和中等跨度常用双箱形主梁；大、中起重量和大跨度常用槽形框架截面桁架结构主梁。

这类起重机的起重量、起升速度、跨度和机构工作速度均大于葫芦门式起重机，宜用于工矿企业露天货场做繁忙的装卸工作。

（3）钢丝绳牵引式小车式门式起重机。这类起重机的小车是钢丝绳牵引式小车，门架主梁常为矩形截面或倒三角形截面桁架结构。这类起重机的特点是起重机自重轻、结构简单、可以制成可拆卸式的。

1.1.4.2 门式起重机的主要参数

门式起重机的主要参数与工作级别见表 1-14 ~ 表 1-17。

表 1-14　门式起重机的跨度（GB/T 14406—2011）

| 起重量 $G_n$/t | 跨度 $S$/m | | | | | | | | | |
|---|---|---|---|---|---|---|---|---|---|---|
| ≤50 | 10 | 14 | 18 | 22 | 26 | 30 | 35 | 40 | 50 | 60 |
| >50 ~125 | — | — | 18 | 22 | 26 | 30 | 35 | 40 | 50 | 60 |
| >125 ~320 | — | — | 18 | 22 | 26 | 30 | 35 | 40 | 50 | 60 |

表 1-15　门式起重机的起升高度（GB/T 14406—2011）

| 起重量 $G_n$/t | 跨度 $S$/m | 吊钩起重机 起升高度 $H$/m | 抓斗起重机 | | 电磁起重机 | |
|---|---|---|---|---|---|---|
| | | | 起升高度 $H$/m | 下降深度 $h$/m | 起升高度 $H$/m | 下降深度 $h$/m |
| ≤50 | 10 ~26 | 12 | 8 | 4 | 10 | 2 |
| | 30 ~60 | 12 | 10 | 2 | 10 | 2 |
| >50 ~125 | 18 ~60 | 14 | — | — | — | — |
| >125 ~320 | 18 ~60 | 16 | — | — | — | — |

表 1-16　门式起重机的工作速度（GB/T 14406—2011）

| 起重量 $G_n$/t | 类别 | 工作级别 | 主钩起升速度 /m·min$^{-1}$ | 副钩起升速度 /m·min$^{-1}$ | 小车运行速度 /m·min$^{-1}$ | 大车运行速度 /m·min$^{-1}$ |
|---|---|---|---|---|---|---|
| ≤50 | 高速 | $M_7$ | 6.3 ~16 | 10 ~20 | 40 ~63 | 50 ~63 |
| | 中速 | $M_4 \sim M_6$ | 4 ~12.5 | 8 ~16 | 32 ~50 | 32 ~50 |
| | 低速 | $M_1 \sim M_3$ | 2.5 ~8 | 6.3 ~12.5 | 10 ~25 | 10 ~20 |
| >50 ~125 | 高速 | $M_6$ | 5 ~10 | 8 ~16 | 32 ~40 | 32 ~50 |
| | 中速 | $M_4$、$M_5$ | 2.5 ~8 | 6.3 ~12.5 | 25 ~32 | 16 ~25 |
| | 低速 | $M_1 \sim M_3$ | 1.25 ~4 | 4 ~12.5 | 10 ~16 | 10 ~16 |
| >125 ~320 | 中速 | $M_4$、$M_5$ | 1.25 ~4 | 2.5 ~10 | 20 ~25 | 10 ~20 |
| | 低速 | $M_1 \sim M_3$ | 0.63 ~2 | 2 ~8 | 10 ~16 | 6 ~12 |

表 1-17　门式起重机的工作级别

| 起重机种类 | | 起升机构 | | 运行机构 | |
|---|---|---|---|---|---|
| | | 主 | 副 | 小车 | 起重机 |
| 普通门式 起重机 | 安装及装卸用吊钩式 | $M_3$，$M_4$ | $M_3$，$M_4$ | $M_3$，$M_4$ | $M_3$，$M_4$ |
| | 装卸用抓斗式 | $M_5$，$M_6$ | — | $M_5$，$M_6$ | $M_5$，$M_6$ |
| 集装箱门式起重机 | | $M_5$，$M_6$ | — | $M_5$，$M_6$ | $M_5$，$M_6$ |

### 1.1.4.3　门式起重机的起重小车

门式起重机的起重小车可以分为自行式和钢丝绳牵引式两大类。自行式小车可以采用电动葫芦或普通桥式起重机的起重小车。自行式小车通用性好（可以与普通桥式起重机的通用）、传动效率高，但自重大。对于 $A_3 \sim A_5$ 工作级别的门式起重机，可以采用钢丝绳牵引式小车。牵引装置布置在门架端部的固定位置。

除双梁小车外，门式起重机其他类型的起重小车，其起升机构按一般起升机构进行计算，同时还应考虑不同结构小车的计算特点。下面重点介绍单主梁小车。

单主梁小车运行机构随小车形式而定。图 1-39 为垂直反滚轮式小车运行机构，运行时不及双梁小车平稳。为了减小摩擦阻力，垂直轮采用无轮缘车轮，且以水平轮导向。减速器也采用立式套装的形式，装卸方便。这种小车车轮较多，且装配精度要求较高，与双梁小车运行机构相比，加工和装配工作量都稍大。

图 1-40 为水平反滚轮式小车运行机构，小车自重和物品重量引起的倾覆力矩由水平滚轮承受。如起重量相同，这种小车的垂直轮压较小。所以垂直反滚轮式小车用于起重量为 5~30t 的门式起重机，而水平滚轮式小车用于起重量为 20~50t 的门式起重机。

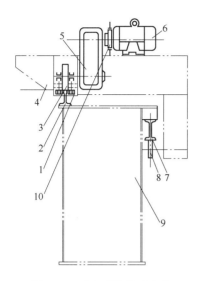

图 1-39　垂直反滚轮式小车
1—水平轮；2—轨道；3—垂直车轮；
4—小车架；5—减速器；6—电动机；
7—反滚轮轨道；8—反滚轮；
9—主梁；10—制动器

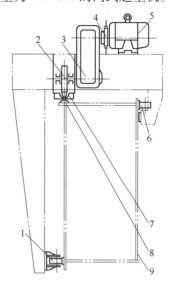

图 1-40　水平反滚轮式小车
1—水平反滚轮；2—垂直车轮；
3—减速器；4—制动器；
5—电动机；6—水平反滚轮；
7—夹轨钳；8—轨道；9—主梁

#### 1.1.4.4　门式起重机的运行机构

门式起重机的运行机构一般采用分别驱动。大车运行机构的驱动装置按照减速方式的不同，可以分为如下两种形式：

（1）采用立式减速器的驱动装置。门式起重机广泛采用立式减速器作为驱动装置，它没有开式传动、机构紧凑，使用寿命长，减速器为标准减速器。图 1-41（a）所示方案用联轴器将减速器的低速轴与车轮轴相连接，装配和检修方便，它的缺点是部件数较多、体积较大。图 1-41（b）所示方案采用套装立式减速器，省去了低速轴联轴器，机构更加紧凑。

（2）采用同轴线传动。同轴线传动（见图 1-42），是由电动机、制动器、减速器三者组装在一起的"三合一"传动，与车轮组装在同一轴线上。电动机为带内制动的制动电机，减速器低速轴与车轮轴用花键轴连接，省去全部联轴器、重量轻、体积小。

同轴线传动可以是普通渐开线外啮合齿轮定轴传动，但出入轴要布置在同一轴线上，也可以采用行星减速器、摆线针轮减速器或少齿差渐开线齿轮减速器。

### 1.1.5　旋转起重机

旋转起重机是一种常用的起重机械。它是利用臂架或整个起重机的旋转来搬运物品的，臂架的吊钩伸幅还可以改变，所以这种起重机的工作范围是一个圆柱或扇形立体空

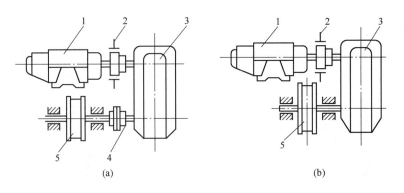

图 1-41　采用立式减速器的驱动装置

1—电动机；2—制动器；3—立式减速器；4—低速轴立式减速器；5—驱动车轮

间。旋转起重机可分为两大类：固定的和行动
的。前者安装在固定地点工作，后者安装在有
轨的或无轨的运行车体上，随着工作需要可以
改变工作地点。

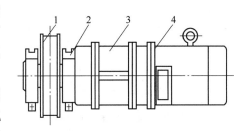

图 1-42　同轴线"三合一"传动

1—车轮；2—轴承箱；
3—同轴式减速器；4—制动电动机

　　固定旋转起重机按照其旋转支承方式的不同
可以分为转柱式旋转起重机、定柱式旋转起重机
和转盘式旋转起重机三种基本形式。行动旋转起
重机按其运行条件的不同可分为有轨运行的（如
塔式、港口门座式和铁路起重机）和无轨运行的
（如汽车式、轮胎式和履带式起重机）。

　　固定旋转起重机绝大多数是以电力作为能源，其机构以机械传动为主。行动旋转起重
机如工作时的运行范围不大（如塔式起重机等有轨运行的旋转起重机），也是以电力驱动
为主。工作流动性大的无轨运行的旋转起重机（如汽车和履带式起重机）均以内燃机作动
力，各机构除用机械传动外，近年来已普遍采用液压传动。

　　尽管各种行动旋转起重机的应用比固定旋转起重机要广泛得多，但并不能完全取代
它，因为后者具有构造简单、制造方便，成本低廉的优点，而且可以为某一生产工序或专
门的工艺设备服务，因而分担了为全局服务的主要起重机械的任务。

　　从工作原理和构造特点来看，行动旋转起重机都是以固定旋转起重机作为主体，再配
上各种运行方式的车体而组成的。所以本章着重介绍几种典型的固定旋转起重机的工作原
理和支承构件的构造。

　　旋转起重机的参数主要有：起重量、起升高度、起升速度、工作级别、幅度。

　　幅度用 $R(a)$ 表示，是指取物装置中心线至回转轴线之间的距离，单位为 m。旋转起
重机根据幅度是否可以变化，可分为定幅式和变幅式两种。

　　旋转起重机的其他参数可参看桥式起重机的参数。

1.1.5.1　固定转柱式旋转起重机

A　构造形式

固定转柱式旋转起重机的构造形式很多，图 1-43 所示是两种典型构造。这类起重机

都有一个立柱作为臂架金属结构的组成杆件之一，随同臂架一起绕自己的轴心旋转，故称为转柱。立柱支承在上下两个轴承里，上下轴承都承受着由起重机倾覆力矩所引起的水平载荷，此外下轴承还承受起重机全部自重和所吊物品的重量。上部轴承与厂房墙壁或房架相连接，而下部轴承固定在水平的地基或台架上。当上轴承固定在厂房墙壁上时，起重机能旋转 $90° \sim 270°$（装在内墙角时可转 $90°$，装在外墙角时可转 $270°$）。这种起重机的工作能力受到墙架支承条件的限制，一般转柱式旋转起重机的起重量不超过 5t；而载荷力矩（即起重量与最大幅度的乘积）小于 $100kN \cdot m$。图 1-43（a）是电动定幅转柱式旋转起重机的简图。它只有一个安装在臂架上的起升机构，随同起重机一起旋转。由电动机经过齿轮减速装置来驱动钢丝绳卷筒。当起重量较小（如 1t 以下）时不需要滑轮组，把物品直接挂在绳端的吊钩上；当起重量较大（1~3t）时，则用倍率为 2 的滑轮组。这种起重机没有旋转机构，通常用手推动或用绳拽引臂架端来旋转。为了减轻臂架杆件的受载，可将起升机构的绞车部分移置在臂架的外面，这时起升钢丝绳需通过臂架立柱上（或下）轴颈中心引入，轴承结构也因此变得复杂些，如图 1-43（b）所示。

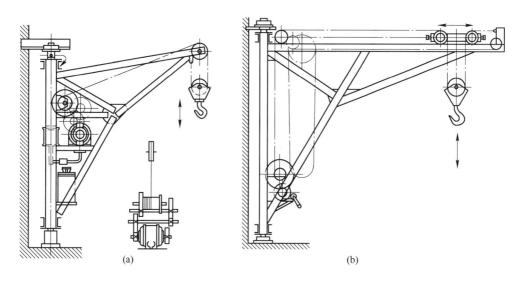

图 1-43　固定转柱式旋转起重机
（a）电动变幅式；（b）手动变幅式

　　图 1-43（b）所示是手动变幅转柱式旋转起重机。它的起升机构是用手摇把驱动，而变幅机构则是用拽引链驱动的。而且可以很明显地看出，起升机构和变幅机构是两套独立的绳索系统。如工作繁忙也可以改手动为电力驱动。

　　转柱式旋转起重机的臂架形式以轻巧易造的桁架结构最为普遍。常用的桁架结构有两类：一类由横梁和撑杆系统所组成，如图 1-44 所示；另一类是由横梁和拉杆系统所组成，如图 1-45 所示。在撑杆系统中用简单直撑杆［见图 1-44(a)］和分段弯折的撑杆［见图 1-44(b)］可获得较大的自由空间。在幅度较大的起重机中，当小车在横梁中间位置时，横梁将同时受到较大的弯矩，采用图 1-44(c) 所示的复杂撑杆系统可以得到改善。图 1-44 (d) 所示是定幅的臂架，横梁可以稍为向上倾斜些，以增加起重机的有效起升高度。

　　一般说来，带拉杆的臂架较撑杆臂架要简单些，并且自由空间也较大。但是，在拉杆

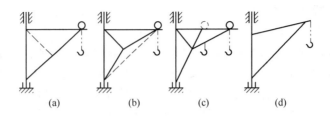

图 1-44　具有横梁和撑杆的臂架简图

（a）简单直撑杆；（b）分段撑杆；（c）复杂撑杆；（d）倾斜横梁

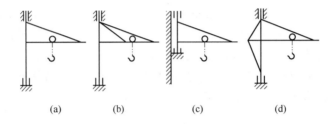

图 1-45　具有横梁和拉杆的臂架简图

（a）一根拉杆；（b）两根拉杆；（c）短立柱；（d）三根拉杆

系统的臂架中，立柱将受到很大的弯曲力。图 14-14（c）、（d）所示的结构形式可以改善立柱的受力状况。

必须指出，撑杆式臂架的变幅小车是在横梁上面运行的，所以起重机的臂架需要由两片桁架组成。在小起重量的拉杆式臂架中，可以利用现成的手动或电动滑车在单片桁架或工字钢横梁下翼缘运行，因而这种臂架的构造变得非常简单。

B　支撑构件

固定转柱式旋转起重机的转动部分主要是臂架和在它上面的传动装置。臂架的立柱两端做成轴颈，插入上下两支座的轴承内，而上下支座又分别固定在建筑物和基础上。这样，臂架旋转时就可以保持稳定。

上支座仅受水平力 $F_H$；下支座承受水平力 $F_H$ 和垂直力 $F_V$。因此，上支座只装径向轴承，而下支座承除了安装径向轴承外，还需安装推力轴承。上下支座的具体结构随起重机形式不同而有些差别。常用转柱式旋转起重机上下支座的构造如图 1-46 和图 1-47 所示。这些支座可以采用滑动轴承，但为了减小旋转阻力最好采用滚动轴承。支座的壳体一般由铸铁和铸钢制成，有时也用型钢或钢板焊接而成。

上下支座都必须牢固地加以固定。

### 1.1.5.2　固定定柱式旋转起重机

A　构造形式

固定定柱式旋转起重机（见图 1-48）与转柱式的不同，无须依靠起重机以外的任何建筑物来固定。它的立柱是与起重机臂架分开的，立柱紧装在基础底板内，基础底板又被地脚螺栓固定在混凝土的基础上，因而立柱是固定不动的，所

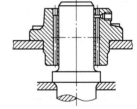

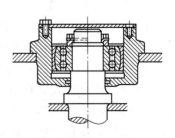

图 1-46　转柱上支座

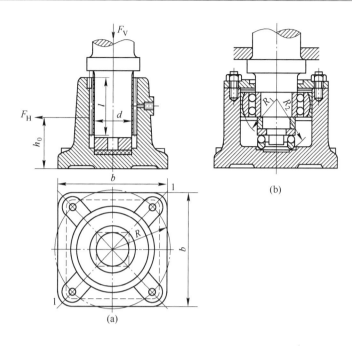

图 1-47　转柱下支座

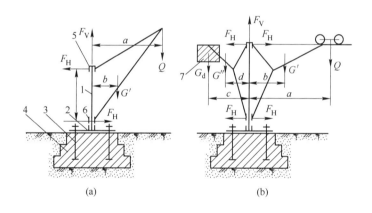

图 1-48　固定定柱式旋转起重机

1—立柱；2—基础底板；3—地脚螺栓；4—基础；5—上支座；6—下支座；7—对重

以称为定柱。由于起重机的臂架利用上、下支座直接支承在这根定柱上，所以它能旋转360°，从而使用范围比转柱式旋转起重机更为广泛，可以安装在室内或室外任何地方。其起重量一般不超过 10t，载荷力矩可达 250kN·m。

定柱式旋转起重机在其自重和物重对定柱的偏心力矩（倾覆力矩）作用下，经常有倾覆的趋势。倾覆力矩不能超过混凝土基础的抵抗能力，否则将会使起重机倾覆。定柱起重机臂架的上、下支座承受着由倾覆力矩引起的水平力，此外上支座还承受全部重量的垂直力。

B　支承构件

定柱式旋转起重机的支承构件指立柱、上支座、下支座和基础底板等。如图 1-48（b）所示，上支座承受水平力 $F_H$ 和垂直力 $F_V$，下支座仅受水平力 $F_H$；而立柱则承受由

水平力 $F_H$ 引起的弯曲和垂直力 $F_V$ 引起的压缩。

### 1.1.5.3 固定转盘式旋转起重机

#### A 构造形式

固定转盘式旋转起重机与上述两种旋转起重机的区别也在于支承旋转方式的不同。如图 1-49 所示，起重机的悬伸臂架和各个机构都连接于一个称作转盘的旋转平台上，转盘利用小车轮呈滚子支承在环形轨道上，并沿轨道绕中心枢轴旋转。司机操作室设在平台的前端，为减小载重倾覆力矩用的对重，可安置在平台的尾端。

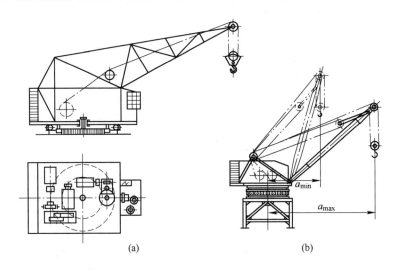

图 1-49　固定转盘式旋转起重机

固定转盘式旋转起重机也可以做成定幅的和变幅的两种，而且多采用摆动臂架的变幅方式。它们除有起升机构和变幅机构外，一般都有旋转机构来驱使起重机旋转。所有的机构都集中安装在转盘平台上，这样不仅给这些机械设备的维修工作带来方便，也为利用内燃机作动力时，集中驱动各个机构创造了条件。利用转盘支承旋转方式的特点还有：支承利用滚动摩擦，旋转阻力较小；支承构件集中在转盘下面，结构紧凑而且安装维修方便，但是，从制造成本来说比较昂贵些，其平面外形尺寸也大一些。

由于固定转盘式旋转支承方式的上述突出优点，所以各种行动旋转起重机中几乎全部采用转盘式起重机作为主体，也就是说它们广泛地使用转盘式支承旋转方式。固定转盘式旋转起重机应用在港口、码头、车站和仓库等较为开阔的地方装卸工作最为合适。它的起重量一般为 1~10t，幅度为 3~20m，可以整周地旋转。

#### B 支承构件

固定转盘式旋转起重机的支承旋转方式有许多种结构方案，但基本上可以归纳为车轮式、滚子式和滚动轴承式三种。

车轮式支承旋转装置［见图 1-50(a)］由固定在转盘下的车轮部件、安装在起重机不转部分（即基础）的环形轨道以及定心用的中心枢轴等组成。车轮的数量与支承传递的垂直载荷大小有关，一般取 4~8 个，当用 4 个以上车轮时，应采用两个车轮一组的均衡小车结构［见图 1-50(b)］。为了使车轮在轨道上旋转时做纯滚动，最好采用锥形车轮。但是锥形车轮与轨道的计算压力比圆柱形车轮的有所增加，并且轴向力的作用产生了旋转运动的附加阻力，所以说两种车轮各有利弊。

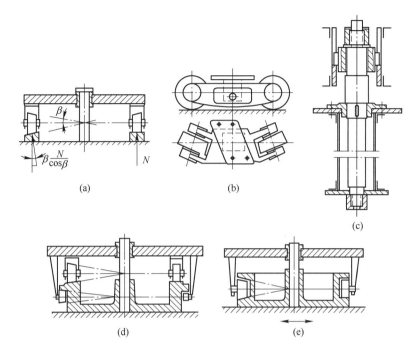

图 1-50　车轮式支承旋转装置

中心枢轴是供起重机旋转部分定位对中用的［见图 1-50(c)］，它的下端稳固在不转部分，上端的滑动轴承衬套装在一个横梁内，横梁两端的轴颈与转台相配合形成铰接。铰轴应与吊臂中心线相垂直，这样可以保证当转台前后摆动时，中心枢轴上的轴承具有自动调位的作用。

中心枢轴在一般情况下可以承受水平力，当全部垂直载荷的合力作用在轨道以外时，中心枢轴还要承受向上的作用力以免转盘的倾覆。为了解脱中心枢轴承受这种很不利的受力状况，可以采用反滚轮［见图 1-50(d)］，或将车轮放在槽形轨道内工作［见图 1-50(e)］，以承担由于倾覆力矩造成的向上作用力。

滚子式支承旋转装置是由车轮式发展而来的，如图 1-51 所示，有上、下两个环形轨道分别固定在起重机的转盘下面和不动部分的上面，轨道中间是均匀排列的一系列小直径滚子，滚子可以做成圆柱形或圆锥形。圆柱形滚子的心轴被固定在用两块扁钢或型钢圈成的夹套中，以保持滚子间相互位置。滚子如用锥形，则轨道对滚子的轴向分力是通过许多与心轴连接的辐条传递给中心枢轴的［见图 1-51(c)］。滚子式支承旋转装置的中心枢轴的作用与车轮式的一样，为了改善枢轴的受力，也利用反滚子来承担倾覆力矩产生的向上作用力，如图 1-51(b)所示。

与车轮式相比，滚子式支承旋转装置可以承受更大的垂直载荷，在保持旋转部分稳定性相同，即旋转中心到倾覆边的距离相等的情况下，滚子式的环形轨道直径可比车轮式的小。所以滚子式结构比较紧凑，但构造比车轮式要复杂些。

上述两种旋转支承装置的共同缺点是：滚动部分敞露着，因而磨损快；工作不平稳，

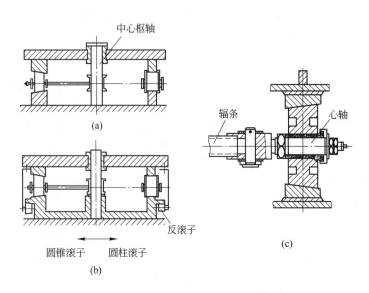

图 1-51　滚子式支承旋转装置

动力冲击大；为了使旋转部分定位对中，必须设有中心枢轴，这就使构造变得复杂了。为了克服这些缺点，下面介绍滚动轴承式支承旋转装置，这种装置近年来得到了大力发展。

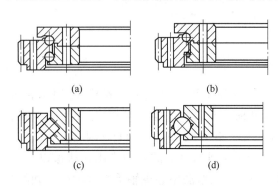

图 1-52　滚动轴承式支承旋转装置

　　轴承式旋转支承装置主要由三个座圈（其中一个与旋转机构的大齿圈制成一体，并固定在起重机不转部分）、滚动体（球或滚柱）、隔离件、密封件和连接螺栓等组成，如图 1-52 所示。轴承式旋转支承装置按照滚动体的形状和布置方式，可以做成许多种形式，应用较广的有以下三种：双排滚球式［同径或异径的，见图 1-52（a）、（b）］、交叉滚柱式［见图 1-52（c）］、单排四点接触球式，

如图 1-52 （d） 所示。按照齿圈的形式分为内齿圈和外齿圈两种。内齿圈尺寸紧凑，润滑油孔容易加工，外形美观，但齿的加工较困难，国内行动旋转起重机中用得较多。外齿圈的优点是可以得到较大的传动比。

　　从理论上分析可知，单排四点接触球式的全部球都可以同时承受载荷，而其他几种只有半数滚动体单向承载，而且单排球的直径可以加大，因此它的静承载能力比其他几种高得多。单排交叉滚柱式的接触应力比球的低，故它的疲劳寿命比球的高。单排四点接触球式和单排交叉滚柱式两种形式在国内都有使用，并且在生产实践的基础上成为标准化系列化的部件，可供起重机及其他工程机械等设备选用。在国外这种部件已经由一些轴承生产厂成批生产，为主机生产厂配套。这样做可以提高制造精度，降低生产成本。

　　1.1.5.4　平衡吊臂式旋转起重机

　　平衡吊臂式旋转起重机（简称平衡吊，见图 1-53）是一种构造简单、轻巧灵便的小型旋转起重机。这种起重机利用一种特殊的吊臂杆件系统来直接升降物品，并且可以使

任意高度上的吊重在变幅时做水平移动。由于此时吊重的
位能不变而无需作功，用手轻轻推拉即可变幅。这种吊臂
系统还可以做到当吊重在工作范围的任意位置上停留时均
能保持平衡（即实现随遇平衡）。平衡吊臂式旋转起重机
可以分成机头和机座两大部分。它的机头部分由平衡吊臂
杆件系统及其起升机构所组成。搬运的物品直接悬挂在与
吊臂端部连接的吊钩上，起升机构的操作开关也安装在吊
臂端部，与吊钩组合在一起。当开关的操作杆向上扳动时，
吊臂便连同物品上升，反之则下降，如果起升机构的驱动
是可以调速的，则升降动作的快慢可以直接由操作杆扳动的
角度大小来控制，因此，操作起来像人的手提物一样自如。

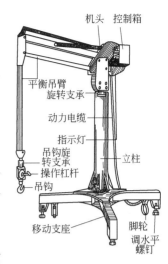

图 1-53　平衡吊臂式旋转起重机

　　平衡吊的机头部分利用普通的滚动轴承作为旋转支承，
可以绕机座的立柱做整周的旋转。起重机没有旋转机构，用
手推动吊臂端部即可转动。由此可见，这种起重机在搬运物
品时可以做到在操作者的手直接控制下同时进行起升、变幅
和旋转三个动作，因此可以说平衡吊是一种效率高、直观性强、操作灵便和定位准确的小
型搬运设备。但是，由于吊臂系统结构的限制，起重量不能设计得很大，国内已设计制造
的起重量达到 8kN。根据以上这些特点，这种起重机特别适用于：机械加工车间为成批生
产的机床装卸工件，铸造车间的造型和浇铸工作以及小型机械的装配工作。

### 1.1.6　流动式起重机

　　可以配备立柱或塔架，能在带载或空载情况下沿无轨路面运动，并依靠自重保持稳定
的行动旋转起重机称为流动式起重机。

　　按照底盘形式不同，流动式起重机分为轮式起重机、履带式起重机、专用流动式起重
机。轮式起重机又分为汽车起重机和轮胎起重机。汽车起重机、轮胎起重机和履带式起重
机最为常用。

　　流动式起重机一般都由起升机构、回转机构、变幅机构、行走机构组成。

#### 1.1.6.1　汽车起重机

　　汽车起重机是装在普通汽车底盘或特制汽车底盘上的一种起重机，其行驶驾驶室与起
重操纵室分开设置。这种起重机的优点是机动性好，转移迅速；缺点是工作时须支腿，不
能负荷行驶，也不适合在松软或泥泞的场地上工作。

　　近年来由于汽车载重能力的不断提高，各种专门的汽车底盘的产生，使大吨位的汽车式
起重机不断涌现。由于液压机构被广泛地用在汽车起重机上，并且用高强度钢材作为起重机
的臂杆，汽车起重机无论在操作上还是在使用性能方面都具备很多的优越性。因此，汽车
式起重机是目前使用最广泛的一种流动起重机。图 1-54 所示为 QY 系列汽车起重机外形。

　　汽车起重机的底盘性能等同于相同整车总重的载重汽车，符合公路车辆的技术要求，
因而可在各类公路上通行无阻。此种起重机一般备有上、下车两个操纵室，作业时必需伸
出支腿保持稳定。起重量的范围很大，为 8～1000t，底盘的车轴数可从 2～10 根。起重机
是产量最大、使用最广泛的起重机类型。

图 1-54　QY 系列汽车起重机外形

A　汽车起重机的种类

汽车起重机的种类很多，可从不同角度进行分类。

（1）按起重量分，可分为轻型汽车起重机（起重量在 5t 以下）、中型汽车起重机（起重量在 5～15t）、重型汽车起重机（起重量在 15～50t）、超重型汽车起重机（起重量在 50t 以上）。近年来，由于使用要求，其起重量有提高的趋势，如已生产出 50～100t 的大型汽车起重机。

（2）按支腿形式分，可分为蛙式支腿、X 形支腿和 H 形支腿。

蛙式支腿跨距较小，仅适用于较小吨位的起重机；X 形支腿容易产生滑移，也很少采用；H 形支腿可实现较大跨距，对整机的稳定有明显的优越性，所以我国目前生产的液压汽车起重机多采用 H 形支腿。

（3）按传动装置的传动方式分，可分为机械传动、电传动和液压传动三类。

（4）按起重装置在水平面可回转范围分，可分为全回转式汽车起重机（转台可任意旋转 360°）和非全回转汽车起重机（转台回转角小于 270°）。

（5）按吊臂的结构形式分，可分为折叠式吊臂、伸缩式吊臂和桁架式吊臂汽车起重机。

B　工作原理

在起重臂内部下面有一个转动卷筒，上面绕钢丝绳，钢丝绳通过在下一节臂顶端上的滑轮，将上一节起重臂拉出去，依此类推。缩回时，卷筒倒转回收钢丝绳，起重臂在自重作用下回缩。转动卷筒采用液压马达驱动。另外有一些汽车起重机的伸缩臂里面安装有套装式的柱塞式油缸，但因为多级柱塞式油缸成本昂贵，而且起重臂受载时会发生弹性弯曲，对油缸寿命影响很大，因此应用很少。

C　基本构造及特点

汽车起重机主要由起升、变幅、回转、起重臂和汽车底盘组成。液压技术、电子工业、高强度钢材和汽车工业的发展，促进了汽车起重机的发展。自重大、工作准备时间长的机械传动式汽车起重机已被液压式汽车起重机所代替。液压汽车起重机的液压系统采用液压泵、定量或变量马达实现起重机起升回转、变幅、起重臂伸缩及支腿伸缩并可单独或组合动作。马达采用过热保护，并有防止错误操作的安全装置。大吨位的液压汽车起重机选用多联齿轮泵，合流时还可实现上述各动作的加速。在液压系统中设有自动超负荷安全阀、缓冲阀及液压锁等，以防止起重机作业时过载或失速及油管突然破裂引起的意外事故发生。汽车起重机装有幅度指示器和高度限位器，防止超载或超伸距，卷筒和滑轮设有防钢丝绳跳槽的装置。

对于 16t 以下的起重机要求设置起重显示器，16t 及以上的起重机设置力矩限制器，且有报警装置。液压汽车起重机的起重臂由多节臂段组成，可以根据起升高度的不同要求设计。起重臂的伸缩方式一种是顺序伸缩，另一种是同步伸缩。大吨位的起重机为了提高起重能力大多数都采用同步伸缩。各臂段的伸缩由油压控制，伸缩自如。带副臂的起重机，在行驶状态时，副臂一般安置于主臂的侧方或下方。转台主要用来布置起升机构、回转机构、起重臂及变幅油缸的下支点和操纵装置。对于中、大吨位的起重机，有的还在转台上安置发动机。转台与底架之间用能承受垂直载荷、水平载荷及倾覆力矩的回转支承连接。为了防止在行驶时转台发生滑转，设有转台锁定装置。回转机构由定量马达驱动。回转机构的输出齿轮与回转支承齿轮啮合，实现起重机转台沿回转中心做360°回转。起重臂的变幅，由单只或双只液压油缸通过油液控制完成。起升机构由油液控制变量或定量马达通过减速机驱动卷筒。由于采用液力变矩器，起重机各机构的运动能无级变速，可使载荷在微动速度下由动力控制下降。为了防止过卷，设有钢丝绳三圈保护装置及报警装置。中、大吨位的汽车起重机可根据市场需要配置副起升机构，以供双钩作业。

#### 1.1.6.2 轮胎起重机

轮胎起重机是利用轮胎式底盘行走的动臂旋转起重机。它是将起重机装在有重型轮胎和轮轴组成的底盘上，并设有四个支腿。它是由履带式起重机演变而成，将行走机构的履带和行走支架部分变成有轮胎的底盘，克服了履带起重机履带板对路面造成破坏的缺点，行使的速度比履带起重机快，但比汽车式起重机慢，其行驶时对路面要求较高。

轮胎起重机的基本技术参数为起重量、起升高度、幅度、载荷力矩和整机自重。

轮胎起重机由上车和下车两部分组成。上车为起重作业部分，设有动臂、起升机构、变幅机构、平衡重和转台等；下车为支承和行走部分。上下车之间用回转支承连接。

起重臂的结构形式有桁架臂和伸缩臂两种。前者用钢丝绳滑轮组变幅，臂长可折叠或接长，其长度较大；后者为多节箱形断面伸缩臂架，用液压缸伸缩和变幅。行驶状态因外形尺寸小，可以适应快速转移场地的需要。工作机构可以是机械式、液压式和电动式。液压式具有结构紧凑，操作方便，易于调速和实现过载保护等优点。

轮胎起重机所架的四个支腿，增强了起重机在吊装作业时的稳定性，它的起重量比较大，并可向任何方向回转360°，但吊重时需要打支腿，以增加起重机的稳定性能。在不打支腿的情况下作业或吊重行走，需要减少起重量。必须保证道路平整坚实，轮胎的气压要符合要求，荷载要按照原机车性能的规定进行。同时重物吊离地面不得超过500mm，并拴好溜绳缓慢行驶，禁止带负荷长距离行走。

轮胎起重机通常用于装卸重物和安装作业，起重量较小时，可不打支腿作业，甚至可带载行走。它具有机动性好、转移方便的特点，适用于流动性作业，并且应用广泛。

#### 1.1.6.3 履带起重机

履带起重机是将起重作业部分装在履带底盘上，依靠履带装置行走的流动式起重机，可以进行物料起重、运输、装卸和安装等作业。它在电力、市政、桥梁、石油化工、水利电力等行业应用广泛，其结构如图1-55所示。

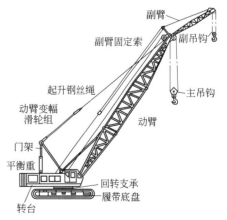

图1-55 履带式起重机机构示意图

A　履带起重机的特点

履带起重机具有承载能力大、起重稳定性好、爬坡能力强、转弯半径小、接地比压小、不需支腿、带载行驶以及桁架组合高度可自由更换等优点。

其主要缺点是：不能在公路上行驶，运输比较麻烦；到达工作地点后需要组装后才能使用，比较费时费力；行驶速度低，不适宜长距离转移。

B　结构

履带起重机由动力装置、工作机构、动臂、转台、底盘等组成。

（1）动臂：为多节组装桁架结构，调整节数后可改变长度，其下端铰装于转台前部，顶端用变幅钢丝绳滑轮组悬挂支承，可改变其倾角。

也有在动臂顶端加装副臂的，副臂与动臂成一定夹角。起升机构有主、副两卷扬系统，主卷扬系统用于动臂吊重，副卷扬系统用于副臂吊重。

（2）转台：通过回转支承装在底盘上，可将转台上的全部重量传递给底盘，其上装有动力装置、传动系统、卷扬机、操纵机构、平衡重和机棚等。动力装置通过回转机构可使转台做360°回转。回转支承由上、下滚盘和其间的滚动件（滚球、滚柱）组成，可将转台上的全部重量传递给底盘，并保证转台的自由转动。

转台组合方式有两种：一是转台、回转支承与车架一部分连成为一体，转台其他部分可独立运输，或再拆解运输；另一种是将上下车分开运输，分开部分与回转支承采用快速连接方式连接。

（3）底盘。包括行走机构和行走装置。前者使起重机前后行走和左右转弯；后者由履带架、驱动轮、导向轮、支重轮、托链轮和履带轮等组成。动力装置通过垂直轴、水平轴和链条传动使驱动轮旋转，从而带动导向轮和支重轮，使整机沿履带滚动而行走。

为降低成本，减轻结构件质量，高强度材料已广泛应用，屈服强度达到500MPa以上。其结构尺寸明显减小。采用宽肢薄壁结构，极大地提高了结构整体稳定性和承载能力。主机结构的自重占整机自重的比例也由通常的60%降到40%。

考虑增大行走牵引能力和提高工作速度，行走机构可选用四驱形式。为降低驱动转矩，驱动轮采用链轮形式，以减小直径。履带总成数量不仅仅是传统的左右两条履带总成，而是采用多组总成，每条履带承载更均匀，对地基的要求也更低，并且可形成宽模式和窄模式，以适应不同工作场合的要求。

## 1.1.7　起重机械的型号（代号）

通用桥式起重机、门式起重机的起重机型号（代号）在1993年的起重机国家标准中有所规定，但由于该规定难以与世界接轨，在2011年修订的起重机国家标准中，删除了起重机型号及其表示方法的内容。但目前，我国很多起重机的制造单位、使用单位、管理部门，为了便于识别和统一管理，依然在使用起重机型号（代号），为此，本书对起重机型号（代号）进行简单介绍，作为参考。

2006年机械行业标准JB/T 5897—2006中，保留并修订了JB/T 5897—1991防爆桥式起重机型号的表示方法；2008年机械行业标准JB/T 3695—2008中，保留了JB/T 3695—1994电动葫芦桥式起重机型号表示方法；2008年机械行业标准JB/T 7688.6—2008中对

JB 5989—1991 进行了修订，删除了 JB/T 5898—1991 淬火起重机的型号表示，这里进行简单介绍，作为参考。

起重机型号（代号）见表 1-18。

表 1-18　起重机型号（代号）

| 序　号 | 名　称 | 特　征 | 型号（代号） | 依　据 |
|---|---|---|---|---|
| 1 | 吊钩桥式起重机 | 单小车 | QD | GB/T 14405—1993 |
| 2 | 吊钩桥式起重机 | 双小车 | QE | |
| 3 | 抓斗桥式起重机 | 单小车 | QZ | |
| 4 | 电磁桥式起重机 | 单小车 | QC | |
| 5 | 抓斗吊钩桥式起重机 | 单小车 | QN | |
| 6 | 电磁吊钩桥式起重机 | 单小车 | QA | |
| 7 | 抓斗电磁桥式起重机 | 单小车 | QP | |
| 8 | 三用桥式起重机 | 单小车 | QS | |
| 9 | 吊钩门式起重机 | 双梁 单小车 | MG | GB/T 14406—1993 |
| 10 | 吊钩门式起重机 | 双梁 双小车 | ME | |
| 11 | 抓斗门式起重机 | 双梁 单小车 | MZ | |
| 12 | 电磁门式起重机 | 双梁 单小车 | MC | |
| 13 | 抓斗吊钩门式起重机 | 双梁 单小车 | MN | |
| 14 | 抓斗电磁门式起重机 | 双梁 单小车 | MP | |
| 15 | 三用门式起重机 | 双梁 单小车 | MS | |
| 16 | 吊钩门式起重机 | 单梁 单小车 | MDG | |
| 17 | 吊钩门式起重机 | 单梁 双小车 | MDE | |
| 18 | 抓斗门式起重机 | 单梁 单小车 | MDZ | |
| 19 | 电磁门式起重机 | 单梁 单小车 | MDC | |
| 20 | 抓斗吊钩门式起重机 | 单梁 单小车 | MDN | |
| 21 | 抓斗电磁门式起重机 | 单梁 单小车 | MDP | |
| 22 | 三用门式起重机 | 单梁 单小车 | MDS | |
| 23 | 电动葫芦桥式起重机 | | LH | JB/T 3695—2008 |
| 24 | 防爆桥式起重机 | | QB | JB/T 5897—2006 |
| 25 | 淬火起重机 | | YH | JB/T 5898—1991 |
| 26 | 定柱式旋臂起重机 | 旋臂回转电动 | BZD | JB/T 8906—1999 |
| 27 | 定柱式旋臂起重机 | 旋臂回转手动 | BZ | |

起重机的型号表示起重机的类型、用途、工作级别、跨度、额定起重量、代号。

起重机的型号（代号）均用大写印刷体汉语拼音字母表示。该字母应是起重机型号中有代表性的汉语拼音字头，如该字母与其他代号的字母有重复时，也可采用其他字母。主参数代号用阿拉伯数字表示。桥式起重机的型号（代号）格式如下：

（1）通用桥式起重机型号表示方法。

标记示例：

1）起重机 QD20/5-19.5A$_5$：表示起升机构具有主、副钩，起重量为 20/5t，跨度 19.5m，工作级别 A$_5$，是室内用的吊钩桥式起重机。

2）额定起重量 5t，跨度 16.5m，工作级别 A$_6$，室外用三用桥式起重机，标记为：起重机 QS5-16.5A$_6$　GB/T 14405—1993

（2）通用门式起重机型号表示方法。

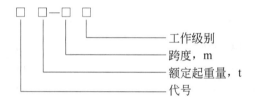

标记示例：

1）额定起重量 20/5t，跨度 22m，工作级别 A$_4$，单主梁吊钩门式起重机，应标记为：起重机 MDG 20/5-22A$_4$　GB/T 14406—1993

2）额定起重量 50/10 + 50/10t，跨度 35m，工作级别 A$_4$，双梁，双小车吊钩门式起重机，标记为：起重机 ME50/10 + 50/10-35A$_4$　GB/T 14406—1993

（3）电动葫芦桥式起重机型号表示方法。

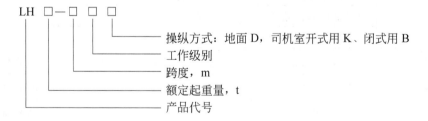

标记示例：

起重量 5t，跨度 16.5m，工作级别 A$_3$，采用闭式司机室操纵的起重机标记为：起重机 LH5-16.5A$_3$B　JB/T 3695—2008

（4）防爆桥式起重机型号表示方法。

标记示例：

起重量 10t，跨度 22.5m，工作级别 A$_3$，爆炸性气体环境下，防爆标志为 dⅡcT2 的防爆桥式起重机标记为：起重机 QB10-22.5A$_3$-dⅡcT2　JB/T 5897—2006

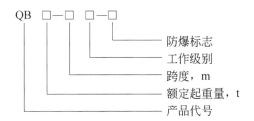

（5）淬火起重机型号表示方法。

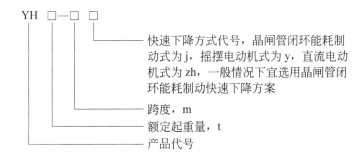

标记示例：

1）起重量 20/5t，跨度 22.5m，采用晶闸管闭环能耗制动式快速下降的桥式淬火起重机标记为：起重机　YH20/5-22.5j　JB/T 5898—1991

2）起重量 40/10t，跨度 19.5m，采用摇摆电动机式快速下降的桥式淬火起重机标记为：起重机　YH40/10-19.5y　JB/T 5898—1991

## 1.2　运输机械概述

### 1.2.1　运输机械的作用

在现代化的工业企业中，有大量的原料、半成品及成品的运输工作；尤其是冶金联合企业中，大批物料搬运和分送工作更为繁重。如果没有各种运输机械，要合理组织生产是很困难的，甚至是不可能进行的。

运输机械的类型很多，可分为连续运输机械、搬运车辆、装卸机械等，还包括输送系统的辅助装置（储仓闸门、给料器、称量装置）。

（1）连续运输机械：分为带有挠性牵引件的连续运输机和没有挠性牵引件的连续运输机两个大类。

（2）搬运车辆：分为牵引车、翻斗车、自卸汽车等。工作特点是机动灵活，适用于搬运沉重单件物品和集装箱货物。

（3）装卸机械：分为叉车、卸载机、抛料机、翻斗机等，用于仓库、料场进行装卸作业。

（4）输送系统的辅助装置：用以调节货物流量，协调各机械间的工作，保证系统合理运行。

这里只介绍连续运输机械。这类运输机械的特点是在工作时连续不断的沿同一方向输送散料和重量不大的单件物品，装卸过程无需停车。由于具有这种特点，因此某些类型的连续运输机械生产率很大。

在流水作业生产线上，连续运输机械已成为整个工艺过程中最重要的环节之一。就是在装卸工作机械化中，连续运输机械也同样占有重要位置。

连续运输机械的主要优点是生产率高、设备简单、操作简便，但也还有下面一些缺点：例如，一定类型的连续运输机械只适合运输一定种类的物品（散料或重量不大的成件物品）；只能布置在物料的运输线上，而且只能沿着一定的路线向一个方向输送。因而在应用上连续运输机械仍有一定的局限性。

### 1.2.2  连续运输机械的分类和主要参数

#### 1.2.2.1  连续运输机械的分类

连续运输机械的类型很多，根据构造的特点，可分为以下两类：

（1）带有挠性牵引件的连续运输机。其工作特点是把物体至于承载件上，由挠性牵引件拖动承载件沿着固定的线路运移，靠物品和承载件的摩擦力使物品与牵引件在工作区段上一起移动。属于这一类的有带式运输机［见图1-56（a）］、链板运输机［见图1-56（b）］、刮板运输机［见图1-56（c）］、埋刮板运输机［见图1-56（d）］、小车运输机［见图1-56（e）］、悬式运输机［见图1-56（f）］以及斗式提升机［见图1-56（g）］等。

（2）没有挠性牵引件的运输机。其工作特点是使物品与推动件分别运动。推动件做旋

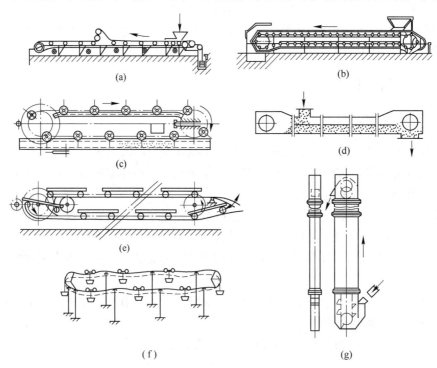

图1-56  有挠性牵引件的连续运输机械

（a）带式运输机；（b）链板运输机；（c）刮板运输机；（d）埋刮板运输机；

（e）小车运输机；（f）悬式运输机；（g）斗式提升机

转运动（滚子运输机）或往复运动（振动运输机）时，靠物品和承载件的摩擦力或惯性力，使物品向前运动，而推动件自身仍保持或回复到原来的位置。属于此类的有螺旋运输机 ［见图1-57(a)］、振动运输机 ［见图1-57(b)］、滚子运输机 ［见图1-57(c)］以及气力运输机 ［见图1-57(d)］等。

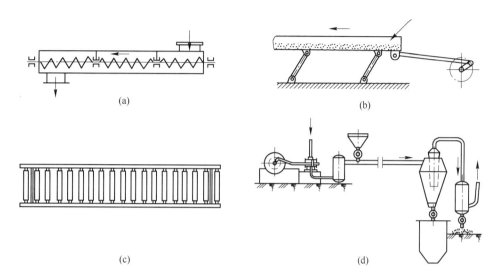

图 1-57  没有挠性牵引件的连续运输机械
（a）螺旋运输机；（b）振动运输机；（c）滚子运输机；（d）气力运输机

### 1.2.2.2  连续运输机械的主要参数

运输机械的主要参数是用来说明其特征和规格的，并作为选择使用或设计计算的依据。这些主要参数有：

（1）生产率 $Q$（kN/h 或 m³/h）。因为连续运输机是连续工作的，其生产率用单位时间内运输物品的总重量（体积或件数）计算。

（2）运输速度 $v$（m/s）。

（3）运输线路的几何简图，其中包括运输线段的长度 $L$、两端相差高度 $H$ 或倾斜角 $\beta$ 及外形尺寸等。

（4）准备运输物料的重量与特征。

（5）工作类型，连续运输机在选用电动机时，应按 $JC = 100\%$ 考虑；同时要考虑满载启动、制动的工作状况。

 **复习思考题**

1-1  起重机有哪几种？

1-2  桥式起重机与门式起重机的主要异同点有哪些？

1-3  起重机的主要技术参数有哪些？

1-4  什么是起重机的额定起重量？

1-5  什么是起重机的额定速度？

1-6　什么是起重机的工作级别，如何确定起重机的工作级别？

1-7　额定起重量、额定速度、工作级别等与安全有何关系？

1-8　桥式起重机主要由哪几部分组成？

1-9　桥式起重机的桥架由哪几部分组成？主梁的结构形式有哪几种？

1-10　大车运行机构有几种形式？它们由哪些零部件组成？画出它们的传动简图。

1-11　起升机构由哪些装置组成？

1-12　桥式起重机的电气设备主要包括哪些？

1-13　轻小型起重设备包括哪些？各有什么特点？

1-14　门式起重机的参数有哪些？

1-15　常见的旋转起重机有哪几大类？各适用于什么场合？

1-16　简述流动起重机的种类和特点。

1-17　连续运输机械分为哪几类？

1-18　连续运输机械的主要参数有哪些？

# 2 钢 丝 绳

## 2.1 钢丝绳的辨识

### 2.1.1 钢丝绳的制造与结构

钢丝绳是桥式起重机安全生产的三大重要构件（制动器、钢丝绳、吊钩）之一。它具有强度高、挠性好、自重轻、运行平稳、极少突然断裂、制造成本低等优点，因而广泛用于桥式起重机的起升机构上，还可用作捆绑物件的司索绳。

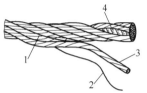

图 2-1 钢丝绳的结构
1—钢丝绳；2—钢丝；
3—股；4—绳芯

钢丝绳的结构如图 2-1 所示，它是用优质钢丝拧成的。钢丝的材料常采用 50、60 和 65 号钢。钢材先热轧成直径为 6mm 的圆钢，经过多次冷拔、反复热处理，制成直径为 0.2 ~ 2.0mm，拉伸强度在 1400 ~ 2000MPa 之间的优质钢丝，再将其捻制成股，然后将若干股围绕着绳芯制成绳。绳芯是被绳股所缠绕的挠性芯棒，起支撑和固定绳股的作用，并可贮存润滑油和增加钢丝绳的挠性。

根据钢丝韧性，钢丝分为 3 级：即适用于电梯的特级、用于起重机的 I 级和用作司索及张紧绳的 II 级钢丝。

根据适用的场合不同，绳芯可分为以下四种。

（1）金属芯：用软钢丝制成，可耐高温并能承受较大的挤压应力。因挠性较差，金属芯只适用于高温或多层缠绕的场合。

（2）有机芯：常用浸透润滑油的麻绳制成，也有采用棉芯的。因易燃，有机芯不可用于高温场合。

（3）石棉芯：用石棉绳制成，耐高温。

（4）合成纤维芯：用合成纤维制成，强度高。

### 2.1.2 钢丝绳的类型

（1）根据钢丝绳捻绕的次数分类。

1）单捻绳。单捻绳截面如图 2-2 所示，由若干断面相同或不同的钢丝一次捻制而成。由圆形断面的钢丝捻绕成的单股钢丝绳僵性大、绕性差、易松散，不宜用作起重绳，可作张紧绳用。密封钢丝绳一般只用作承载绳，其他场合较少采用。

2）双捻绳。双捻绳截面如图 2-3 所示，先由钢丝绕成股，再由股绕成绳。双捻绳挠性好，制造也不复杂，起重机广泛采用。

3）缆式钢丝绳（三捻绳）。缆式钢丝绳以双绕绳作股，再围绕双绕绳芯拧成绳。其挠性好，但制造较复杂，且钢丝太细，容易磨损，故很少应用。

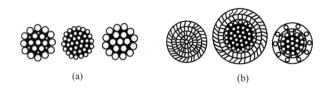

图 2-2　单捻绳
（a）圆钢丝单股钢丝绳；（b）密封钢丝绳

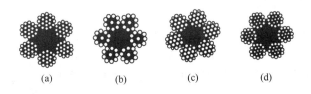

图 2-3　双捻绳
（a）点接触绳；（b）外粗型；（c）粗细型；（d）填充型

（2）根据股中相邻两层钢丝的接触状态分类。

1）点接触钢丝绳。如图 2-3（a）所示，绳股中各层钢丝直径相同，每层钢丝的螺旋升角近似相等。为了使各层钢丝有稳定的位置，内外各层钢丝的捻距不同，互相交叉，在交叉点上接触。这种钢丝绳在反复弯曲时钢丝容易磨损折断。

钢丝围绕股或绳轴线旋转一周，且平行于股或绳轴线的对应两点间的直线距离，称为股或钢丝绳的捻距，如图 2-4 所示。一般股的捻距用 $h$ 表示，绳的捻距用 $H$ 表示。

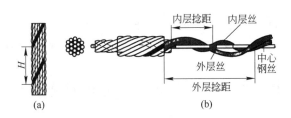

图 2-4　钢丝绳的捻距
（a）外部示意图；（b）内部示意图

2）线接触钢丝绳。如图 2-3（b）、（c）、（d）所示，线接触钢丝绳股中的钢丝直径不同，但每层钢丝的节距相同，外层钢丝位于内层钢丝的沟槽中，内外钢丝的接触形成一条螺旋线。线接触钢丝间接触应力小、磨损小、钢丝绳寿命长；钢丝绳有可能选用较小的直径，从而可以选用较小的卷筒、滑轮、减速器，以减小起升机构的尺寸与质量。现在的起重机已用线接触钢丝绳代替过去常用的点接触钢丝绳。线接触钢丝绳按绳股断面的结构分，还可分为 3 种：

①外粗型［见图 2-3(b)］：又称西鲁型（S 型），股中同一层钢丝的直径相同，不同层钢丝的直径不同，内层细，外层粗。钢丝绳耐磨，挠性稍差。

②粗细型［见图 2-3(c)］：又称瓦林吞型（W 型），外层采用粗、细两种钢丝，粗钢

丝位于内层钢丝的沟槽中，细钢丝位于粗钢丝之间。这种钢丝绳断面填充率较高，挠性较好，承载能力大，是起重机常用的钢丝绳。

③密集型［见图2-3(d)］：又称填充型（Fi 型），在股中外层钢丝形成的沟槽中，填充细钢丝，断面填充率更高，承载能力大、挠性好。

3）面接触钢丝绳。面接触钢丝绳股中钢丝与钢丝之间是面接触，接触应力小、磨损小、强度大，但其挠性较差。钢丝绳一般都做成双捻。

（3）根据钢丝绳捻绕的方向分类。

1）交互捻绳［见图2-5(a)、(b)］：又称交绕绳，由钢丝捻成股的捻制螺旋方向与由股捻成绳的捻制螺旋方向相反。交互捻绳外观上钢丝基本顺着绳的轴线方向。这种钢丝绳股与绳的扭转趋势能起到一定的抵消作用，起吊重物时不易扭转和松散，因而被广泛用作起重绳。但其股间外层钢丝接触状况较差、易磨损、寿命短、挠性较差。

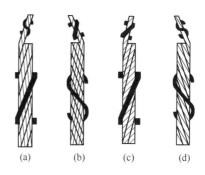

图 2-5　钢丝绳的捻向
（a）右交互捻 SZ；（b）左交互捻 ZS；
（c）右同向捻 ZZ；（d）左同向捻 SS

右捻用"Z"表示，左捻用"S"表示。交互捻绳又分右交互捻绳和左交互捻绳。右交互捻绳表示绳是右捻，股是左捻；左交互捻绳表示绳是左捻，股是右捻。国家新发布的《钢丝绳　术语、标记和分类》（GB/T 8706—2006）中规定：钢丝绳捻向的第一个字母表示股的捻向，第二个字母表示钢丝绳的捻向。所以右交互捻绳用"SZ"表示，左交互捻绳用"ZS"表示。

2）同向捻绳［见图2-5(c)、(d)］：又称顺绕绳，由钢丝绕成股和由股绕成绳的绕向相同。同向捻绳外观上股中钢丝与绳轴线成一个较大角度。它的挠性好、寿命长，但有强烈扭转的趋势，容易自行松散、打结，仅适用于沿刚性导轨提升或牵引并经常保持张紧的地方，不宜用作起重绳。近年来在制造工艺中采用预变形技术，成绳后消除了自行松散扭转现象，这种绳又称不松散绳。

3）混合捻钢丝绳：有半数股左旋，另外半数右旋。这种钢丝绳应用极少。

（4）按钢丝绳的绕向分类。

1）右绕绳［见图2-5(a)、(c)］：把钢丝绳立起来观看，绳股的捻制螺旋方向，是由左侧开始向右上方伸展。

2）左绕绳［见图2-5(b)、(d)］：绳股捻制螺旋方向是由右侧开始向左上方伸展。

（5）按钢丝绳中股的数目分类，有 6 股绳、8 股绳、17 股绳和 34 股绳等。外层股的数目愈多，钢丝绳与滑轮、卷筒槽接触的情况愈好，寿命愈长。目前起重机上大多采用 6 股的钢丝绳。

（6）按钢丝表面情况分类。一般钢丝表面状态分光面、B 级镀锌钢丝、AB 级镀锌钢丝和 A 级镀锌钢丝四种。特殊用途的钢丝绳还有表面涂塑。

（7）按股的断面形状分类，可分为圆股钢丝绳、异形股钢丝绳。异形股钢丝绳又分为三角形股、椭圆股和扁带股，如图2-6 所示。

桥式起重机常用钢丝绳分类及结构见表2-1。

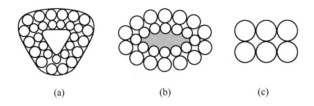

$(a)$              $(b)$              $(c)$

图 2-6  异形股钢丝绳截面

（a）三角形股；（b）椭圆股；（c）扁带股

表 2-1  钢丝绳分类及结构（节选 GB/T 8918—2006）

| 类  型 | | 分 类 原 则 | 典 型 结 构 | | 直径范围 /mm |
|---|---|---|---|---|---|
| | | | 钢丝绳 | 股  绳 | |
| 圆股钢丝绳 | 6×7 | 6 个圆股，每股外层丝 7 根，中心丝（或无）外捻制 1~2 层钢丝，钢丝等捻距 | 6×7 | （1+6） | 8~36 |
| | | | 6×9W | （3+3/3） | 14~36 |
| | 6×19 | 6 个圆股，每股外层丝 8~12 根，中心丝外捻制 2~3 层钢丝，钢丝等捻距 | 6×19S | （1+9+9） | 12~36 |
| | | | 6×19W | （1+6+6/6） | 12~40 |
| | | | 6×25Fi | （1+6+6F+12） | 12~44 |
| | | | 6×26WS | （1+5+5/5+10） | 20~40 |
| | | | 6×31WS | （1+6+6/6+12） | 22~46 |
| | 6×37 | 6 个圆股，每股外层丝 14~18 根，中心丝外捻制 3~4 层钢丝，钢丝等捻距 | 6×29Fi | （1+7+7F+14） | 14~44 |
| | | | 6×36WS | （1+7+7/7+14） | 18~60 |
| | | | 6×37S（点线接触） | （1+6+15+15） | 20~60 |
| | | | 6×41WS | （1+8+8/8+16） | 32~56 |
| | | | 6×49SWS | （1+8+8+8/8+16） | 36~60 |
| | | | 6×55SWS | （1+9+9+9/9+18） | 36~64 |
| | 8×19 | 8 个圆股，每股外层丝 8~12 根，中心丝外捻制 2~3 层钢丝，钢丝等捻距 | 8×19S | （1+9+9） | 20~44 |
| | | | 8×19W | （1+6+6/6） | 18~48 |
| | | | 8×25Fi | （1+6+6F+12） | 16~52 |
| | | | 8×26WS | （1+5+5/5+10） | 24~48 |
| | | | 8×31WS | （1+6+6/6+12） | 26~56 |
| | 8×37 | 8 个圆股，每股外层丝 14~18 根，中心丝外捻制 3~4 层钢丝，钢丝等捻距 | 8×36WS | （1+7+7/7+14） | 22~60 |
| | | | 8×41WS | （1+8+8/8+16） | 36~40 |
| | | | 8×49SWS | （1+8+8+8/8+16） | 44~64 |
| | | | 8×55SWS | （1+9+9+9/9+18） | 44~64 |
| | 18×7 | 钢丝绳中有 17 或 18 个圆股，每层外层钢丝 4~7 根，在纤维芯或钢芯外捻制 2 层股 | 17×7 | （1+6） | 12~60 |
| | | | 18×7 | （1+6） | 12~60 |
| | 34×7 | 钢丝绳中有 34~36 个圆股，每层外层钢丝可到 7 根，在纤维芯或钢芯外捻制 3 层股 | 34×7 | （1+6） | 16~60 |
| | | | 36×7 | （1+6） | 20~60 |
| 异形股钢丝绳 | 6V×19 | 6 个三角形股，每股外层丝 10~14 根，三角形股芯或纤维芯外捻制 2 层钢丝 | 6V×21 | （FC+9+12） | 18~36 |
| | | | 6V×24 | （FC+9+12） | 18~36 |
| | | | 6V×30 | （6+12+12） | 20~38 |
| | | | 6V×34 | （1×7+3/+12+12） | 24~44 |
| | 4V×39 | 4 个扇形股，每股外层丝 15~18 根，纤维股芯外捻制 3 层钢丝 | 4V×39S | （FC+9+15+15） | 16~36 |
| | | | 4V×48S | （FC+12+18+18） | 20~40 |
| | 6Q×39+ 6V×21 | 钢丝绳中有 12~14 个股，在 6 个三角形股外，捻制 6~8 个椭圆股 | 6Q×19+6V×21 | 外股（5+14） 内股（FC+9+12） | 40~52 |
| | | | 6Q×33+6V×21 | 外股（5+13+15） 内股（FC+9+12） | 40~60 |

## 2.2 钢丝绳的使用和标记

### 2.2.1 钢丝绳的受力特征与破断原因

钢丝绳受力复杂。受载时，钢丝绳中有拉伸应力、弯曲应力、挤压应力以及钢丝绳捻制时的残余应力等。钢丝绳绕过滑轮时，受到交变应力作用，金属材料产生疲劳，最终由于钢丝绳与绳槽、钢丝绳之间磨损而破断。试验表明：

（1）钢丝绳的弯曲曲率半径对钢丝绳的影响很大。这是因为绳轮直径减小时，钢丝的弯曲变形加剧，弯曲应力加大，因而钢丝绳磨损加快，疲劳损伤加快，钢丝绳的寿命缩短。

（2）钢丝绳绕过绳轮时，绳轮与钢丝绳接触面间的压力和相对滑动使钢丝绳磨损断丝。接触应力越大，断丝越迅速。

（3）点接触钢丝绳，由于钢丝间接触应力大，钢丝的交叉又增大了横向压力，强度损失要比线接触型大，抗疲劳性能也差，所以寿命比线接触钢丝绳短。

（4）当钢丝绳一个捻距间的断丝数达到全部钢丝的 10% 时，继续使用，绳的断丝速率将明显加快，短时内即出现断股。

（5）当其他条件相同时，选用的钢丝绳安全系数越高，其使用寿命越长。

钢丝绳破断的主要原因是超载和磨损。这与钢丝绳在滑轮、卷筒上的穿绕次数有关，每穿绕一次，钢丝绳就产生由弯变直，再由直变弯的一个过程。这是造成钢丝绳损坏的主要原因之一。再就是钢丝绳的破断还与它所穿过滑轮或卷筒的直径有关。滑轮或卷筒的直径愈小，则钢丝绳的弯曲愈严重，也就愈易损坏，因此，一般要求滑轮（卷筒）直径与钢丝绳直径之比 $D/d > 20 \sim 30$。此外，钢丝绳的破断还与工作类型、使用环境（温度、腐蚀性气体）、保管、使用状况有关。钢丝绳的磨损，一是与卷筒和滑轮之间的磨损，二是钢丝绳之间的磨损。要减小磨损，关键在于钢丝绳的润滑，如果钢丝绳处于正常润滑状态，其磨损必然会降到最低限度。

### 2.2.2 钢丝绳的打结与绑扎吊装物体

#### 2.2.2.1 绳索打结

起重绳索打结是桥式起重机作业中最基本的操作技能之一。操作时，根据不同的作业对象，钢丝绳（包括麻绳）应打出不同形式的绳结。但无论何种形式的绳结，一般都应满足以下几点要求：

（1）使用安全可靠，绳索受力后不会松动走样，而且能自动勒紧。

（2）打结简单、方便，解扣容易。

（3）对绳索损伤小，尤其是钢丝绳。

在绳索打结和使用过程中，应尽量减少对绳索的损伤。操作时，应尽量避免打结，只在绳索的连接、固定及在起重运输中捆绑重物等情况下才打结。打结时，力求绕的圈数少，弯转缓和。使用时，可在绳结中间插一根短木棒，或在起吊重物的吊装孔中穿一根钢管，以减少对绳索的损伤。工程中常用的打结方法及其特点和应用场合见表 2-2 和表 2-3。

表 2-2　绳端的连接方法

| 序号 | 绳结名称 | 简　图 | 用途及特点 |
|---|---|---|---|
| 1 | 直结（又称平结、交叉结、果子结） | | 用于麻绳两端的连接，连接牢固，中间放一短木棒则易解绳扣 |
| 2 | 活结 | | 用于麻绳需要迅速解开的场合 |
| 3 | 组合结（又称单帆结、三角扣或单绕式双插法） | | 用于麻绳或钢丝绳的连接；比直结容易结，易解，也可用于不同直径绳索两端的连接 |
| 4 | 双重组合结（又称双帆结、多绕式双插结） | | 用于麻绳或钢丝绳两端有拉力时的连接及钢丝绳端与套环相连接，绳结牢靠 |
| 5 | 索环结 | | 将钢丝绳与索环或套环连接在一起时用 |
| 6 | 套环联结 | | 将钢丝绳（或麻绳）与吊环连接在一起时用 |
| 7 | 海员结（又称琵琶结、航海结、滑子扣） | | 用于麻绳或钢丝绳头的固定，系结杆件或拖拉物件；绳结牢靠，易解，拉紧后不出死结 |
| 8 | 双套结（又称索圈结） | | 用于麻绳或钢丝绳绳头的固定，系结杆件或拖拉物件，也可作吊索用；可用于钢丝绳中段打结；绳结牢固可靠，结绳迅速，解开方便 |
| 9 | 梯形结（又称八字扣、猪蹄结、环扣） | | 在人字及三角桅杆上拴拖拉绳，可在绳中段打结，也可抬吊重物；绳圈易扩大和缩小，绳结牢靠又易解 |
| 10 | 栓柱结（锚桩结） | | 用于缆风绳固定端绳结；或用于溜松绳结，可以在受力后慢慢放松，且活头应放在下面 |

| 序号 | 绳结名称 | 简 图 | 用途及特点 |
|---|---|---|---|
| 11 | 双梯形结（又称鲁班结） | | 主要用于拉桩及桅杆绑扎缆风绳等，绳结紧且不易松脱 |
| 12 | 单套结（又称十字结） | | 用于连接吊索或钢丝绳的两端或固定绳索用 |
| 13 | 双套结（又称双十字结、对结） | | 用于连接吊索或钢丝绳的两端，也可用于绳端固定 |

**表 2-3  起吊运输物件的绳结**

| 序号 | 绳结名称 | 简 图 | 用途及特点 |
|---|---|---|---|
| 1 | 背扣（又称木结、活套结） | | 用于起吊轻质杆件，如圆木、管子等，容易绑扎，并能迅速解开 |
| 2 | 倒背扣（又称叠结、垂直运扣） | | 用于垂直方向捆绑起吊轻质细长杆件，如在高空绑脚手架子、吊木杆和空中吊运管件等 |
| 3 | 抬扣（又称杠棒结） | | 以麻绳搬运轻质物件时用，抬起重物时绳自然缩紧，结绳、解绳迅速 |
| 4 | 死结（又称死圈扣） | | 用于重物吊装捆绑，结扣方便、牢靠、安全 |
| 5 | 水手结 | | 用于吊索直接系结杆件起吊，可自动勒紧，容易解开绳索 |
| 6 | 瓶口扣 | | 用于拴绑起吊圆柱形杆件，特点是越拉越紧 |

| 序号 | 绳结名称 | 简　图 | 用途及特点 |
|---|---|---|---|
| 7 | 蝴蝶结（又称拔人结） |  | 用于吊人升空作业（但操作者必须在腰部再系一绳以增加稳定性），一般只限于临时紧急作业使用 |
| 8 | 跳板结（又称板头结） |  | 用于捆绑跳板，使跳板不易翻转 |
| 9 | 桅杆结 |  | 用于竖立桅杆，牢固可靠 |
| 10 | 挂钩结 |  | 用于起重机挂钩上，特点是结法方便、牢靠、绳套不易滑脱 |
| 11 | 抬缸结 |  | 用于抬缸或吊运圆筒形物件 |

**2.2.2.2　物体的绑扎方法**

A　柱形物体的绑扎方法

（1）平行吊装绑扎法。平行吊装绑扎法一般有两种。一种是用一个吊点，仅用于短小、重量轻的物品。这种方法在绑扎前应找准物件的重心，使被吊装的物件处于水平状态。这种方法简便实用，常采用单支吊索穿套结索法吊装作业。根据所吊物件的整体和松散性，选用单圈或双圈穿套结索法，如图2-7所示。另一种是用两个吊点，这种吊装方法

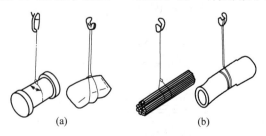

图2-7　单双圈穿套结索法

（a）单圈；（b）双圈

是绑扎在物件的两端，常采用双支穿套结索法和吊篮式结索法，如图2-8所示。

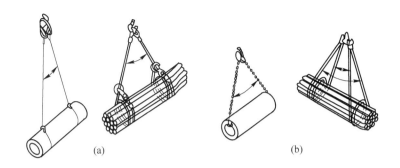

图2-8 单双圈穿套及吊篮结索法

（2）垂直斜形吊装绑扎法。垂直斜形吊装绑扎法多用于物件外形尺寸较长、对物件安装有特殊要求的场合。其绑扎点多为一点绑法（也可两点绑扎）。绑扎位置在物体端部，绑扎时应根据物件质量选择吊索和卸扣，并采用双圈或双圈以上穿套结索法，防止物件吊起后发生滑脱，如图2-9所示。

B 长方形物体的绑扎方法

长方形物体绑扎方法较多，应根据作业的类型、环境、设备的重心位置来确定。通常采用平行吊装两点绑扎法。如果物件重心居中可不用绑扎，采用兜挂法直接吊装，如图2-10所示。

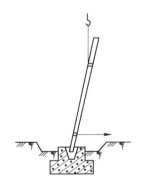

图2-9 垂直吊装绑扎　　　　　　　图2-10 兜挂法

C 绑扎安全要求

（1）用于绑扎的钢丝绳吊索不得用插接、打结或绳卡固定连接的方法缩短或加长。绑扎时锐角处应加防护衬垫，以防钢丝绳损坏。

（2）采用穿套结索法，应选用足够长的吊索，以确保挡套处角度不超过120°，且在挡套处不得向下施加损坏吊索的压紧力。

（3）吊索绕过吊重的曲率半径应不小于该绳径的2倍。

（4）绑扎吊运大型或薄壁物件时，应采取加固措施。

（5）注意风载荷对物体引起的受力变化。

### 2.2.3　钢丝绳的选择与更换

#### 2.2.3.1　钢丝绳的选择

一般根据工况选用钢丝绳的类型，根据载荷选取钢丝绳的直径。工况包括钢丝绳的使用环境条件、作业繁重程度、使用方的经济条件等。

A　选择钢丝绳的类型

一般来说，起重钢丝绳应有较好的韧性；绕经滑轮和卷筒的钢丝绳应优先选用线接触钢丝绳；在有酸、碱等腐蚀环境中应选用镀锌钢丝绳；在高温环境中使用的钢丝绳，以选用石棉芯和金属芯钢丝绳为宜；为了使起吊工作平稳，不发生打转现象，一般采用交互捻（反捻）钢丝绳；经济条件差的小企业，优先选用廉价的钢丝绳。

B　选择钢丝绳的直径

根据钢丝绳的载荷情况，选择钢丝绳的直径。但钢丝绳受力复杂，其载荷很难准确确定。因此，起重机设计规范推荐了两种方法：一种是"安全系数法"；另一种是"最大工作拉力法"。安全系数法是较为常用的方法，最大工作拉力法是根据最大工作静力计算钢丝绳直径的方法。

a　安全系数法

安全系数法先算出钢丝绳内的最大工作拉力 $F_{max}$，然后乘以安全系数 $n$，得出绳内破坏拉力 $F_0$，以此作为选择钢丝绳的依据，其公式为：

$$F_0 \geqslant nF_{max} \tag{2-1}$$

式中　$F_0$——钢丝绳的破断拉力；

　　　$n$——安全系数，查表2-4或查机械零件手册可得；

　　　$F_{max}$——钢丝绳的最大工作拉力。

**表 2-4　$c$ 和 $n$ 的值**

| 机构工作级别 | 选择系数 $c$ 值 | | | 安全系数 $n$ |
|---|---|---|---|---|
| | 钢丝公称抗拉强度 $\sigma_b$/MPa | | | |
| | 1550 | 1700 | 1850 | |
| $M_1 \sim M_3$ | 0.093 | 0.089 | 0.085 | 4 |
| $M_4$ | 0.099 | 0.095 | 0.091 | 4.5 |
| $M_5$ | 0.104 | 0.100 | 0.096 | 5 |
| $M_6$ | 0.114 | 0.109 | 0.106 | 6 |
| $M_7$ | 0.123 | 0.118 | 0.113 | 7 |
| $M_8$ | 0.140 | 0.134 | 0.128 | 9 |

确定了钢丝绳的破断拉力，查钢丝绳的力学性能表，找出比计算值稍大的钢丝绳破断拉力，其所对应的钢丝绳直径即为所选，这样就可确定钢丝绳的直径。钢丝绳力学性能表，见表2-5～表2-7。

表 2-5　钢丝绳的力学性能（一）

| 钢丝绳公称直径 | | 钢丝绳参考质量 /kg·m⁻¹ | | | 钢丝绳公称抗拉强度/MPa | | | | | | | | | |
| --- | --- | --- | --- | --- | --- | --- | --- | --- | --- | --- | --- | --- | --- | --- |
| | | | | | 1570 | | 1670 | | 1770 | | 1870 | | 1960 | |
| | | | | | 钢丝绳最小破断拉力/kN | | | | | | | | | |
| D/mm | 允许偏差/% | 天然纤维芯钢丝绳 | 合成纤维芯钢丝绳 | 钢芯钢丝绳 | 纤维芯钢丝绳 | 钢芯钢丝绳 | 纤维芯钢丝绳 | 钢芯钢丝绳 | 纤维芯钢丝绳 | 钢芯钢丝绳 | 纤维芯钢丝绳 | 钢芯钢丝绳 | 纤维芯钢丝绳 | 钢芯钢丝绳 |
| 12 | +5 0 | 0.531 | 0.518 | 0.584 | 74.6 | 80.5 | 79.4 | 85.6 | 84.1 | 90.7 | 88.9 | 95.9 | 93.1 | 100 |
| 13 | | 0.623 | 0.608 | 0.685 | 87.6 | 95.5 | 93.1 | 100 | 98.7 | 106 | 104 | 113 | 109 | 118 |
| 14 | | 0.722 | 0.705 | 0.795 | 102 | 110 | 108 | 117 | 114 | 124 | 121 | 130 | 127 | 137 |
| 16 | | 0.944 | 0.921 | 1.04 | 133 | 143 | 141 | 152 | 150 | 161 | 158 | 170 | 166 | 179 |
| 18 | | 1.19 | 1.17 | 1.31 | 168 | 181 | 179 | 193 | 189 | 204 | 200 | 216 | 210 | 226 |
| 20 | | 1.47 | 1.44 | 1.62 | 207 | 224 | 220 | 238 | 234 | 252 | 247 | 266 | 259 | 279 |
| 22 | | 1.78 | 1.74 | 1.96 | 251 | 271 | 267 | 288 | 283 | 304 | 299 | 322 | 313 | 338 |
| 24 | | 2.12 | 2.07 | 2.34 | 298 | 322 | 317 | 342 | 336 | 363 | 355 | 383 | 373 | 402 |
| 26 | | 2.49 | 2.43 | 2.74 | 350 | 378 | 373 | 402 | 395 | 426 | 417 | 450 | 437 | 472 |
| 28 | | 2.89 | 2.82 | 3.18 | 406 | 438 | 432 | 466 | 458 | 494 | 484 | 522 | 507 | 547 |
| 30 | | 3.32 | 3.24 | 3.65 | 466 | 503 | 496 | 535 | 526 | 567 | 555 | 599 | 582 | 628 |
| 32 | | 3.77 | 3.69 | 4.15 | 531 | 572 | 564 | 609 | 598 | 645 | 632 | 682 | 662 | 715 |
| 34 | | 4.26 | 4.16 | 4.69 | 599 | 646 | 637 | 687 | 675 | 728 | 713 | 770 | 748 | 807 |
| 36 | | 4.78 | 4.66 | 5.25 | 671 | 724 | 714 | 770 | 757 | 817 | 880 | 863 | 838 | 904 |
| 38 | | 5.32 | 5.20 | 5.85 | 748 | 807 | 796 | 858 | 843 | 910 | 891 | 961 | 934 | 1010 |
| 40 | | 5.90 | 5.76 | 6.49 | 829 | 894 | 882 | 951 | 935 | 1010 | 987 | 1070 | 1030 | 1120 |

注：钢丝绳结构为 6×19S+FC、6×19S+IWR、6×19W+FC、6×19W+IWR。

表 2-6　钢丝绳的力学性能（二）

| 钢丝绳公称直径 | | 钢丝绳参考质量 /kg·m⁻¹ | | | 钢丝绳公称抗拉强度/MPa | | | | | | | | | |
| --- | --- | --- | --- | --- | --- | --- | --- | --- | --- | --- | --- | --- | --- | --- |
| | | | | | 1570 | | 1670 | | 1770 | | 1870 | | 1960 | |
| | | | | | 钢丝绳最小破断拉力/kN | | | | | | | | | |
| D/mm | 允许偏差/% | 天然纤维芯钢丝绳 | 合成纤维芯钢丝绳 | 钢芯钢丝绳 | 纤维芯钢丝绳 | 钢芯钢丝绳 | 纤维芯钢丝绳 | 钢芯钢丝绳 | 纤维芯钢丝绳 | 钢芯钢丝绳 | 纤维芯钢丝绳 | 钢芯钢丝绳 | 纤维芯钢丝绳 | 钢芯钢丝绳 |
| 12 | +5 0 | 0.547 | 0.534 | 0.602 | 74.6 | 80.5 | 79.4 | 85.6 | 84.1 | 90.7 | 88.9 | 95.9 | 93.1 | 100 |
| 13 | | 0.642 | 0.627 | 0.706 | 87.6 | 94.5 | 93.1 | 100 | 98.7 | 106 | 104 | 113 | 109 | 118 |
| 14 | | 0.745 | 0.727 | 0.819 | 102 | 110 | 108 | 117 | 114 | 124 | 121 | 130 | 127 | 137 |
| 16 | | 0.973 | 0.95 | 1.07 | 133 | 143 | 141 | 152 | 150 | 161 | 158 | 170 | 166 | 179 |
| 18 | | 1.23 | 1.20 | 1.35 | 168 | 181 | 179 | 193 | 189 | 204 | 200 | 216 | 210 | 226 |
| 20 | | 1.52 | 1.48 | 1.67 | 207 | 224 | 220 | 238 | 234 | 252 | 247 | 266 | 259 | 279 |
| 22 | | 1.84 | 1.80 | 2.02 | 251 | 271 | 267 | 288 | 283 | 305 | 299 | 322 | 313 | 338 |
| 24 | | 2.19 | 2.14 | 2.41 | 298 | 322 | 317 | 342 | 336 | 363 | 355 | 383 | 373 | 402 |

| 钢丝绳公称直径 | | 钢丝绳参考质量/kg·m⁻¹ | | | 钢丝绳公称抗拉强度/MPa | | | | | | | | | |
|---|---|---|---|---|---|---|---|---|---|---|---|---|---|---|
| | | | | | 1570 | | 1670 | | 1770 | | 1870 | | 1960 | |
| | | | | | 钢丝绳最小破断拉力/kN | | | | | | | | | |
| D/mm | 允许偏差/% | 天然纤维芯钢丝绳 | 合成纤维芯钢丝绳 | 钢芯钢丝绳 | 纤维芯钢丝绳 | 钢芯钢丝绳 | 纤维芯钢丝绳 | 钢芯钢丝绳 | 纤维芯钢丝绳 | 钢芯钢丝绳 | 纤维芯钢丝绳 | 钢芯钢丝绳 | 纤维芯钢丝绳 | 钢芯钢丝绳 |
| 26 | +5 0 | 2.57 | 2.51 | 2.83 | 350 | 378 | 373 | 402 | 395 | 426 | 417 | 450 | 437 | 472 |
| 28 | | 2.98 | 2.91 | 3.28 | 406 | 438 | 432 | 466 | 458 | 494 | 484 | 522 | 507 | 547 |
| 30 | | 3.42 | 3.34 | 3.76 | 466 | 503 | 496 | 535 | 526 | 567 | 555 | 599 | 582 | 628 |
| 32 | | 3.89 | 3.80 | 4.28 | 531 | 572 | 564 | 609 | 598 | 645 | 632 | 682 | 662 | 715 |
| 34 | | 4.39 | 4.29 | 4.83 | 599 | 646 | 637 | 687 | 675 | 728 | 713 | 770 | 748 | 807 |
| 36 | | 4.92 | 4.81 | 5.42 | 671 | 724 | 714 | 770 | 757 | 817 | 800 | 863 | 838 | 904 |
| 38 | | 5.49 | 5.36 | 6.04 | 748 | 807 | 796 | 858 | 843 | 910 | 891 | 961 | 934 | 1010 |
| 40 | | 6.08 | 5.94 | 6.69 | 829 | 894 | 882 | 951 | 935 | 1010 | 987 | 1070 | 1030 | 1120 |
| 42 | | 6.70 | 6.54 | 7.37 | 914 | 986 | 972 | 1050 | 1030 | 1110 | 1090 | 1170 | 1140 | 1230 |
| 44 | | 7.36 | 7.18 | 8.09 | 1000 | 1080 | 1070 | 1150 | 1130 | 1220 | 1190 | 1290 | 1250 | 1350 |
| 46 | | 8.04 | 7.85 | 8.84 | 1100 | 1180 | 1170 | 1260 | 1240 | 1330 | 1310 | 1410 | 1370 | 1480 |
| 48 | | 8.76 | 8.55 | 9.63 | 1190 | 1290 | 1270 | 1370 | 1350 | 1450 | 1420 | 1530 | 1490 | 1610 |
| 50 | | 9.50 | 9.28 | 10.40 | 1300 | 1400 | 1380 | 1490 | 1460 | 1580 | 1540 | 1660 | 1620 | 1740 |
| 52 | | 10.30 | 10.00 | 11.30 | 1400 | 1510 | 1490 | 1610 | 1580 | 1700 | 1670 | 1800 | 1750 | 1890 |
| 54 | | 11.10 | 10.80 | 12.20 | 1510 | 1630 | 1610 | 1730 | 1700 | 1840 | 1800 | 1940 | 1890 | 2030 |
| 56 | | 11.90 | 11.60 | 13.10 | 1620 | 1750 | 1730 | 1860 | 1830 | 1980 | 1940 | 2090 | 2030 | 2190 |
| 58 | | 12.80 | 12.50 | 14.10 | 1740 | 1880 | 1850 | 2000 | 1960 | 2120 | 2080 | 2240 | 2180 | 2350 |

注：钢丝绳结构为6×25Fi + FC、6×25Fi + IWR、6×26WS + FC、6×26WS + IWR、6×29Fi + FC、6×29Fi + IWR、6×31WS + FC、6×31WS + IWR、6×36WS + FC、6×36WS + IWR、6×37S + FC、6×37S + IWR、6×41WS + FC、6×41WS + IWR、6×49SWS + FC、6×49SWS + IWR、6×55SWS + FC、6×55SWS + IWR。

**表2-7 钢丝绳的力学性能（三）**

| 钢丝绳公称直径 | | 钢丝绳参考质量/kg·m⁻¹ | | | 钢丝绳公称抗拉强度/MPa | | | | | | | | | |
|---|---|---|---|---|---|---|---|---|---|---|---|---|---|---|
| | | | | | 1570 | | 1670 | | 1770 | | 1870 | | 1960 | |
| | | | | | 钢丝绳最小破断拉力/kN | | | | | | | | | |
| D/mm | 允许偏差/% | 天然纤维芯钢丝绳 | 合成纤维芯钢丝绳 | 钢芯钢丝绳 | 纤维芯钢丝绳 | 钢芯钢丝绳 | 纤维芯钢丝绳 | 钢芯钢丝绳 | 纤维芯钢丝绳 | 钢芯钢丝绳 | 纤维芯钢丝绳 | 钢芯钢丝绳 | 纤维芯钢丝绳 | 钢芯钢丝绳 |
| 18 | -5 0 | 1.12 | 1.08 | 1.37 | 149 | 176 | 159 | 187 | 168 | 198 | 178 | 210 | 186 | 220 |
| 20 | | 1.39 | 1.33 | 1.69 | 184 | 217 | 196 | 231 | 207 | 245 | 219 | 259 | 230 | 271 |
| 22 | | 1.68 | 1.62 | 2.04 | 223 | 263 | 237 | 280 | 251 | 296 | 265 | 313 | 278 | 328 |
| 24 | | 1.99 | 1.92 | 2.43 | 265 | 313 | 282 | 333 | 299 | 353 | 316 | 373 | 331 | 391 |
| 26 | | 2.34 | 2.26 | 2.85 | 311 | 367 | 331 | 391 | 351 | 414 | 370 | 437 | 388 | 458 |

| 钢丝绳公称直径 | | 钢丝绳参考质量 /kg·m⁻¹ | | | 钢丝绳公称抗拉强度/MPa | | | | | | | | | |
|---|---|---|---|---|---|---|---|---|---|---|---|---|---|---|
| | | | | | 1570 | | 1670 | | 1770 | | 1870 | | 1960 | |
| | | | | | 钢丝绳最小破断拉力/kN | | | | | | | | | |
| D/mm | 允许偏差/% | 天然纤维芯钢丝绳 | 合成纤维芯钢丝绳 | 钢芯钢丝绳 | 纤维芯钢丝绳 | 钢芯钢丝绳 | 纤维芯钢丝绳 | 钢芯钢丝绳 | 纤维芯钢丝绳 | 钢芯钢丝绳 | 纤维芯钢丝绳 | 钢芯钢丝绳 | 纤维芯钢丝绳 | 钢芯钢丝绳 |
| 28 | −50 | 2.71 | 2.62 | 3.31 | 361 | 426 | 384 | 453 | 407 | 480 | 430 | 507 | 450 | 532 |
| 30 | | 3.12 | 3.00 | 3.80 | 414 | 489 | 440 | 520 | 467 | 551 | 493 | 582 | 517 | 610 |
| 32 | | 3.55 | 3.42 | 4.32 | 471 | 556 | 501 | 592 | 531 | 627 | 561 | 663 | 588 | 694 |
| 34 | | 4.00 | 3.86 | 4.88 | 532 | 628 | 566 | 668 | 600 | 708 | 633 | 748 | 664 | 784 |
| 36 | | 4.49 | 4.32 | 5.47 | 596 | 704 | 634 | 749 | 672 | 794 | 710 | 839 | 744 | 879 |
| 38 | | 5.00 | 4.82 | 6.09 | 664 | 784 | 707 | 834 | 749 | 884 | 791 | 934 | 829 | 979 |
| 40 | | 5.54 | 5.34 | 6.75 | 736 | 869 | 783 | 925 | 830 | 980 | 877 | 1040 | 919 | 1090 |
| 42 | | 6.11 | 5.89 | 7.44 | 811 | 958 | 863 | 1020 | 915 | 1080 | 967 | 1140 | 1010 | 1200 |
| 44 | | 6.70 | 6.46 | 8.17 | 891 | 1050 | 947 | 1120 | 1000 | 1190 | 1060 | 1250 | 1110 | 1310 |
| 46 | | 7.33 | 7.06 | 8.93 | 973 | 1150 | 1040 | 1220 | 1100 | 1300 | 1160 | 1370 | 1220 | 1430 |
| 48 | | 7.98 | 7.69 | 9.72 | 1060 | 1250 | 1130 | 1330 | 1190 | 1410 | 1260 | 1490 | 1320 | 1560 |

注：钢丝绳结构为 8×19S+FC、8×19S+IWR、8×19W+FC 、8×19W+IWR。

有时手册中只列出全部钢丝的破断拉力总和，即 $F_b$ 的值，它与钢丝绳的破断拉力 $F_0$ 之间存在下列关系：

$$F_0 = \psi F_b$$

所以
$$F_b \geqslant n F_{max}/\psi \qquad (2\text{-}2)$$

式中  $\psi$——钢丝绳的破断拉力换算系数，可由机械零件手册查得。

要求所选钢丝绳的破断拉力总和不小于计算的 $F_b$。

b  最大工作拉力法

根据计算出的最大拉力直接用公式计算钢丝绳直径。

$$d = c \sqrt{F_{max}} \qquad (2\text{-}3)$$

式中  $d$——钢丝绳最小直径，mm；

$c$——选择系数，$mm/\sqrt{N}$；

$F_{max}$——钢丝绳最大静拉力，N。

选择系数 $c$ 值可根据安全系数 $n$、机构工作级别从表 2-4 中选用。

在选用钢丝绳时，先要用近似公式作静力计算，然后验算卷筒、滑轮与钢丝绳直径的比值关系，它应符合表 3-1 的最小比值。

c  钢丝绳破断拉力计算

钢丝绳的破断拉力可以从钢丝绳力学性能表查得，如果缺少手册，可用式（2-4）计算。

$$F_0 = K'D^2 R_0/1000 \qquad (2\text{-}4)$$

式中 $F_0$——钢丝绳最小破断拉力，kN；

$\quad\quad D$——钢丝绳公称直径，mm；

$\quad\quad R_0$——钢丝绳公称抗拉强度，MPa；

$\quad\quad K'$——某一类别钢丝绳的最小破断拉力系数。

钢丝绳的质量系数和最小破断拉力系数见表2-8。

表2-8 钢丝绳的质量系数 $K$ 和最小破断拉力系数 $K'$

| 组别 | 类别 | 天然纤维芯钢丝绳 $K_{1n}$/kg·$(m·mm^2)^{-1}$ | 合成纤维芯钢丝绳 $K_{1p}$/kg·$(m·mm^2)^{-1}$ | 钢芯钢丝绳 $K_2$/kg·$(m·mm^2)^{-1}$ | $K_2/K_{1n}$ | $K_2/K_{1p}$ | 纤维芯钢丝绳 $K'_1$ | 钢芯钢丝绳 $K'_2$ | $K'_2/K'_1$ |
|---|---|---|---|---|---|---|---|---|---|
| 1 | 6×7 | 0.00351 | 0.00344 | 0.00387 | 1.10 | 1.12 | 0.332 | 0.359 | 1.08 |
| 2 | 6×19 | 0.00380 | 0.00371 | 0.00418 | 1.10 | 1.13 | 0.330 | 0.356 | 1.08 |
| 3 | 6×37 | | | | | | | | |
| 4 | 8×19 | 0.00357 | 0.00344 | 0.00435 | 1.22 | 1.26 | 0.293 | 0.346 | 1.18 |
| 5 | 8×37 | | | | | | | | |
| 6 | 18×7 | 0.00390 | 0.00390 | 0.00430 | 1.10 | 1.10 | 0.310 | 0.328 | 1.06 |
| 7 | 18×19 | | | | | | | | |
| 8 | 34×7 | 0.00390 | 0.00390 | 0.00430 | 1.10 | 1.10 | 0.308 | 0.318 | 1.03 |
| 9 | 35W×7 | — | — | 0.00460 | — | — | — | 0.360 | — |
| 10 | 6V×7 | 0.00412 | 0.00404 | 0.00437 | 1.06 | 1.08 | 0.375 | 0.398 | 1.06 |
| 11 | 6V×19 | 0.00405 | 0.00397 | 0.00429 | 1.06 | 1.08 | 0.360 | 0.382 | 1.06 |
| 12 | 6V×37 | | | | | | | | |
| 13 | 4V×39 | 0.00410 | 0.00402 | — | — | — | 0.360 | — | — |
| 14 | 6Q×19+6V×21 | 0.00410 | 0.00402 | — | — | — | 0.360 | — | — |
| 15 | 6×24 | 0.00318 | 0.00304 | — | — | — | 0.280 | — | — |

注：1. 在2组和4组钢丝绳中，当股内钢丝的数目为19根或19根以下时，质量系数应比表中所列数据小3%；

$\quad$ 2. 在11组钢丝绳中，股含纤维芯6V×21结构钢丝绳的质量系数和最小破断拉力系数应分别比表中数据小8%，6V×30结构钢丝绳的最小破断拉力系数应比表中数据小10%；

$\quad$ 3. 在12组钢丝绳中，股为线接触结构6V×37S钢丝绳的质量系数和最小破断拉力系数应分别大3%；

$\quad$ 4. 在15组钢丝绳中，股为等捻距结构钢丝绳的质量系数和最小破断拉力系数，应分别比表中所列数据大4%；

$\quad$ 5. $K_{1p}$质量系数是对聚丙烯纤维而言的。

### 2.2.3.2 钢丝绳的更换

A 更换钢丝绳的要求

更换新绳时必须用原设计的型号、直径、公称抗拉强度及有合格证明的钢丝绳。若只求直径相同而其他参数低于要求时，则钢丝绳寿命必然受影响。

禁止使用没有合格证明文件的钢丝绳，必要时应取样进行抗拉试验（整根试验时钳夹之间距应在20倍钢丝绳直径以上，且不小于250mm），必要时须参照国标的规定，证明其符合要求后方可使用。

如钢丝绳直径与原设计不符时，首先必须保证与原设计有相等的总破断拉力，直径的上下差不得大于：直径在 20mm 以下的为 1mm；直径大于 20mm 的为 1.5mm。太粗会造成钢丝绳在卷筒上缠绕时相互摩擦，增加磨损。

在更换或缠绕钢丝绳时，注意不要让钢丝绳打结。实践证明，凡打过结的钢丝绳，在使用中打结处最易磨损和断丝。起升机构中禁止将两根钢丝绳接起来使用。

B　更换钢丝绳的方法

桥式起重机更换新钢丝绳，可用下面介绍的方法进行。

（1）把新钢丝绳（连同缠绕钢丝绳的绳盘）运到桥式起重机下面，放到能使绳盘转动的支架上。

（2）把吊钩落下，将它平稳、牢靠地放在已准备好的支架（或平坦的地面）上，使滑轮垂直向上。

（3）把卷筒上的钢丝绳继续放完，并使压板停在便于伸扳手的位置。

（4）用扳手松开旧钢丝绳一端的压板，并将此绳端放到地面。

（5）用直径 1~2mm 铁丝扎好新旧两条钢丝绳的绳头（绑扎长度为钢丝绳直径的两倍），然后把新旧绳头对在一起，再用直径 1mm 左右的细铁丝在对接的两个绳头之间穿绕三次，最后用细铁丝把接处平整地缠紧，以免通过滑轮时受阻，这时新旧钢丝绳已成为一根。

（6）开动起升机构，用旧绳带新绳，将旧绳卷到卷筒上，当新旧绳接头处卷到卷筒上时停车，松开接头，把新绳暂时绑在小车合适的地方，然后开车把旧绳全部放至地面。

（7）用另外的提物绳子，把新绳另一端提到卷筒处，然后把新绳两端用压板分别固定在卷筒上。

（8）开动起升机构，缠绕新钢丝绳，起升吊钩，全部更换工作结束。缠绕新钢丝绳时，小车上要有人观察缠绕情况，观察人员必须特别注意安全。

用这种方法更换钢丝绳，既省人力和时间，新钢丝绳又不扭结、不粘砂粒，而且还安全可靠。

### 2.2.4　钢丝绳的标记

GB/T 8706—2006 是现行的国家标准，简介如下。

2.2.4.1　总则

钢丝绳标记代号采用英文字母与数字相结合的方法表示；钢丝绳的结构及特性一般采用英文单词的第一个字母作标记代号，标记特性既可使用大写字母，也可使用小写字母，但不可二者混用；钢丝绳中股数及钢丝数用阿拉伯数字表示；根据习惯和通用性，有时采用国际通用代号。

2.2.4.2　钢丝绳标记项目及顺序

钢丝绳标记代号应按下列顺序标明：尺寸、钢丝的表面状态、结构形式、钢丝的抗拉强度、捻向、最小破断拉力、单位长度重量、产品标准号。如果按以上顺序标记则可以使用简略代号。

2.2.4.3　特性标记

A　尺寸

（1）圆形钢丝绳：用毫米表示钢丝绳的公称外接圆直径。

（2）编织钢丝绳：用毫米表示钢丝绳的公称外接圆直径。

（3）扁带钢丝绳：用毫米表示钢丝绳的公称外接矩形尺寸（宽度×厚度）。

B　钢丝的表面状态

（1）光面钢丝：NAT。

（2）A 级镀锌钢丝：A。

（3）AB 级镀锌钢丝：AB。

（4）B 级镀锌钢丝：B。

C　结构代号

（1）绳（股）芯。钢丝绳（股）芯用下列代号标记：纤维芯（天然或合成的）为 FC，天然纤维芯为 NF，合成纤维芯为 SF，金属丝绳芯为 IWR，金属丝股芯为 IWS。

（2）钢丝。钢丝绳中钢丝的横截面用下列代号标记：圆形钢丝无代号，三角形钢丝为 V，矩形或扁形钢丝为 R，梯形钢丝为 T，椭圆形钢丝为 Q，半密封钢丝（或钢轨形钢丝）与圆形钢丝搭配为 H，Z 形钢丝为 Z。

（3）股。股的横截面用下列代号标记：圆形股无代号，三角形股为 V，扁带股为 R，椭圆形股为 Q。

（4）钢丝绳。钢丝绳的横截面用下列代号标记：圆形钢丝绳无代号，编织钢丝绳为 Y，扁带形钢丝绳为 P。

D　钢丝绳的结构

（1）单捻钢丝绳及密封钢丝绳的全称标记方法。由钢绳的外部向中心进行标记，标出钢绳的逐层钢丝根数，包括中心钢丝在内，用"＋"号隔开。例如，单股钢丝绳标记为 $12+6+1$。

（2）双捻钢丝绳的全称标记方法。由钢丝绳外部向中心进行标记，按层次逐层标明总股数，其后在括弧内标明股的结构；每股的结构由外向中心进行标记，标明该股的逐层钢丝根数。股的每层丝数（包括中心丝或纤维芯）用"＋"号隔开；绳的每层股数也用"＋"号隔开。对于纤维芯钢绳也用"＋"号将股与纤维芯的标记隔开。例如，天然纤维芯的多股绳标记为 $12(6+1)+6(6+1)+NF$。

对于金属股芯钢绳，在 IWS 之前用"＋"号隔开，其后在括弧内标明股的结构。例如，金属股芯钢丝绳标记为 $6(6+1)+IWS(6+1)$。

对于金属绳芯钢绳，在 IWR 之前用"＋"号隔开，其后在括弧内标明绳芯的股绳结构。例如，金属绳芯西鲁绳标记为 $6(10+10+1)+IWR[6(6+1)+IWS(6+1)]$。

对于瓦林吞式钢丝绳，同一层中的不同直径的钢丝用"/"符号隔开。例如，天然纤维芯瓦林吞钢丝绳标记为 $6(6/6+6+1)+NF$。

（3）钢丝绳的简称标记方法。钢丝绳的简化标记是将其全称标记中股的总数与每股的钢丝总数用"×"号隔开，其后再用"＋"号与芯的代号隔开。例如，6 股 7 丝钢丝绳简称标记为 $6×7+NF$。

对于线接触钢丝绳，如西鲁钢丝绳其简称代号为 S、瓦林吞钢丝绳简称代号为 W、填充钢丝绳简称代号为 Fi；或者由它们组成的混合式以及复合结构钢丝绳，则在每股的总丝数后面标注其结构的简称代号。例如，6 股 41 丝金属绳芯瓦林吞西鲁绳简称标记为 $6×41WS+IWR$。

（4）捻向。根据捻制方向用两个字母（Z 或 S）表示：第一个字母表示股的捻向，第二个字母表示钢丝绳的捻向。字母"Z"表示右向捻，字母"S"表示左向捻。

钢丝绳标记示例如下：

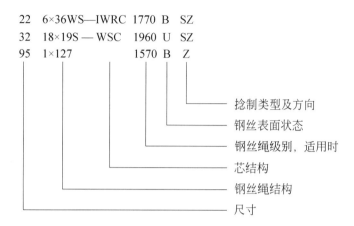

钢丝绳标记代号及其意义见表2-9。

表 2-9　钢丝绳标记代号及其意义

| 类　型 | 意　义 | 代　号 | 类　型 | 意　义 | 代　号 |
|---|---|---|---|---|---|
| 横断面形状 | 圆　形 | 无代号 | 钢丝绳芯 | 合成纤维芯 | SF |
| | 三角形 | V | | 固态聚合物芯 | SPC |
| | 矩形或扁形 | R | | 钢　芯 | IW |
| | 椭圆形 | Q | | 钢丝绳芯 | IWR |
| | 梯　形 | T | | 钢丝股芯 | IWS |
| 绳股结构 | 西鲁型 | S | 钢丝表面状态 | 光面或无镀层 | U |
| | 瓦林吞型 | W | | B 级镀锌 | B |
| | 填充型 | Fi | | A 级镀锌 | A |
| | 组合平行捻 | WS | | B 级锌合金镀层 | B（Zn/Al） |
| | 点接触捻 | M | | A 级锌合金镀层 | A（Zn/Al） |
| | 复合西鲁型 | SN | 捻制类型 | 右交互捻 | SZ |
| | 复合瓦林吞型 | WN | | 左交互捻 | ZS |
| 钢丝绳芯 | 纤维芯 | FC | | 右同向捻 | ZZ |
| | 天然纤维芯 | NF | | 左同向捻 | SS |

# 2.3　钢丝绳的养护与报废

## 2.3.1　钢丝绳的养护

### 2.3.1.1　钢丝绳的维护与保养

钢丝绳的安全使用寿命，很大程度上取决于维护的好坏，因此正确使用和维护钢丝绳是项重要的工作。一般应做到：

（1）钢丝绳是成盘包装出厂，打开原卷钢丝绳时，要按正确方法进行，不得造成扭曲或打结。

（2）领取钢丝绳时，必须检查该钢丝绳的合格证，以保证力学性能、规格与原设计规定的钢丝绳一致。

（3）钢丝绳切断时，应有防止绳股散开的措施。

（4）安装钢丝绳时，不应在不洁净的地方拖拉，也不应绕在其他物体上，应防止划、磨、碾压和过度弯曲。

（5）钢丝绳应保持良好的润滑状态。每月至少要润滑两次。先用钢丝刷子刷去钢丝绳上的污物并用煤油清洗，然后用加热到80℃以上的润滑油蘸浸钢丝绳，使润滑油浸到绳芯里。润滑时应特别注意不易看到和不易接近的部位，如平衡滑轮处的钢丝绳。

钢丝绳润滑脂主要起到润滑、防腐防锈和增摩作用，可以参照中国石油化工行业标准《钢丝绳表面脂》（SH/T 0387—1992）、《钢丝绳麻芯脂》（SH/T 0388—1992），选用适当的钢丝绳润滑脂。润滑时，将麻芯脂加热到80~100℃，将需要润滑的钢丝绳洗净盘好，浸入其中泡至饱和，使润滑脂浸透到绳芯内。当钢丝绳在工作时，油脂将从绳芯中渗溢到钢丝绳的缝隙中，以减少钢丝间的磨损，同时绳外层也有了润滑脂，减轻了与卷筒或滑轮之间的磨损。这种方法虽然麻烦，但对保养钢丝绳却非常有效。使用这种方法对钢丝绳进行润滑保养时，可备用两套钢丝绳，一套在用，一套从容地清洗、浸泡，这样就不会影响生产了。用这种方法润滑钢丝绳，外观洁净，很容易检查钢丝绳有无磨损和断丝。

如果采用往卷筒上抹润滑脂的方法，应选用规定的合格润滑脂。也有用油壶往钢丝绳上浇淋稀油的。这两种方法，外观上看起来油脂很多，但只能解决一时的外层润滑，解决不了钢丝与钢丝之间的润滑。因此，钢丝绳寿命都很短，磨损严重时，两三个月就要更换一次绳，又因外层油脂很多，对查看钢丝绳的磨损和断丝不利。

（6）经常吊运高温物件时应用金属芯钢丝绳。钢丝绳要尽量不与煤粉、矿渣、沙子、酸、碱等物接触，一旦粘上这些东西应及时清除干净。

（7）对日常使用的钢丝绳每天都应进行检查，包括对端部的固定连接、平衡滑轮处的检查，并作出安全性的判断。

（8）对钢丝绳应防止损坏、腐蚀或其他物理、化学原因造成的性能降低。

保养时应注意：

（1）钢丝绳的使用期限与使用方法有很大的关系，因此应做到按规定使用，禁止拖拉、抛掷，使用中不准超负荷，不准使钢丝绳发生锐角折曲，不准急剧改变升降速度，避免冲击载荷。

（2）钢丝绳有铁锈和灰垢时，用钢丝刷刷去并涂油。

（3）钢丝绳每使用4个月涂油一次，涂油时最好用热油（50℃左右）浸透绳芯，再擦去多余的油脂。

（4）钢丝绳盘好后应放在清洁干燥的地方，不得重叠堆置，防止扭结。

（5）钢丝绳端部用钢丝扎紧或用熔点低的合金焊牢，也可用铁箍箍紧，以免绳头松散。

（6）使用中，钢丝绳表面如有油滴挤出，表示钢丝绳已承受相当大的力量，这时应停止增加负荷，并进行检查，必要时更换新钢丝绳。

（7）牵引钢丝绳的承载能力应为总牵引力的 5~8 倍。

2.3.1.2 钢丝绳润滑油脂的选用

钢丝绳麻芯浸润用油可参考表 2-10。钢丝绳外部涂抹用油可参考表 2-11。

**表 2-10 钢丝绳麻芯用油选择参考表**

| 工 作 条 件 | 钢丝绳直径/mm | |
| --- | --- | --- |
| | ≤25 | >25 |
| 冬季露天 | N32 | N46 |
| 春秋露天 | N46 | N68 |
| 夏季露天 | N100 | N150 |
| 常温车间 | N46 | N68 |
| 高温环境 | N100 | N150 |

**表 2-11 钢丝绳外部涂抹用油脂选择参考表**

| 钢丝绳直径/mm | 工作条件 | 润滑油 | 润滑脂 |
| --- | --- | --- | --- |
| ≤40 | 常温车间 | 11 号汽缸油 | 钙基脂 |
| | 夏季露天 | 24 号汽缸油 | 铝基脂 |
| | 冬季露天 | 11 号汽缸油 | 铝基脂 |
| | 高温环境 | 38 号汽缸油 | 二硫化钼脂 |
| >40 | 夏季露天 | 24 号汽缸油 | 铝基脂 |
| | 冬季露天 | 11 号汽缸油 | 铝基脂 |
| | 高温环境 | 38 号汽缸油 | 二硫化钼脂 |

## 2.3.2 钢丝绳的报废

钢丝绳的报废应依据《起重机钢丝绳 保养、维护、安装、检验和报废》（GB/T 5972—2009）进行判定。有关项目包括断丝的性质和数量、绳端断丝、断丝的局部聚集程度、断丝的增长率、绳股的折断情况、由于绳芯损坏而引起的绳径减小的情况、弹性降低的程度、外部及内部磨损情况、外部及内部腐蚀情况、变形情况、由于热或电弧造成的损坏情况。

（1）断丝的性质和数量。6 股和 8 股钢丝绳的断丝主要发生在外表面。而阻旋转钢丝绳、多层绳股的钢丝绳（典型的多股结构）的断丝，则大多数发生在内部，是"不可见"的断裂。表 2-12 考虑了这些因素，它适用于各种结构的钢丝绳。

填充钢丝不能看作承载钢丝，因此要从检验数中扣除。多层绳股钢丝绳仅考虑可见的外层。带钢芯的钢丝绳，其绳芯作内部绳股对待，不予考虑。

当吊运熔化的赤热金属、酸溶液、爆炸物、易燃物及有毒物品时，表 2-12 中的断丝数应相应减少一半。

表 2-12　圆股钢丝绳中断丝根数的控制标准

| 外层绳股承载钢丝数 n | 钢丝绳结构的典型例子 | 机构工作级别 M₁、M₂ | | | | 机构工作级别 M₃ ~ M₈ | | | |
|---|---|---|---|---|---|---|---|---|---|
| | | 交　捻 | | 顺　捻 | | 交　捻 | | 顺　捻 | |
| | | 长度范围 | | | | 长度范围 | | | |
| | | 6d | 30d | 6d | 30d | 6d | 30d | 6d | 30d |
| | | 起重机械中钢丝绳必须报废时与疲劳有关的可见断丝数 | | | | | | | |
| <50 | 6×7、7×7 | 2 | 4 | 1 | 2 | 4 | 8 | 2 | 4 |
| 51 ~ 75 | 6×12 | 3 | 6 | 2 | 3 | 6 | 12 | 3 | 6 |
| 76 ~ 100 | 18×7(12 外股) | 4 | 8 | 2 | 4 | 8 | 15 | 4 | 8 |
| 101 ~ 120 | 6×19、7×19、6X(19)、6W(19)、34×7(17 外股) | 5 | 10 | 2 | 5 | 10 | 19 | 5 | 10 |
| 121 ~ 140 | | 6 | 11 | 3 | 6 | 11 | 22 | 6 | 11 |
| 141 ~ 160 | 6×24、6X(24)、6W(24)、8×19、8X(10)、8W(19) | 6 | 13 | 3 | 6 | 13 | 26 | 6 | 13 |
| 161 ~ 180 | 6×30 | 7 | 14 | 4 | 7 | 14 | 29 | 7 | 14 |
| 181 ~ 200 | 6X(31)、8T(25) | 8 | 16 | 4 | 8 | 16 | 32 | 8 | 16 |
| 201 ~ 220 | 6W(35)、6XW(36) | 8 | 18 | 4 | 9 | 18 | 38 | 9 | 18 |
| 221 ~ 240 | 6×37 | 10 | 19 | 5 | 10 | 19 | 38 | 10 | 19 |
| 241 ~ 260 | | 10 | 21 | 5 | 10 | 21 | 42 | 10 | 19 |
| 261 ~ 280 | | 11 | 22 | 6 | 11 | 22 | 45 | 11 | 22 |
| 281 ~ 300 | | 12 | 24 | 6 | 12 | 24 | 48 | 12 | 24 |
| >300 | 6×61 | 0.04n | 0.08n | 0.02n | 0.04n | 0.08n | 0.16n | 0.04n | 0.08n |

（2）绳端断丝。当绳端或其附近出现断丝时，即使数量很少，也表明该部位应力很高，这可能是由于绳端固定装置不正确造成的，应查明损坏原因。如果绳长允许，应将断丝的部位切去，再重新合理安装。否则，钢丝绳应报废。

（3）断丝的局部聚集程度。如果断丝紧靠一起形成局部聚集，则钢丝绳应报废。如果这种断丝聚集在小于 6d 的绳长范围内，或者集中在任一支绳股里，那么，即使断丝数比表列的数值小，钢丝绳也应予报废。

（4）断丝的增长率。在某些使用场合，疲劳是引起钢丝绳损坏的主要原因，断丝是在使用一个时期以后才开始出现的，但断丝数逐渐增加，其时间间隔越来越短。在此情况下，为了判定断丝的增长率，应仔细检查并记录断丝增长情况，并与报废极限值作出比较以得到关于钢丝绳劣化趋向的规律，根据此劣化趋向的规律来确定钢丝绳报废的日期。

（5）绳股折断。如果出现整根绳股的断裂，则钢丝绳应报废。

（6）绳径因绳芯损坏而减小。由于绳芯的损坏引起钢丝绳直径减小的主要原因如下：内部的磨损和钢丝绳压痕；钢丝绳中各绳股和钢丝之间的摩擦引起的内部磨损，当其受弯曲时尤甚；纤维绳芯的损坏；钢芯的断裂；阻旋转钢丝绳内层股的断裂。如果这些因素引起阻旋转钢丝绳实测直径比钢丝绳公称直径减小3%，或其他类型的钢丝绳直径减小10%，即使没有可见断丝，钢丝绳也应报废。

对于微小的损坏，特别是当所有各绳股中应力处于良好平衡时，用通常的检验方法可能显示不明显。然而，这种损坏会引起钢丝绳强度的大大降低。所以，对发现的任何内部细微损坏均应进行检验，予以查明。一经认定损坏，则该钢丝绳就应报废。

（7）弹性降低。在某些情况下（通常与工作环境有关），钢丝绳的弹性会显著减小。若继续使用，是不安全的。钢丝绳的弹性减小是较难发觉的，弹性降低一般伴随有如下现象：

1）绳径减小。

2）钢丝绳捻距伸长。

3）由于各部分彼此压紧，钢丝之间和绳股之间缺乏空隙。

4）在绳股之间或绳股内部出现细微的褐色粉末。

5）韧性降低。

6）虽未发现断丝，但钢丝绳手感明显僵硬，同时，其直径的减小也比单纯由于磨损引起的直径减小要快得多。这种情况会导致在动载作用下钢丝绳突然断裂，故应立即报废。

（8）外部及内部磨损程度。产生磨损的原因有如下两种：

1）内部磨损及压坑。这种情况是由于绳内各绳股之间和钢丝之间的摩擦引起的，特别是当钢丝绳经受弯曲时。

2）外部磨损。钢丝绳外层绳股表面的磨损，是由于它在压力作用下与滑轮和卷筒的绳槽接触摩擦造成的。在吊载加速和减速运动时，钢丝绳与滑轮的接触部位的磨损尤为明显，并表现为外表面钢丝磨成平面状。润滑不足或不正确以及接触部存在污垢或沙粒都会加剧磨损。

磨损使钢丝绳截面积减小，因而强度降低。当外层钢丝磨损达到其直径的40%时，或者当钢丝绳直径相对于公称直径减小7%或更多时，钢丝绳应报废。

（9）外部及内部腐蚀。在海洋或工业污染的大气中特别容易发生腐蚀，不仅减少了钢丝绳的金属面积从而降低了破断强度，而且还将引起表面粗糙，并开始出现裂纹以致加速疲劳。严重的腐蚀，还会引起钢丝绳弹性的降低。

1）外部腐蚀。外部钢丝的腐蚀可用肉眼观察。当表面出现深坑，钢丝相当松弛时应报废。

2）内部腐蚀。内部腐蚀比外部腐蚀较难发现。但下列现象可供识别：

①钢丝绳直径的变化。钢丝绳在绕过滑轮的弯曲部位的直径通常变小。但静止段的钢丝绳常由于外层绳股生锈而引起直径增加。

②钢丝绳的外层绳股间的空隙减小，还经常伴随出现外层绳股之间的断丝。

如果有以上迹象，则应对钢丝绳进行内部检验。若确认有严重的内部腐蚀，则钢丝绳应立即报废。

（10）变形。钢丝绳失去正常形状产生可见的畸形称为变形。在变形部位可能导致钢丝绳内部应力分布不均匀。

钢丝绳变形从外观上可分下述几种：

1）波浪形。这种变形是钢丝绳的纵向轴线成螺旋线形状。它不一定导致降低强度，但变形严重会造成运行中产生跳动，发生不规则的传动，时间长了会引起磨损及断丝。出现波浪形时，在钢丝绳长度不超过 $25d$ 的范围内，若 $d_1 \geqslant \dfrac{4d}{3}$（$d$ 为钢丝绳公称直径；$d_1$ 是钢丝绳变形后包络面的直径），则钢丝绳应报废。

2）笼形畸变。这种变形出现在具有钢芯的钢丝绳上，多在外层绳股发生脱节或者变得比内部绳股长的时候发生，出现笼形畸变的钢丝绳应立即报废。

3）绳股挤出。这种状况通常伴随笼形畸变产生。绳股被挤出说明钢丝绳不平衡。这种钢丝绳应予报废。

4）钢丝挤出。这种变形是一部分钢丝或钢丝束在钢丝绳背着滑轮槽的一侧拱起形成环状。常因冲击载荷引起。此种变形严重的钢丝绳应报废。

5）绳径局部增大。钢丝绳直径有可能发生局部增大，并波及相当长度。绳径增大常与绳芯畸变有关，如在特殊环境中，纤维芯因受潮而膨胀，其结果会造成外层绳股定位不准确而产生不平衡。绳径局部严重增大的钢丝绳应报废。

6）扭结。这是指成环状的钢丝绳，在不可能绕其轴线转动的情况下被拉紧而造成的一种变形。其结果是出现节距不均，引起不正常的磨损；严重时，钢丝绳将产生扭曲，以致只留下极小一部分钢丝绳强度。严重扭结的钢丝绳应立即报废。

7）绳径局部减小。这种状态常与绳芯的折断有关。应特别仔细检验靠近接头的绳端部位有无此种变形。绳径局部减小严重的钢丝绳应报废。

8）局部被压扁。这是由于机械事故造成的。严重压扁的钢丝绳应报废。

9）弯折。这是钢丝绳在外界影响下引起的角度变形。这种变形的钢丝绳应立即报废。

（11）由于热或电弧的作用而引起的损坏。钢丝绳经受了特殊热力的作用，其外表出现可识别的颜色时，应予报废。

### 2.3.3　钢丝绳的端部固定

钢丝绳在使用中会有磨损，需要定期更换。钢丝绳与其他构件的固定方法有以下几种：

（1）编结法。如图 2-11（a）所示，将钢丝绳端部各股散开分别插入承载各股之间，每股穿插 4～5 次，然后用细钢丝扎紧。此方法牢固可靠，但需要较高的编结技术。

（2）斜楔固定法。如图 2-11（b）所示，将钢丝绳放入锥形套中，靠斜楔自动夹紧。

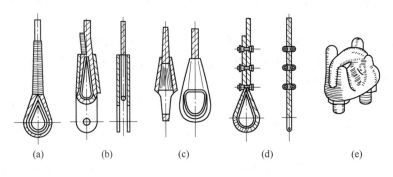

图 2-11　钢丝绳端部固定

（a）编结法；（b）斜楔固定法；（c）灌铅法；（d）绳卡固定法；（e）绳卡

这种方法装拆简便，但不适用于冲击载荷。

（3）灌铅法。如图2-11（c）所示，将绳端散开，装入锥形套中，然后灌满熔铅。这种方法手续麻烦，拆换不便，仅用于大直径的钢丝绳。

（4）绳卡固定法。如图2-11（d）所示，绳端绕过绳环后用绳卡（见图2-11e）将钢丝绳固定，当 $d \leqslant 16$mm 时，用 3 个绳卡；当 $16 < d \leqslant 20$mm 时，用 4 个绳卡，当 $20 < d \leqslant 26$mm 时，用 5 个绳卡；当 $d > 26$mm 时，用 6 个绳卡。此方法使用方便，应用广泛。

 **复习思考题**

2-1  制造钢丝绳的钢丝按韧度分为几种？它们分别用于制造什么样的钢丝绳？

2-2  制造钢丝绳钢丝的材料有哪些？简述钢丝绳的制造流程。

2-3  钢丝绳绳芯分为几种，分别用什么符号表示？

2-4  简述钢丝绳的分类方法和钢丝绳的类别。

2-5  简述选用钢丝绳的方法。

2-6  常见的绳索打结方法有哪些？试着对绳索进行打结。

2-7  如何根据不同物料的特征进行绑扎？

2-8  钢丝绳破断的原因有哪些？

2-9  简述标记钢丝绳的方法。

2-10  钢丝绳如何保养维护？

2-11  简述钢丝绳的报废标准及其判定方法。

2-12  如何对钢丝绳端部进行固定？

2-13  已知起重量为 10t，机构的工作级别 $M_5$，吊钩夹套自重 $G = 2000$N；承载绳分支数为 4，滑轮组效率 $\eta_h = 0.99$，试选择起升机构的钢丝绳。

# 3 滑轮（组）与卷筒

## 3.1 滑轮和滑轮组

### 3.1.1 滑轮

滑轮是起重机中的承装零件，主要作用是穿绕钢丝绳，并改变钢丝绳方向。它按用途分可分为定滑轮和动滑轮。定滑轮只改变力的方向，动滑轮可以省力。滑轮的外形如图3-1所示，结构如图3-2所示。

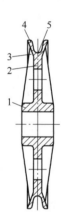

图 3-1　滑轮的外形

图 3-2　滑轮的构造
1—轮毂；2—轮辐；3—加强肋；4—轮缘；5—绳槽

#### 3.1.1.1　滑轮的分类

滑轮根据制造方法分可分为铸铁滑轮、铸钢滑轮、焊接滑轮、铝合金滑轮、尼龙滑轮等。

（1）铸铁滑轮：有灰铸铁（HT150、HT200）滑轮和球墨铸铁（QT400-18）滑轮。灰铸铁滑轮工艺性能良好，对钢丝绳磨损小，但易碎，多用于轻级、中级工作级别中。球墨铸铁滑轮的强度和冲击韧性比灰铸铁滑轮的高些，所以可用于重级工作级别中。

（2）铸钢滑轮：一般用 ZG 230-450、ZG 270-500 制造，有较高的强度和冲击韧性，但工艺性能稍差，由于表面较硬，对钢丝绳磨损较严重，多用于重级和特重级的工作条件中。

（3）焊接滑轮。对于大尺寸（$D > 800mm$）的滑轮多采用焊接滑轮，材料为 15 号钢、Q235 钢。这种滑轮与铸钢滑轮大致相同，但质量很轻，有的可减轻到铸钢滑轮的 1/4 左右。

（4）其他。目前尼龙滑轮和铝合金滑轮在起重机上已有应用。尼龙滑轮轻而耐磨，但刚度较低。铝合金滑轮硬度低，对钢丝绳的磨损很小。

承受载荷不大的小尺寸滑轮（$D < 350\text{mm}$）一般制成实体的滑轮；受大载荷的滑轮一般采用球铁或铸钢，铸成带筋和孔或带轮辐的结构；大型滑轮（$D > 800\text{mm}$）一般用型钢和钢板焊接结构。

### 3.1.1.2 滑轮的主要参数

#### A 滑轮的直径

滑轮的名义直径 $D$ 是从绳槽底部度量的直径，而滑轮的计算直径 $D_0$ 是按钢丝绳中心线度量的。滑轮的名义直径应根据钢丝绳直径来决定。为了提高钢丝绳的寿命，必须使滑轮直径大于绳径一定倍数，即

$$D_0 \geqslant ed \tag{3-1}$$

式中　$D_0$——按钢丝绳中心线计算的滑轮最小直径，$D_0 = D + d$，mm；

　　　$e$——轮绳比系数，见表 3-1；

　　　$d$——钢丝绳直径。

表 3-1　卷筒直径和滑轮直径与钢丝绳直径的最小比值

| 机构工作级别 | 卷筒与钢丝绳直径的比值 $e_1$ | 滑轮与钢丝绳直径的比值 $e$ |
| --- | --- | --- |
| $M_1$、$M_2$、$M_3$ | 14 | 16 |
| $M_4$ | 16 | 18 |
| $M_5$ | 18 | 20 |
| $M_6$ | 20 | 22.4 |
| $M_7$ | 22.4 | 25 |
| $M_8$ | 25 | 28 |

那么，滑轮的名义直径，即绳槽底部的直径为：

$$D \geqslant (e - 1)d \tag{3-2}$$

平衡轮直径，在桥式起重机中取与 $D_0$ 相同，对臂架式起重机取为不小于 $0.6D$。

#### B 绳槽

滑轮绳槽的截面形状和尺寸，对滑轮工作可靠性和钢丝绳的使用寿命有很大的影响。绳槽的结构如图 3-3 所示。绳槽底部的半径都应稍大于绳索的半径，以避免绳在槽中卡住，一般取 $R = (0.53 \sim 0.6)d$（$R$ 为绳槽半径，$d$ 为钢丝绳直径）。要求槽壁表面光滑，不得有毛刺。为使当绳索对绳槽中心平面稍有偏斜时也能正常工作，通常把绳槽的两壁做得稍有些向外倾斜。两壁之间的夹角一般为 $35° \sim 45°$（见图 3-3）。滑轮绳槽各部分的尺寸与钢丝绳的直径 $d$ 的大小有关，主要尺寸参见表 3-2。

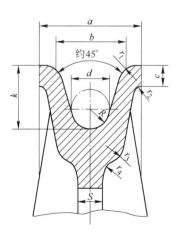

图 3-3　滑轮轮槽图

表 3-2　滑轮尺寸

| 钢丝绳直径 D/mm | $a$ | $b$ | $k$ | $c$ | $S$ | $R$ | $r_1$ | $r_2$ | $r_3$ | $r_4$ |
|---|---|---|---|---|---|---|---|---|---|---|
| 4 ~ 6.5 | 17.5 | 13 | 11 | 3.5 | 5 | 3.5 | 2 | 1 | 7 | 3.5 |
| 7 ~ 9.2 | 25 | 18 | 16 | 5 | 8 | 5 | 2.5 | 1.5 | 10 | 5 |
| 10 ~ 14 | 40 | 28 | 25 | 8 | 10 | 8 | 4 | 2.5 | 16 | 8 |
| 14.5 ~ 18 | 50 | 35 | 32.5 | 10 | 12 | 10 | 5 | 3 | 20 | 10 |
| 18.5 ~ 24 | 65 | 45 | 40 | 13 | 16 | 13 | 6.5 | 4 | 26 | 13 |
| 25 ~ 28.5 | 80 | 55 | 50 | 16 | 18 | 16 | 8 | 5 | 32 | 16 |
| 30 ~ 35 | 95 | 65 | 60 | 19 | 20 | 19 | 10 | 6 | 38 | 19 |

　　为了保证钢丝绳有足够的使用寿命，根据起重机的工作级别，确定了滑轮槽底直径 $D$ 与钢丝绳直径 $d$ 的最小比值，见表 3-1。

　　起重机常用热轧滑轮如图 3-4 所示，部分热轧滑轮的参数见表 3-3 ~ 表 3-6。

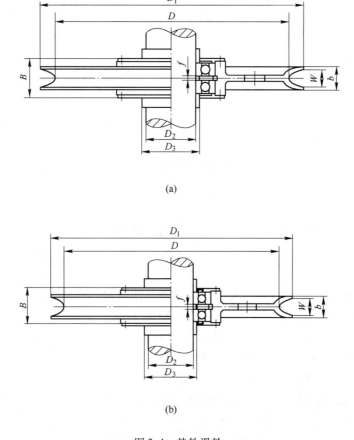

(a)

(b)

图 3-4　热轧滑轮
（a）一般密封型滑轮；（b）严密密封型滑轮（A 型）

表 3-3 滑轮系列表 （一般密封型，$D_0/d=20$）

| 滑轮代号 | 钢丝绳直径 /mm | 主要尺寸 /mm | | | | | | | | | 推荐轴承型号 | 参考质量 /kg |
| --- | --- | --- | --- | --- | --- | --- | --- | --- | --- | --- | --- | --- |
| | | $D$ | $D_1$ | $R$ | $b$ | $W$ | $f$ | $D_2$ | $D_3$ | $B$ | | |
| WJ1201 | 10~14 | 280 | 325 | 7 | 37 | 28 | 5 | 55 | 63 | 63 | 211 | 14.5 |
| WJ1202 | | | | | | | | 60 | 69 | 66 | 212 | 15 |
| WJ1203 | | | | | | | | 65 | 75 | 68 | 213 | 16 |
| WJ1204 | | | | | | | | 70 | 80 | 70 | 214 | 16 |
| WJ2201 | >14~19 | 355 | 415 | 10 | 50 | 38 | 8 | 80 | 90 | 74 | 216 | 26 |
| WJ2202 | | | | | | | | 85 | 96 | 78 | 217 | 27.5 |
| WJ2203 | | | | | | | | 90 | 102 | 82 | 218 | 28.5 |
| WJ2204 | | | | | | | | 95 | 108 | 86 | 219 | 30 |
| WJ3201 | >19~23.5 | 450 | 521 | 12 | 60 | 46 | 10 | 95 | 108 | 90 | 219 | 40 |
| WJ3202 | | | | | | | | 100 | 113 | 94 | 220 | 41.5 |
| WJ3203 | | | | | | | | 110 | 124 | 102 | 222 | 44 |
| WJ3204 | | | | | | | | 120 | 135 | 106 | 224 | 46 |
| WJ4201 | >23.5~30 | 560 | 650 | 15 | 73 | 57 | 10 | 130 | 146 | 106 | 226 | 73 |
| WJ4202 | | | | | | | | 140 | 158 | 110 | 228 | 76 |
| WJ4203 | | | | | | | | 150 | 170 | 116 | 230 | 79 |
| WJ4204 | | | | | | | | 160 | 180 | 122 | 232 | 82 |
| WJ5201 | >30~37 | 710 | 822 | 19 | 92 | 72 | 12 | 160 | 188 | 128 | 42232 | 124 |
| WJ5202 | | | | | | | | 170 | 202 | 136 | 42234 | 128 |
| WJ5203 | | | | | | | | 180 | 212 | 136 | 42236 | 132 |
| WJ5204 | | | | | | | | 190 | 225 | 142 | 42238 | 135 |
| WJ6201 | >37~43 | 800 | 926 | 22 | 104 | 82 | 12 | 160 | 188 | 128 | 42232 | 159 |
| WJ6202 | | | | | | | | 170 | 202 | 136 | 42234 | 164.5 |
| WJ6203 | | | | | | | | 180 | 212 | 136 | 42236 | 166 |
| WJ6204 | | | | | | | | 190 | 225 | 142 | 42238 | 168 |
| WJ7201 | >43~50 | 900 | 1052 | 26 | 123 | 98 | 14 | 190 | 225 | 148 | 42238 | 278 |
| WJ7202 | | | | | | | | 200 | 235 | 154 | 42240 | 275 |
| WJ7203 | | | | | | | | 220 | 260 | 168 | 42244 | 305 |
| WJ7204 | | | | | | | | 240 | 278 | 182 | 42248 | 286 |
| WJ8201 | >50~58 | 1120 | 1292 | 29 | 135 | 110 | 14 | 190 | 225 | 148 | 42238 | 385 |
| WJ8202 | | | | | | | | 200 | 235 | 154 | 42240 | 384 |
| WJ8203 | | | | | | | | 220 | 260 | 168 | 42244 | 417 |
| WJ8204 | | | | | | | | 240 | 278 | 182 | 42248 | 397 |

注：1. $D_0 = D + d$；

2. 参考质量不包括轴承质量。

**表 3-4　滑轮系列表**（一般密封型，$D_0/d = 25$）

| 滑轮代号 | 钢丝绳直径 /mm | 主要尺寸 /mm | | | | | | | | | 推荐轴承型号 | 参考质量 /kg |
|---|---|---|---|---|---|---|---|---|---|---|---|---|
| | | $D$ | $D_1$ | $R$ | $b$ | $W$ | $f$ | $D_2$ | $D_3$ | $B$ | | |
| WJ1251 | 10~14 | 355 | 400 | 7 | 37 | 28 | 8 | 55 | 63 | 63 | 211 | 18 |
| WJ1252 | | | | | | | | 60 | 69 | 66 | 212 | 18 |
| WJ1253 | | | | | | | | 65 | 75 | 68 | 213 | 19.5 |
| WJ1254 | | | | | | | | 70 | 80 | 70 | 214 | 21 |
| WJ2251 | >14~19 | 450 | 510 | 10 | 50 | 38 | 8 | 80 | 90 | 74 | 216 | 32.5 |
| WJ2252 | | | | | | | | 85 | 96 | 78 | 217 | 34 |
| WJ2253 | | | | | | | | 90 | 102 | 82 | 218 | 36 |
| WJ2254 | | | | | | | | 95 | 108 | 86 | 219 | 38 |
| WJ3251 | >19~23.5 | 560 | 631 | 12 | 60 | 46 | 10 | 95 | 108 | 90 | 219 | 52 |
| WJ3252 | | | | | | | | 100 | 113 | 94 | 220 | 53 |
| WJ3253 | | | | | | | | 110 | 124 | 102 | 222 | 55 |
| WJ3254 | | | | | | | | 120 | 135 | 106 | 224 | 58 |
| WJ4251 | >23.5~30 | 710 | 800 | 15 | 73 | 57 | 10 | 130 | 146 | 106 | 226 | 95 |
| WJ4252 | | | | | | | | 140 | 158 | 110 | 228 | 99 |
| WJ4253 | | | | | | | | 150 | 170 | 116 | 230 | 102 |
| WJ4254 | | | | | | | | 160 | 180 | 122 | 232 | 105 |
| WJ5251 | >30~37 | 900 | 1012 | 19 | 92 | 72 | 12 | 160 | 188 | 128 | 42232 | 160 |
| WJ5252 | | | | | | | | 170 | 202 | 136 | 42234 | 165 |
| WJ5253 | | | | | | | | 180 | 212 | 136 | 42236 | 170 |
| WJ5254 | | | | | | | | 190 | 225 | 142 | 42238 | 175 |
| WJ6251 | >37~43 | 1000 | 1126 | 22 | 104 | 82 | 12 | 160 | 188 | 128 | 42232 | 206 |
| WJ6252 | | | | | | | | 170 | 202 | 136 | 42234 | 213 |
| WJ6253 | | | | | | | | 180 | 212 | 136 | 42236 | 220 |
| WJ6254 | | | | | | | | 190 | 225 | 142 | 42238 | 226 |
| WJ7251 | >43~50 | 1250 | 1402 | 26 | 123 | 98 | 14 | 190 | 225 | 148 | 42238 | 393.8 |
| WJ7252 | | | | | | | | 200 | 235 | 154 | 42240 | 393.8 |
| WJ7253 | | | | | | | | 220 | 260 | 168 | 42244 | 424.6 |
| WJ7254 | | | | | | | | 240 | 278 | 182 | 42248 | 405.9 |
| WJ8251 | >50~58 | 1400 | 1572 | 29 | 135 | 110 | 14 | 190 | 225 | 148 | 42238 | 503.8 |
| WJ8252 | | | | | | | | 200 | 235 | 154 | 42240 | 502.7 |
| WJ8253 | | | | | | | | 220 | 260 | 168 | 42244 | 537.9 |
| WJ8254 | | | | | | | | 240 | 278 | 182 | 42248 | 519.2 |

注：1. $D_0 = D + d$；

2. 参考质量不包括轴承质量。

表 3-5　滑轮系列表（严密密封型，$D_0/d = 20$）

| 滑轮代号 | 钢丝绳直径 /mm | 主要尺寸 /mm | | | | | | | | | 推荐轴承型号 | 参考质量 /kg |
|---|---|---|---|---|---|---|---|---|---|---|---|---|
| | | $D$ | $D_1$ | $R$ | $b$ | $W$ | $f$ | $D_2$ | $D_3$ | $B$ | | |
| WJ201A | | | | | | | | 55 | 65 | 86 | 211 | 15 |
| WJ202A | 10 ~ 14 | 280 | 325 | 7 | 37 | 28 | 8 | 60 | 70 | 88 | 212 | 16 |
| WJ1203A | | | | | | | | 65 | 75 | 90 | 213 | 16.5 |
| WJ1204A | | | | | | | | 70 | 80 | 92 | 214 | 18 |
| WJ2201A | | | | | | | | 80 | 90 | 96 | 216 | 27 |
| WJ2202A | >14 ~ 19 | 355 | 415 | 10 | 50 | 38 | 8 | 85 | 95 | 100 | 217 | 28 |
| WJ203A | | | | | | | | 90 | 105 | 108 | 218 | 30 |
| WJ204A | | | | | | | | 95 | 110 | 112 | 219 | 32 |
| WJ3201A | | | | | | | | 95 | 110 | 114 | 219 | 43 |
| WJ202A | >19 ~ 23.5 | 450 | 521 | 12 | 60 | 46 | 10 | 100 | 115 | 118 | 220 | 44 |
| WJ3203A | | | | | | | | 110 | 125 | 128 | 222 | 46 |
| WJ204A | | | | | | | | 120 | 130 | 132 | 224 | 47.5 |
| WJ201A | | | | | | | | 130 | 140 | 134 | 226 | 76 |
| WJ202A | >23.5 ~ 30 | 560 | 650 | 15 | 73 | 57 | 10 | 140 | 160 | 138 | 228 | 79 |
| WJ203A | | | | | | | | 150 | 170 | 144 | 230 | 83 |
| WJ204A | | | | | | | | 160 | 180 | 154 | 232 | 85 |
| WJ201A | | | | | | | | 160 | 190 | 156 | 42232 | 128 |
| WJ202A | >30 ~ 37 | 710 | 822 | 19 | 92 | 72 | 12 | 170 | 200 | 164 | 42234 | 133 |
| WJ203A | | | | | | | | 180 | 220 | 164 | 42236 | 137 |
| WJ204A | | | | | | | | 190 | 220 | 170 | 42238 | 141 |
| WJ201A | | | | | | | | 160 | 190 | 156 | 42232 | 162 |
| WJ202A | >37 ~ 43 | 800 | 926 | 22 | 104 | 82 | 12 | 170 | 200 | 164 | 42234 | 169 |
| WJ203A | | | | | | | | 180 | 220 | 164 | 42236 | 169 |
| WJ204A | | | | | | | | 190 | 220 | 170 | 42238 | 175 |
| WJ7201A | | | | | | | | 190 | 220 | 172 | 42238 | 280.5 |
| WJ202A | >43 ~ 50 | 900 | 1052 | 26 | 123 | 98 | 14 | 200 | 240 | 178 | 42240 | 279.4 |
| WJ7203A | | | | | | | | 220 | 260 | 196 | 42244 | 310.2 |
| WJ204A | | | | | | | | 240 | 280 | 210 | 42248 | 286 |
| WJ201A | | | | | | | | 190 | 220 | 172 | 42238 | 375.5 |
| WJ202A | >50 ~ 58 | 1120 | 1292 | 29 | 135 | 110 | 14 | 200 | 240 | 178 | 42240 | 388.3 |
| WJ203A | | | | | | | | 220 | 260 | 196 | 42244 | 422.4 |
| WJ204A | | | | | | | | 240 | 280 | 210 | 42248 | 399.3 |

注：1. $D_0 = D + d$；

2. 参考质量不包括轴承质量。

表 3-6　滑轮系列表（严密密封型，$D_0/d = 25$）

| 滑轮代号 | 钢丝绳直径/mm | 主要尺寸/mm | | | | | | | | | 推荐轴承型号 | 参考质量/kg |
|---|---|---|---|---|---|---|---|---|---|---|---|---|
| | | $D$ | $D_1$ | $R$ | $b$ | $W$ | $f$ | $D_2$ | $D_3$ | $B$ | | |
| WJ1251A | 10 ~ 14 | 355 | 400 | 7 | 37 | 28 | 8 | 55 | 63 | 86 | 211 | 19 |
| WJ1252A | | | | | | | | 60 | 69 | 88 | 212 | 19 |
| WJ1253A | | | | | | | | 65 | 75 | 90 | 213 | 21 |
| WJ1254A | | | | | | | | 70 | 80 | 92 | 214 | 22 |
| WJ2251A | >14 ~ 19 | 450 | 510 | 10 | 50 | 38 | 8 | 80 | 90 | 96 | 216 | 33 |
| WJ2252A | | | | | | | | 85 | 96 | 100 | 217 | 35 |
| WJ2253A | | | | | | | | 90 | 102 | 108 | 218 | 37 |
| WJ2254A | | | | | | | | 95 | 108 | 112 | 219 | 39 |
| WJ3251A | >19 ~ 23.5 | 560 | 631 | 12 | 60 | 46 | 10 | 95 | 108 | 114 | 219 | 53 |
| WJ3252A | | | | | | | | 100 | 113 | 118 | 220 | 54 |
| WJ3253A | | | | | | | | 110 | 124 | 128 | 222 | 58 |
| WJ3254A | | | | | | | | 120 | 135 | 132 | 224 | 60 |
| WJ4251A | >23.5 ~ 30 | 710 | 800 | 15 | 73 | 57 | 10 | 130 | 146 | 134 | 226 | 98.5 |
| WJ4252A | | | | | | | | 140 | 158 | 138 | 228 | 101 |
| WJ4253A | | | | | | | | 150 | 170 | 144 | 230 | 105 |
| WJ4254A | | | | | | | | 160 | 180 | 154 | 232 | 109 |
| WJ5251A | >30 ~ 37 | 900 | 1012 | 19 | 92 | 72 | 12 | 160 | 188 | 156 | 42232 | 169 |
| WJ5252A | | | | | | | | 170 | 202 | 164 | 42234 | 175 |
| WJ5253A | | | | | | | | 180 | 212 | 164 | 42236 | 175 |
| WJ5254A | | | | | | | | 190 | 225 | 170 | 42238 | 180 |
| WJ6251A | >37 ~ 43 | 1000 | 1126 | 22 | 104 | 82 | 12 | 160 | 188 | 156 | 42232 | 215 |
| WJ6252A | | | | | | | | 170 | 202 | 164 | 42234 | 219 |
| WJ6253A | | | | | | | | 180 | 212 | 164 | 42236 | 219 |
| WJ6254A | | | | | | | | 190 | 225 | 170 | 42238 | 225 |
| WJ7251A | >43 ~ 50 | 1250 | 1402 | 26 | 123 | 98 | 14 | 190 | 225 | 172 | 42238 | 396 |
| WJ7252A | | | | | | | | 200 | 235 | 178 | 42240 | 398.2 |
| WJ7253A | | | | | | | | 220 | 260 | 196 | 42244 | 430.1 |
| WJ7254A | | | | | | | | 240 | 278 | 210 | 42248 | 408.1 |
| WJ8251A | >50 ~ 58 | 1400 | 1572 | 29 | 135 | 110 | 14 | 190 | 225 | 172 | 42238 | 507.1 |
| WJ8252A | | | | | | | | 200 | 235 | 178 | 42240 | 507.1 |
| WJ8253A | | | | | | | | 220 | 260 | 196 | 42244 | 213.4 |
| WJ8254A | | | | | | | | 240 | 278 | 210 | 42248 | 522.5 |

注：1. $D_0 = D + d$；

2. 参考质量不包括轴承质量。

### 3.1.2 滑轮组

#### 3.1.2.1 滑轮组的分类

一定数量的定滑轮、动滑轮通过绳索连接在一起就形成了滑轮组。滑轮组按功用可分为省力滑轮组（见图3-5）与增速滑轮组（见图3-6）；按构造形式可分为单联滑轮组（见图3-7）和双联滑轮组（见图3-8）。在起重机上常用的是省力双联滑轮组。

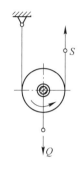

图 3-5　省力滑轮组

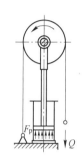

图 3-6　增速滑轮组

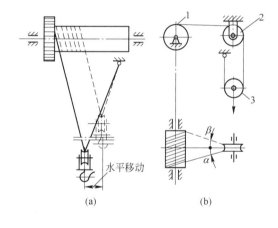

(a)　　　　　　(b)

图 3-7　单联滑轮组

（a）绳直接绕上卷筒；（b）绳经导向滑轮后直接绕上卷筒

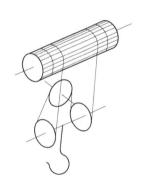

图 3-8　双联滑轮组

在省力滑轮中绕入卷筒的绳索分支为主动部分，而动滑轮为从动部分。若被提升的载荷为 $Q$，则绕入卷筒的绳索分支拉力 $S$ 只有 $Q$ 的一半，通过它可以用较小的绳索拉力吊起较重的货物，起到省力作用，但这时物件的升降速度有所降低。桥式起重机起升机构都采用省力滑轮组，它是最常用的滑轮组。

在增速滑轮组中用液压缸或汽缸直接驱动动滑轮，动滑轮为主动部分，移动的绳索端部为从动部分。当主动部分施力大时，从动部分得到的力小，但是主动部分只稍移动较小的距离，就可使从动部分得到较大的位移及较大的速度，起到增速作用。增速滑轮组常用于液压和气动的起升机构。

单联滑轮组的特点是绕入卷筒的绳索分支数为一根。用单联滑轮组升降物品时，将发生水平移动和摇晃，使操作不便。为消除水平移动和摇晃。在绳索绕入卷筒之前，可先经过一个固定的导向滑轮，如图 3-7(b)所示。

　　双联滑轮组绕入卷筒的绳索分支数有两根。采用双联滑轮组升降物品时没有水平移动。

　　滑轮组分为动滑轮组和定滑轮组。起重机中的动滑轮组装在吊钩组中，而定滑轮组则装在小车架上。除平衡滑轮外，其他滑轮都装有滚动轴承。

　　为了小车布局的紧凑，定滑轮组多装设在小车架的下面，上边还设有防护罩，不易观察，所以就要更加注意。必要时应把防护罩打开或从小车下边观察在升降时各工作滑轮是否转动、滑轮轮缘是否破碎。定滑轮组在歪拉斜吊重物时，最容易造成滑轮壁面的破碎，发现后应及时修理或更换，防止磨损钢丝绳或使钢丝绳脱槽。

### 3.1.2.2　滑轮组的倍率

　　滑轮组的倍率就是省力增速的倍数，用 $m$ 或 $i_h$ 表示。

　　（1）单联滑轮组倍率。

$$m = \frac{Q}{S} \quad 或 \quad m = \frac{v_绳}{v} \tag{3-3}$$

式中　　$m$——滑轮组倍率；

　　　　$Q$——起升载荷；

　　　　$S$——钢丝绳拉力；

　　　　$v_绳$——绳速度；

　　　　$v$——物体的速度。

　　分析单联滑轮组，不难看出其倍率数即滑轮组支承绳索分支数 $z$，即：

$$m = z \tag{3-4}$$

　　（2）双联滑轮组倍率。

$$m = \frac{Q}{2S} \tag{3-5}$$

也就是起升载荷与卷筒支承载荷（$2S$）之比，即省力的倍数。

或者

$$m = \frac{z}{2} \tag{3-6}$$

倍率数等于支承绳分支数的 1/2。

　　滑轮组的倍率与起重量有关，一般 5～30t 起重量时，取倍率 $m = 2～4$；30～100t 起重量时，取倍率 $m = 4～6$；100～320t 起重量时，取倍率 $m = 6～12$。

### 3.1.2.3　双联滑轮组的绕法

　　滑轮组钢丝绳绕入时，要尽量减少钢丝绳的弯曲次数，尽量避免钢丝绳的反向弯曲，要顺向绕入。图 3-9 所示为具有二倍率、三倍率、四倍率和六倍率形式的双联滑轮组。在双联滑轮组中，除常采用平衡滑轮外见图 3-9(b)、(c)、(d)，也有采用平衡杠杆的见图 3-9(a)、(e)。采用平衡杠杆的优点是能用两根长度相等的短绳代替平衡轮结构中的一根长绳。这样，便于更换和安装钢丝绳，特别是在大起重量起重机中，绳索分支数较多的情况下，这种优点更为显著。

　　当滑轮组的承载绳索分支数不超过八根时，绕入卷筒的两根绳索分支一般都是与最外边两个动滑轮相连的。随着滑轮数目的增加，最外边两个动滑轮的距离逐渐增大，使卷筒中间不刻槽部分的长度逐渐增大，卷筒的长度也就越来越大，造成结构不紧凑。因此，当承载绳索分支数到达十二根以上时见图3-9(d)、(e)，绕入卷筒的两个绳索分支都改为与中间两个加大直径的动滑轮相连。这两个动滑轮直径的加大，是为了使绕入卷筒的绳索不致碰到其他的绳索。

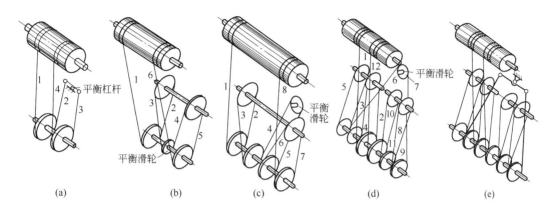

图3-9 双联滑轮组的绕法

### 3.1.2.4 滑轮组的相关计算

绕过滑轮的绳索两端的张力，不仅方向不同，而且大小也不相等。绕出端张力 $S_c$ 要比绕入端张力 $S_r$ 大，如图3-10所示。因为绕出端张力除了要平衡绕入端张力外，还要克服绳索绕过滑轮时的附加阻力，这些附加阻力包括绳索的僵性阻力和轮轴的摩擦阻力。由于附加阻力很难精确计算，通常用一个大于1的系数来表示。因此出端张力与入端张力的关系为：

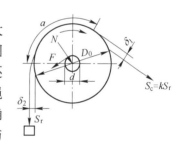

图3-10 滑轮阻力计算图

$$S_c = kS_r \qquad (3-7)$$

式中　$k$——滑轮的阻力系数。

对于钢丝绳滑轮，当滑轮使用滑动轴承时，一般阻力系数 $k = 1.05$；使用滚动轴承时，$k = 1.02$。

由于滑轮组中滑轮阻力的影响，载荷不能均匀分配到各个绳索分支上，因而各个绳索分支的张力不等。为计算和选择钢丝绳，需要求出各绳索分支的最大张力。如图3-11所示的滑轮组，其倍率为4，而最大张力必然在最后绕入卷筒的绳索分支上。若起升载荷为 $Q$，取物装置自重 $G_0$，各绳索分支张力分别为 $S_1$、$S_2$、$S_3$、$S_4$，则：

$$S_1 + S_2 + S_3 + S_4 = Q + G_0$$

而

$$S_2 = kS_1 ; S_3 = kS_2 = k^2 S_1 ; S_4 = kS_3 = k^3 S_1$$

代入上式则有：

$$S_1(1 + k + k^2 + k^3) = \frac{S_4}{k^3}(1 + k + k^2 + k^3) = Q + G_0$$

所以

$$S_4 = \frac{k^3(Q + G_0)}{1 + k + k^2 + k^3}$$

对于倍率为 $m$ 的任意滑轮组，绳索分支最大张力的一般计算公式为：

$$S_{\max} = S_m = \frac{k^{m-1}(Q+G_0)}{1+k+k^2+\cdots+k^{m-1}} = \frac{k^{m-1}(k-1)(Q+G_0)}{k^m-1} \tag{3-8}$$

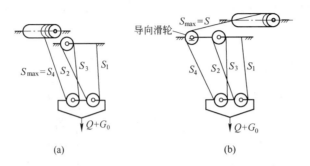

图 3-11　滑轮组计算简图

如果绳索分支在绕入卷筒前还经过了导向轮，则每经过一个导向轮，应另外乘以一个阻力系数 $k$。

由于绳索的理想状态下的张力 $S_0$ 为：

$$S_0 = \frac{Q+G_0}{m} \tag{3-9}$$

则滑轮组的效率 $\eta_h$ 为：

$$\eta_h = \frac{S_0}{S_m} \tag{3-10}$$

将式（3-8）和式（3-9）代入式（3-10）得：

$$\eta_h = \frac{k^m-1}{mk^m(k-1)} \tag{3-11}$$

式（3-11）表明：在阻力系数确定时，滑轮组的效率只与滑轮组的倍率有关。

单联滑轮组用滑轮组效率表达的最大张力公式为：

$$S_{\max} = \frac{Q+G_0}{m\eta_h} \tag{3-12}$$

双联滑轮组用滑轮组效率表达的最大张力公式为：

$$S_{\max} = \frac{Q+G_0}{2m\eta_h} \tag{3-13}$$

### 3.1.3　滑轮及滑轮组使用注意事项

（1）使用前应进行安全检查。铭牌上的额定起重量、种类和性能应清楚；轮槽应光洁平滑，不得有损害钢丝绳的缺陷；轮轴、夹板、吊钩（吊环）等部分不得有裂纹和其他损伤。

（2）滑轮轴应经常保持清洁，应涂上润滑油脂，转动应灵活。

（3）在有可能使钢丝绳脱槽的滑轮上，设防脱槽装置。

（4）滑轮直径与钢丝绳直径之比要符合要求；牵引钢丝绳进入滑轮的偏角不超过4°。

（5）滑轮（车）组在起吊前要缓慢加力，待绳索收紧后，检查有无卡绳、乱绳、脱槽现象；固定滑轮组的地方有无松动等情况。检查各项无问题方可作业。

（6）为防止钢丝绳与轮缘的摩擦，在拉紧状态时，滑轮（车）组的上、下滑轮之间的距离，应保持在 700～1200mm，不得过小。

（7）应使每个滑轮均匀受力，不能以其中的一个或几个滑轮承担全部载荷。

（8）作业时严禁歪拉斜吊，防止定滑轮轮缘破坏。

（9）严格按照滑轮及滑轮组产品的安全起重载荷使用，不允许超载。

（10）若多门滑轮仅使用其部分几门时，应按滑轮数目比例的降低而降低起重量，以确保安全。

（11）滑轮在不使用时，应清洗干净，上好润滑油，放在干燥的地方，下垫木板。

### 3.1.4 滑轮的安全要求及报废标准

（1）滑轮直径与钢丝绳直径的比值应不小于规定的数值。

（2）滑轮槽应光洁平整，不得有损伤钢丝绳的缺陷。

（3）滑轮应有防止钢丝绳跳出轮槽的装置。

（4）金属铸造的滑轮，出现下述情况之一时，应报废：

1）裂纹。

2）轮槽不均匀磨损达 3mm。

3）轮槽壁厚磨损达原壁厚的 20%。

4）因磨损轮槽底部直径减小量达钢丝绳直径的 50%。

5）其他损害钢丝绳的缺陷。

## 3.2 卷筒

### 3.2.1 卷筒的种类结构材质

卷筒用来卷绕钢丝绳，并把原动机的驱动力传递给钢丝绳，同时又将原动机的旋转运动变为直线运动。

卷筒通常为圆柱形，有单层卷绕和多层卷绕之分，起重机上用的卷筒一般是单层卷绕的，且表面通常切出螺旋槽。卷筒按表面状态可分为光面卷筒和带螺旋槽的卷筒两种；按卷筒长度与直径之比的大小又分为长轴卷筒和短轴卷筒。

使用长轴卷筒的卷筒部件，习惯上称为长轴卷筒组，长轴卷筒组主要由卷筒、卷筒轴、齿轮连接盘或大齿轮、卷筒毂、轴承、轴承座、螺栓、抗剪套等组成。其结构形式有两种：一种是通过齿轮连接盘，一种是通过大齿轮与减速器相连。其中带大齿轮的是一种应用较多的结构形式，如图 3-12 所示。

短轴卷筒组是一种新的结构形式（见图 3-13）。卷筒与减速器输出轴用法兰盘刚性连接。减速器底座通过钢球或圆柱销与小车架连

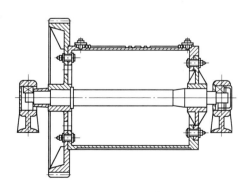

图 3-12　带大齿轮的长轴卷筒

接。这种结构形式的优点是结构简单、调整与安装方便。

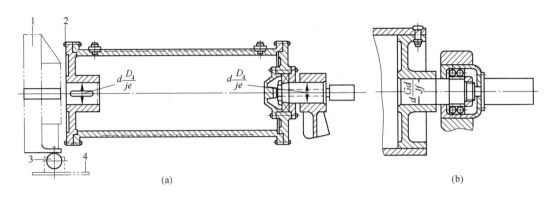

图 3-13　短轴式卷筒
（a）支座侧定轴式短轴；（b）支座侧转轴式短轴
1—减速器；2—法兰盘；3—圆柱销；4—小车架底板

此外还有将行星减速器放在卷筒内部的电卷筒，其优点是驱动装置紧凑，质量轻。

铸造卷筒一般用铸铁 HT200、HT300，特殊需要时可用 ZG230-450、ZG270-500 制造；大型卷筒多用 Q235、Q345 钢板弯成焊接，小直径的卷筒也可以用无缝钢管制造。

### 3.2.2　卷筒的参数

（1）卷筒的直径。卷筒的名义直径 $D_0$ 和滑轮一样，也是从槽底度量，可按 $D_0 \geqslant ed$ 计算，根据计算结果选取卷筒直径的标准值。

卷筒直径的标准值（mm）有：300，400，500，650，700，800，900，1000。

（2）卷筒绳槽尺寸。钢丝绳在卷筒上卷绕的层数可以是单层，也可以是多层。一般桥式起重机大多采用单层卷绕。单层卷绕卷筒通常切出螺旋槽，绳圈依次排列在螺旋槽内，使绳索与卷筒的接触面积增大，以降低压力，并防止相邻钢丝绳之间的摩擦。螺旋槽分浅槽（标准槽）和深槽两种，如图 3-14 所示，一般多采用标准槽，因为它的节距比深槽小些，在卷绕相同圈数钢丝绳时，卷筒长度较深槽的短。

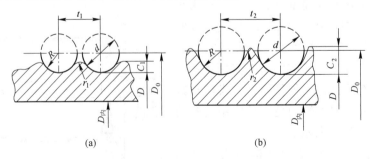

图 3-14　绳槽尺寸图
（a）标准槽；（b）深槽

3.2 卷 筒 ·91·

1）卷筒绳槽半径：

$$R = (0.53 \sim 0.6)d$$

2）绳槽深度：

标准槽 $\qquad C_1 = (0.25 \sim 0.4)d(\text{mm})$

深槽 $\qquad C_2 = (0.6 \sim 0.9)d(\text{mm})$

3）绳槽节距：

标准槽 $\qquad t_1 = d + (2 \sim 4)(\text{mm})$

深槽 $\qquad t_2 = d + (6 \sim 9)(\text{mm})$

（3）卷筒的长度。卷筒的长度可以根据物品起升高度来定。如起升高度为 $H$ 时，则在卷筒上绕绳圈数 $Z$ 为：

$$Z = \frac{Hm}{\pi D_0} \tag{3-14}$$

式中 $D_0$——卷筒的计算直径；

$m$——滑轮组倍率。

通常除工作圈数外，还应增加附加圈数 $Z_0$（一般 $Z_0 = 1.5 \sim 3$ 圈）部分。这些附加圈数的作用是：当钢丝绳工作长度全部从卷筒上放下后，利用余绳与卷筒绳槽的摩擦力，来减小绳端在卷筒固定处的作用力，起到安全作用。

故卷筒上卷绕绳圈部分的长度 $l_0$ 为：

$$l_0 = (Z + Z_0)t = \left(\frac{Hm}{\pi D_0} + Z_0\right)t \tag{3-15}$$

式中 $t$——绳索节距。

卷筒总长度 $l$ 除包括绳圈部分的长度外，还应考虑绳端固定部分所占的长度和两边的边缘长度。因此，单联滑轮组用的卷筒总长度 $l$ 为：

$$l = l_0 + l_1 + 2l_2 \tag{3-16}$$

式中 $l_1$——绳索固定部分所需的长度，一般取 $l_1 = (2 \sim 3)t$；

$l_2$——两端空余部分的长度，一般取 $l_2 > 2t$。

双联卷筒的长度为：

$$l = 2(l_0 + l_1 + l_2) + l_3 \tag{3-17}$$

式中 $l_3$——双联卷筒的中间不切槽部分，初步计算时，可取等于最后绕入卷筒绳索的两个滑轮的中心距。

（4）卷筒的壁厚 $\delta$。铸造卷筒的壁厚 $\delta$，可先由下面的经验公式决定，然后再进行强度验算。

$$\delta = \frac{1}{50}D + (6 \sim 10)\text{mm} \tag{3-18}$$

对于铸造卷筒，其壁厚不应小于 $10 \sim 12\text{mm}$。

由于卷筒受力情况比较复杂，所以在工作时，卷筒会产生扭转、弯曲和压缩应力。由分析计算可知，短卷筒中（$l \leqslant 3D$ 时），扭转应力和弯曲应力的影响不大，一般不超过压缩应力的 $10\% \sim 15\%$，因此短卷筒可只计算压缩应力。对于长卷筒（$l > 3D$，且直径较小的卷筒），除计算压缩应力外，还应按弯曲和扭转合成应力来进行计算。

### 3.2.3 绳端在卷筒上的固定

钢丝绳末端应当牢固地固定在卷筒上，固定的结构应安全可靠，便于检查并能很方便地更换新绳，而且在固定处不致使钢丝绳过分弯曲。现有的固定结构都是利用摩擦力将绳末端压在卷筒的壁上。在计算这些固定装置时，绳端的拉力已不是工作拉力，而比它要小，这是由于绳索的附加圈数受卷筒表面的摩擦，而使作用在固定装置上的作用力减小之故。在计算中应采用足够低的摩擦系数及最少的附加圈数，以利安全。

现在常用绳末端的固定方法有三种：

（1）利用楔形块固定。如图 3-15（a）所示，这种装置不用螺钉，常用于直径在 10 ~ 12mm 以下的比较细的钢丝绳。为了自锁起见，楔形块的斜度应做成 1：5 ~ 1：4。

（2）利用板条和压紧螺钉固定。如图 3-15（b）所示，绳端穿入卷筒内部特制的槽中，用螺钉及板条压紧，利用绳索和板条及卷筒之间的摩擦力来平衡绳的拉力。

其中第Ⅱ种形式，采用的是双斜面的压板和支撑槽，通常两个斜面的夹角为90°，由受力分析可知，这种结构的钢丝绳固定处的张力只是第Ⅰ种形式的 $\dfrac{\sqrt{2}}{2}$。

（3）利用压板和螺栓把绳端固定。如图 3-15（c）所示，利用压板和螺栓把绳端固定

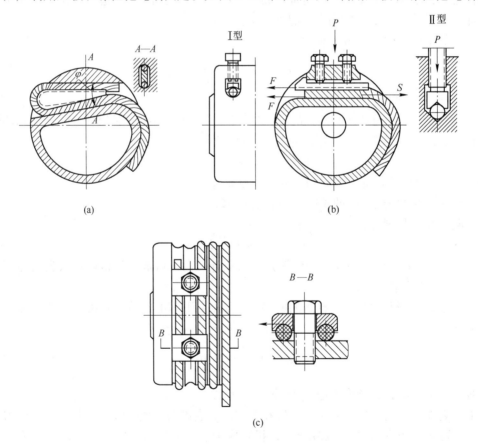

图 3-15　绳端在卷筒上的各种固定方法
（a）用楔形块；（b）用螺钉及板条；（c）用螺栓压板

在卷筒表面的方法，简化了卷筒结构，而且工作也安全可靠，便于观察和检查。压板的标准尺寸可查手册。这种固定装置的计算方法和板条和压紧螺钉固定法类似，不同的是螺钉不是受压而是受拉。在经常拆装钢丝绳的情况下，最好改用双头螺栓。压板数至少为2个。

### 3.2.4　卷筒的修复

卷筒是比较耐用的零件，常见的损坏是卷绳用的沟槽磨损。空载时，钢丝绳在沟槽中处于松弛状态；吊载后必然要拉紧钢丝绳，钢丝绳在槽中产生了相对滑动，如果润滑不好，就会使卷筒槽加快磨损。另外，卷筒的槽峰，在缠绕中因钢丝绳对沟槽的偏斜作用而产生摩擦，从而逐渐的将槽峰磨尖直至磨平。当沟槽磨损到不能控制钢丝绳在沟槽中有秩序地排列而经常跳槽时，应更换新卷筒。

有个别卷筒经过一定磨损后，露出了原有的内在铸造缺陷。如果是单个气孔或砂眼，其直径不超过8mm，深度不超过该处名义壁厚的20%（绝对值不超过4mm），在每100mm长度内（任何方向）不多于1处，在卷筒全部加工面上的总数不多于5处时，可以不焊补，继续使用。如出现的缺陷经清理后，其大小在表3-7所列范围内，允许焊补，但同一断面上和长度100mm内不多于2处，焊补后可以不经热处理，只需用砂轮磨平磨光焊补处即可。

表 3-7　卷筒允许焊补条件

| 材　质 | 卷筒直径/mm | 单个缺陷面积/cm² | 缺陷深度 | 总数量 |
|---|---|---|---|---|
| 铸　铁 | ≤700 | ≤2 | ≤25%壁厚 | ≤5 |
| 球　铁 | >700 | ≤2.5 | | |
| 铸　钢 | ≤700 | ≤2.5 | ≤30%壁厚 | ≤8 |
| | >700 | ≤3 | | |

### 3.2.5　卷筒的安全检查

卷筒受钢丝绳绳圈的挤压作用，同时还受钢丝绳引起的弯曲和扭转作用，其中挤压起主要作用。曾发生由于卷筒产生裂纹，钢丝绳把卷筒压陷的事故，所以检查出卷筒有裂纹就应报废。卷筒轴受弯曲和剪切应力的作用，如发现裂纹应及时报废，否则就有可能发生断轴事故。卷筒绳槽磨损深度不应超过2mm，当超过可重新车槽，但卷筒壁厚应不小于原壁厚的80%；轮毂上不得有裂纹，其上的连接螺钉要紧固。

卷筒既是承载部件又是传动部件，其轴承要经常润滑，并定期检查润滑情况。

卷筒轴磨损达到其公称直径的3%～5%时，要及时更换；卷筒壁磨损到原厚度的15%～20%时要及时更换。

要时常检查钢丝绳在卷筒上的固定是否牢固，卷筒轴是否运转正常。

高度重视钢丝绳在卷筒上脱槽跑偏检修，当钢丝绳相对绳槽偏角过大时，钢丝绳就会磨槽边甚至跳槽，造成钢丝绳严重磨损。对于有槽卷筒，钢丝绳相对绳槽的允许偏角为4°～5°，当大于6°时，钢丝绳就可能跳槽。一般常见的原因是吊钩滑轮组离卷筒的距离过小，这时可作适当的调整。也可能是由于吊钩滑轮组与卷筒安全位置偏斜，或由于斜吊货物造成偏斜而使钢丝绳跳槽。

　　此外，新换钢丝绳时，如果钢丝绳缠卷扭劲（因为缠卷在木滚上）没有放松，也会使钢丝绳跳槽，甚至使滑轮组的几根钢丝绳绞在一起。为了防止这种事故，可把成盘的钢丝绳悬挂起来逐渐放开拉直，扭劲就可以完全消除了。

 **复习思考题**

3-1　滑轮一般分为几类，分别用什么材料制造，各应用在什么场合？

3-2　滑轮的参数有哪些？

3-3　什么是滑轮组的倍率？

3-4　如何计算钢丝绳的最大张力？

3-5　滑轮和滑轮组的使用有哪些注意事项？

3-6　如何判定滑轮是否应该报废？

3-7　制造卷筒的材料有哪些，各用在什么样的卷筒制造上？

3-8　卷筒的长度和壁厚如何确定？

3-9　卷筒有哪些主要参数？

3-10　卷筒安全检查主要包括哪几方面的内容？

3-11　钢丝绳在卷筒末端固定的方法有几种？

3-12　某起重机在固定场所使用，起重量为 10t，取物装置自重 $G_0 = 3000N$，起升高度 $H = 15m$，中级工作级别 $M_5$，倍率为 $m = 4$，单联卷筒，重物起升中无晃动现象，滑轮安装在滚动轴承上，钢丝绳末端采用双斜面压板与支撑槽固定，$\mu = 0.1$，$Z_0 = 2$，现场只有 M12 的螺钉，材料为 Q235，其抗压强度为 100MPa。请（1）选择合适的钢丝绳；（2）选择合适的滑轮卷筒；（3）钢丝绳末端固定需要几个螺丝钉？

# 4 取物装置

## 4.1 吊钩和吊钩组

### 4.1.1 吊钩

吊钩是桥式起重机最常用的取物装置，是桥式起重机安全生产的三大重要构件之一，若使用不当极易损坏或折断，造成重大事故和经济损失，因此必须对吊钩经常进行检查，发现问题，及时处理。

#### 4.1.1.1 吊钩的分类与构造

吊钩根据形状可分为单钩和双钩；根据制造方法又可分为锻造钩和片状钩。单钩制造和使用方便，常用于起吊轻物；双钩用于起吊重量较大的物件。一般锻造单钩主要用于起吊 30t 以下的桥式起重机，双钩用于起吊 50~100t 的桥式起重机；片状单钩用于起吊 75~350t，双钩用于起吊 100t 以上的桥式起重机。

吊钩钩身截面形状有圆形、方形、梯形和 T 字形。按受力情况分析，T 字形截面最合理，但锻造工艺复杂。梯形截面受力较合理，锻造容易。矩形截面只用于片状吊钩，断面的承载能力得不到充分利用，较笨重。圆形截面只用于小型吊钩。

锻造吊钩的尾部以前常用三角螺纹，其应力集中严重，容易在裂纹处断裂，因此现多采用梯形或锯齿形螺纹，而国外则多采用圆形螺纹。

#### 4.1.1.2 吊钩所用材料

锻造吊钩一般采用 DG20（20 号优质低碳钢）、DG20Mn 钢和 DG34CrMo、DG34CrNiMo 等合金钢，经锻造和冲压，退火后再经机械加工而成，具有强度高、塑性韧性好的特点。

片状钩一般用于大吨位受强烈灼热物炽烤的场所。通常用厚度不小于 20mm 的 Q235、20 号或 Q345 钢板切割成型的钢板经铆合而成，不会发生突然断裂，可靠性高。由于缺陷引起的断裂只局限于个别钢板，剩余钢板仍可支承吊重，只需更换个别钢板即可，因此它具有较大的安全性。但片状钩只能制造成矩形断面，所以钩体的材料不能被充分利用。

因为铸造材料存在较多质量缺陷，所以起重机械不得使用铸钢吊钩，不能采用焊接吊钩，也不能用强度高、冲击韧性低的钢材制造的吊钩。

锻打吊钩时，应在低应力区打印标有额定起重量、厂标、检验标志日期、编号等标记，并由锻造厂进行表面检验及负荷试验后，提供合格证明文件。

吊钩制成后，要进行超负荷试验，检查有无裂纹和永久变形。吊钩表面要求光洁，不许有缺陷和任何焊补。质量不合格的吊钩不允许使用。

#### 4.1.1.3 吊钩报废标准

（1）吊钩表面有裂纹时（用 20 倍放大镜观察表面）。

（2）危险断面磨损达原尺寸的 10% 时。

（3）开口度比原尺寸增加15%时。

（4）扭转变形超过10°时。

（5）危险断面或吊钩颈部产生塑性变形时。

（6）钩柄腐蚀后的尺寸小于原尺寸的90%时。

（7）吊钩磨损后有补焊时。

（8）尾部螺纹根部有裂纹时。

（9）片状吊钩衬套磨损达原尺寸的50%时，应报废衬套。

（10）片状钩心轴磨损达原尺寸的5%时，应报废心轴。

（11）板钩防磨板磨损达原尺寸的50%时，应报废防磨板。

（12）片状板钩上有侧向变形，当变形的弯曲半径大于板厚的20倍时，必须更换钩片。

## 4.1.2 吊钩组

吊钩组就是吊钩与滑轮组的组合体，有长型和短型两种吊钩组，如图4-1所示。随着起重量的不同，零件的尺寸和工作滑轮的数目也不一样。通常起重量越大，滑轮的数目越多，这样可以使单根钢丝绳承受的拉力不大，钢丝绳的直径也就不必选得太粗，相应的零部件也可以减小。

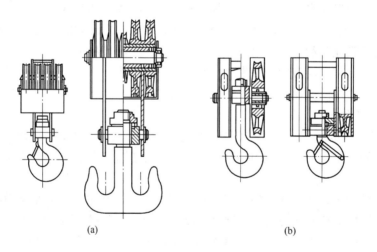

(a)　　　　　　　　　　(b)

图4-1　吊钩组

（a）长型吊钩组；（b）短型吊钩组

长型吊钩组，滑轮轴在上，吊钩横梁在下，平行安装在拉板上，滑轮的数目可单可双，可以选用短钩，整体高度较大，但横向尺寸小。

短型吊钩组，滑轮轴和吊钩横梁合二为一，省去了拉板，滑轮的数目必须是双数才能对称，为了使吊钩转动不致碰到两边滑轮，必须选用长钩，整体高度较小，但当滑轮数目较多时，横向尺寸大，适用于起重量较小的桥式起重机。

### 4.1.2.1 吊钩组的损坏形式

吊钩组在使用中，从外观可见到的损坏形式，常有钩口部位的磨损和滑轮轮缘的破碎。

钩口部位的磨损（见图4-2）为正常现象，如果辅助吊具的用法得当，会磨损得慢些，甚至很少有磨损。实践证明用单根钢丝绳跨挂重物的方法不当，是造成钩口磨损的主要因素。当重物被吊起时，必然要自行调整重心，迫使钢丝绳在钩口处滑动，致使钩口很快磨损。有的单位一个新吊钩，只用了两个月就磨到报废的程度。如果改用类似如图4-3所示的辅助吊具，就可改善这种情况。

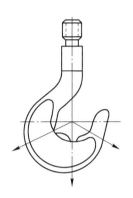

图4-2 吊钩的磨损

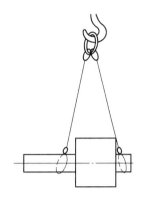

图4-3 吊挂示例

吊钩危险断面的磨损深度超过其高度的10%时，吊钩应报废或减少负荷使用。

另外如图4-4所示的钩口变形，在使用中由于吊钩的钩口产生了永久变形而增大，如果尺寸 $a$ 逐渐张开到 $a'$，当 $a'$ 与尺寸 $d$ 相等时，则应更换新吊钩。

滑轮的轮缘破碎主要是由碰撞造成的。原因是吊钩组没有升到必要的高度、车开得不稳或斜拉歪吊重物撸钩等产生了强烈摆动使滑轮碰撞到其他物件上造成的。还有因司机违反操作规程，不检查限位开关的工作情况，不注意吊钩的起升情况而造成了所谓的吊钩"上天"（不论钢丝绳是否被拉断），使滑轮损坏。如果产生了破碎，则应及时修补或更换滑轮。

吊钩组中不易发现的隐患，常常是吊钩尾部螺纹的底径或螺纹与杆部之间的空刀槽处，因应力集中而产生裂纹。检修时应把吊钩螺母卸下，清洗干净上边的污垢，认真仔细查看。从已断裂的吊钩看，旧断口往往占断裂面积的1/3左右，如图4-5所示。检修时提早发现裂纹，就可以避免由于突然断裂而造成的严重后果。

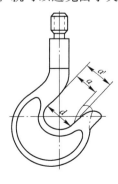

图4-4 钩口变形

旧断口

图4-5 吊钩尾部断裂实例

应当经常检查吊钩螺母和吊钩的螺栓，或其他连接方式的零件是否有松脱或被切断的情况，防止吊钩自行脱落。还应检查吊钩尾部螺纹和吊钩螺母上的腐蚀情况，对经常接触有腐蚀性气体、液体的吊钩、吊钩组应涂抹润滑脂以防腐蚀。

在电磁、三用和锻造起重机吊钩组上都设有类似图4-6所示的防止吊钩旋转的固定装置，防止起重电磁铁、抓斗或翻钢机所用的电缆因吊钩转动而缠绕到钢丝绳上，影响升降或咬断电缆。

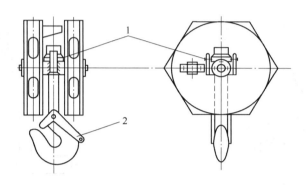

图4-6  防止吊钩转动的装置
1—螺钉；2—安全钩

应定期向润滑点和铰接点加润滑脂，吊钩螺母下边的推力轴承处更应注意加油。

### 4.1.2.2  吊钩组的检查

吊钩组的检查见表4-1。

表4-1  吊钩组的检查表

| 项 目 | 检查时间与方法 |
|---|---|
| 吊钩回转状态 | 定期用手转动，应轻巧灵活 |
| 防脱钩装置 | 用手检验，确认可靠 |
| 滑 轮 | 应有防护罩，转动时应无异常声响 |
| 螺栓、销 | 定期检查，应无松动、脱落 |
| 危险断面磨损 | 按国家标准定期检查（6个月检查一次），不超原尺寸的10% |
| 裂 纹 | 半年进行一次磁粉探伤 |
| 吊钩开口度 | 必要时进行及时检查，不能超过原尺寸的5% |
| 螺 纹 | 卸去螺母，检查有无裂纹 |
| 轴承及轴瓦 | 不得有裂纹和严重磨损 |

## 4.2  抓斗

### 4.2.1  抓斗的分类及工作机理

抓斗是一种抓取、搬运散状物料的自动取物装置，应用较广。根据结构及工作原理的不同，抓斗可分为双绳抓斗、单绳抓斗和电动抓斗三种，其中双绳抓斗应用最为广泛。

4.2.1.1　双绳抓斗

双绳抓斗（见图4-7）由上横梁、下横梁、颚板及撑杆等构成。它由两种绳索来操纵其升降和开闭，这两种绳索（起升绳和闭合绳）分别绕在单独的卷筒上，故称双绳抓斗。

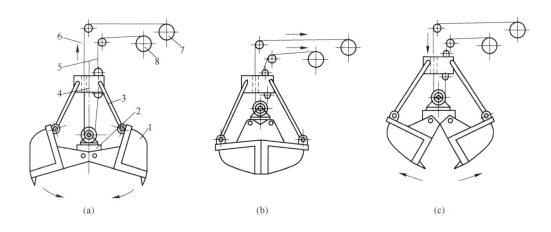

图4-7　双绳抓斗

（a）闭合；（b）起升；（c）开启

1—颚板；2—下横梁；3—撑杆；4—上横梁；5—起升绳；6—开闭绳；7—启闭卷筒；8—起升卷筒

起升绳索下端与上横梁相连，上端绕在起升卷筒上；而开闭绳下端连接在下横梁上，上端穿过上横梁后，绕在开闭卷筒上。其动作原理见表4-2。

表4-2　双绳抓斗动作原理

| 抓 斗 动 作 | 起升绳 | 开闭绳 |
|---|---|---|
| 抓斗下降 | 与开闭绳同步下降 | 与起升绳同步下降 |
| 抓料、闭合 | — | 上升 |
| 抓斗上升 | 与开闭绳同步上升 | 与起升绳同步上升 |
| 抓斗打开卸料 | — | 下降 |

双绳抓斗的优点是结构简单，操作方便，工作可靠，生产率高，在任意高度均可卸料；缺点是需要两套卷筒机构，在一般吊钩起重机上不能使用。

目前双绳抓斗的额定容积的系列标准为0.5、0.75、1.5、2、2.5、3、4（m³）。

4.2.1.2　单绳抓斗

单绳抓斗如图4-8所示，是由一根绳索悬挂在起升机构的一个卷筒上工作。

抓斗悬挂在固接于中横梁2的起升绳索1上，中横梁2由特殊的挂钩5与下横梁3连接在一起（颚板4即铰接在下横梁3上），当抓斗起升至规定高度时，固定挡板6压住杠杆7，而使挂钩5和中横梁2与下横梁3脱开。于是在物料和颚板重力作用下，抓斗张开卸下物料。当张开的抓斗落在物料表面上时，在其本身重力的作用下，颚板自动插入物料内部，当绳索继续下降时，中横梁2随即落下，并自动地用钩子与下横梁3连接在一起。

当拉紧绳索时，颚板装满物料并逐渐闭合，上、中、下横梁被绳索牵引一起上升，在

---

这种情况下即可起升抓斗。当碰到挡板6时，抓斗张开自动卸料。有时在杠杆7上系一操纵绳代替挡板6，则在任意高度只要牵动操纵绳即可卸料。单绳抓斗只有一种绳索，起到闭合与起升作用，故称为单绳抓斗。这种抓斗的主要优点是可以直接挂到普通桥式起重机吊钩上使用，不需要任何附加装置；缺点是工作可靠性较差，生产率低，一般不能在任一高度卸下物品等，适用于装卸量不大的场合。

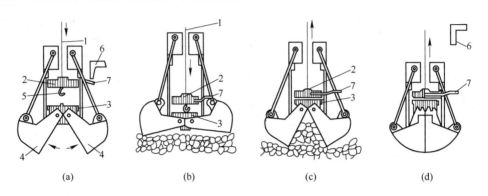

图4-8　单绳抓斗

1—绳索；2—中横梁；3—下横梁；4—颚板；5—钩子；6—挡板；7—杠杆

　　还有一种形式的单绳抓斗，其工作原理如图4-9所示，为了开斗卸料，在开闭绳上固定一个钢珠，抓斗的头部装一个钢叉。卸料时，先将抓斗落在料堆上，放下钢丝绳，使钢球卡在钢叉中，然后再提升钢丝绳，便开斗卸料。卸完料后，仍能以开斗状态进行垂直与水平运动。下一次抓取物料时，先将抓斗落在料堆上，只要钢丝绳偏过一边，使钢球从钢叉中脱出，再提升钢丝绳，即可抓取物料。其缺点是有效起升高度小，作业时间长，效率低。

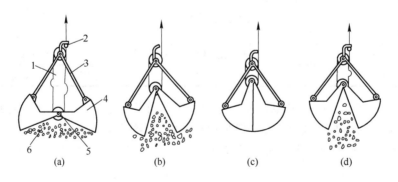

图4-9　单绳抓斗

（a）准备；（b）抓取；（c）起升；（d）卸料

1—钢丝绳；2—钢球；3—开闭绳；4—抓斗；5—钢叉；6—料堆

### 4.2.1.3　马达抓斗

　　马达抓斗本身带有供抓斗开启和闭合用的装置。如以抓斗的开闭动作来分，马达抓斗可分为电动式、液压式和气动式三种，其中电动式使用较多，尤其电葫芦式的马达抓斗更为多见，如图 4-10 所示。抓斗的开闭是由安装在抓斗上横梁下方的马达带动一套开闭机构来实现的。

马达抓斗可作为普通桥式起重机的备用取物装置。由于可在任意高度卸料，因此生产率比单绳抓斗高，但比双绳抓斗低。其缺点是马达抓斗自重大，尤其是头部重量大，重心高，容易倾翻。

根据以上所述，不经常装卸散粒物品的吊钩桥式起重机，应采用单绳抓斗或电动抓斗。而在大量或经常装卸散粒物料的场合，则应采用双绳抓斗。

### 4.2.2 抓斗的安全使用和检查

目前使用的抓斗，根据抓取物料堆密度的不同，分为轻型、中型和重型抓斗三种。具有不同起重量的桥式起重机，装卸不同货种应配用不同型号的抓斗。

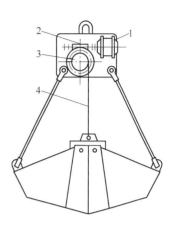

图 4-10 电动抓斗
1—电动机；2—蜗杆；
3—蜗轮；4—启闭颚板绳索

在使用过程中，由于起重工作频繁，抓斗快速下降与物料碰撞剧烈，极易损坏，所以要加强检查，检查内容如下：

（1）若抓斗刃口板磨损严重或有较大的变形应及时修理或更换。对新更换的刃口板，应严格检查焊缝质量。

（2）经常检查滑轮磨损情况，保持滑轮与其他物体间的适当间隙。间隙过小，会造成滑轮或罩子磨损；间隙过大，会造成钢丝绳松脱或夹在滑轮轮缘与罩子之间。

（3）经常检查铰接轴的磨损情况。当铰接轴磨损达到原来直径的 10% 时，应更换铰接轴；衬套磨损超过原壁厚的 20% 时，应更换衬套；各铰接点应该经常加注润滑油脂。

（4）抓斗闭合时，两水平刃口和垂直刃口的错位差及斗口接触处的间隙不得大于 3mm，最大间隙处的长度不大于 200mm。

（5）抓斗张开后，斗口不平行差不得超过 20mm。

（6）抓斗起升后，斗口对称中心线及抓斗垂直中心线，无论是在抓斗张开还是闭合时，都应在同一垂直平面内，其偏差不得超过 20mm。

（7）抓斗上的钢丝绳磨损均应在允许范围内。

## 4.3 电磁吸盘

电磁吸盘俗称电磁盘、起重电磁铁，是用来搬运具有导磁性的黑色金属材料的。其工作原理是：通电时，电磁铁产生磁力，吸起物品；断电时磁力消失而放下物品。

电磁盘的主要优点是装卸物品可以自动进行，不需要任何辅助的捆系工具和辅助人力，并可以解决某些物品不易悬挂的困难（如废钢、金属切屑等）。其缺点是自重大、消耗功率大、断电时物品有坠落危险，吸引力随物品的性质和大小而相差很大。电磁盘使用直流电源，因此在桥式起重机上常要专门配备一套整流设备来供电。

电磁盘根据外壳形状不同，常用的有圆形电磁盘和矩形电磁盘两种。

圆形电磁盘用来搬运钢锭、钢铁铸件以及废钢屑等，主要形式有 MW1-6、MW1-16、MW1-45 型。

矩形电磁盘用来搬运成型的钢材，如钢板、钢管以及各种型钢等，主要形式有 MW2-5 型。这种电磁吸盘已经采用加强绝缘和绝热措施，可以用来吸吊 500℃ 以下的高温钢材。

常用起重电磁吸盘的技术数据见表 4-3。

表 4-3  起重电磁吸盘的技术数据

| 型 号 | 冷态电流/A | 热态电流/A | 冷态电阻/Ω | 热态电阻/Ω | 冷态功率/kW | 热态功率/kW | 自身质量/kg | 最大吸重/kN |
|---|---|---|---|---|---|---|---|---|
| MW1-6 | 14.2 | 8.7 | 15.5 | 25.3 | 3.12 | 1.92 | 460 | 60 |
| MW1-16 | 43.1 | 26.5 | 5.1 | 8.3 | 9.5 | 5.84 | 1670 | 160 |
| MW1-45 | 81.5 | 50 | 2.7 | 4.4 | 17.9 | 11 | 5500 | 300 |
| MW2-5 | 37.3 | 23 | 5.9 | 9.6 | 8.2 | 5.06 | 3000 | 50 |

电磁盘吸引能力因钢材的温度、化学成分和形状而异。当温度大于 200℃ 时，起重能力降低，当温度增加到 500℃ 时，其起重能力就会下降 50% 左右，当温度在 700℃ 以上时，就不能吸引了。在吊运 300~700℃ 的物件时，必须使用特殊散热装置的电磁铁。

同一个电磁盘，它吸起大钢锭的能力是它吸起铁屑能力的很多倍，这是因为小块及散料空隙大，磁阻较大之故。

电磁吸盘在使用和维护时应注意：

（1）电磁吸盘不得严重磕碰，以免破坏精度，在闲置时，应擦净，涂防锈油。

（2）要认真检查各部分的零部件，发现损坏应及时更换。

（3）吸盘外壳应接地，以免漏电伤人。

（4）注意平衡，电磁吸盘应置于起吊物重心上方，然后通电，防止轻铁屑的飞溅。

（5）电磁吸盘起吊时，工作电流应达到额定值才能开始起吊。

（6）起吊前注意检查，起吊物与电磁吸盘之间是否存在非导磁性物品，如果有则会影响起吊能力。

（7）吊运过程中，要特别注意安全，不准从设备或人员头上通过；降落电磁吸盘，要注意周围情况，防止伤人。

（8）要求用高温电磁铁吊运高温物料，用常温电磁铁吊运常温物料，严禁用常温电磁铁吊运高温物料。

（9）严禁将电磁铁停留在高温物体上等待，电磁盘非工作状态不能高空悬停。

## 4.4  专用取物装置

专用取物装置种类很多，钢铁企业常用的有专用夹持吊具、平衡梁等。

### 4.4.1  夹持吊具

#### 4.4.1.1  夹持吊具的种类和用途

夹持吊具种类很多，在冶金行业使用较为普遍。这里只讲述常用的小型夹持吊具。夹持吊具专用性较强，一般用来吊运定型成品物件，它主要是靠夹持器具的钳口与被夹持物品之间的摩擦力来实现吊运物品的。夹持吊具按照产生夹紧力的方式不同，可分为杠杆夹钳和偏心夹钳两类。杠杆夹钳是依靠钳口与物品之间的摩擦力来加持和提升物品的。当钳口距离保持不变时，夹紧力与物品自重成正比。偏心夹钳的夹紧力是由物件的自重通过偏心块和物件之间的自锁作用产生的。

夹持吊具的主体一般采用优质低碳钢和低碳优质合金钢锻造，有较高的强度和韧性。钳口、钳舌均加有耐磨材料并加工有防滑纹槽，以防止过快的磨损和工作中吊物的滑脱。

### 4.4.1.2 钢板类夹钳

钢板有锐利的边角，如与吊索的钢丝绳直接接触，会严重地损坏钢丝绳，甚至会割断钢丝绳，即使是采取了衬垫保护措施，工作起来也会很不方便。因此在钢板吊运场合多采用各种类型钢板起重钳来完成吊装作业。

（1）钢板水平吊装起重钳。根据钢板的长宽尺寸、叠层情况，采用不同的起重钳，可使工作安全、方便、快捷。以下介绍常用钢板起重钳产品的形式、参数和使用方法。

DHQ 型起重钳是用于钢板水平吊运的典型产品。其特点是在吊运过程中 U 形钳口和钳舌始终对钢板有夹持力，防止柔性的钢板在吊运中滑脱。不同型号的钢板起重钳有不同尺寸的钳口和不同的额定起重量，以适合不同使用条件。起重钳形式如图 4-11 所示，技术参数见表 4-4。

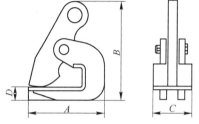

图 4-11　钢板起重钳

表 4-4　钢板起重钳技术参数

| 型 号 | 额定载荷/t·对$^{-1}$ | 钢板厚度/mm | $A$/mm | $B$/mm | $C$/mm | $D$/mm | 重量/kg |
|---|---|---|---|---|---|---|---|
| DHQ2 | 2 | 0~20 | 127 | 156 | 56 | 29 | 2.12 |
| DHQ3 | 3 | 0~30 | 152 | 190 | 64 | 31 | 3.4 |
| DHQ5 | 5 | 20~60 | 220 | 293 | 70 | 54 | 8.5 |
| DHQ8 | 8 | 50~100 | 277 | 375 | 86 | 59 | 16.2 |
| DHQ10 | 10 | 60~125 | 296 | 421 | 86 | 66 | 20.2 |

DHQ 型钢板起重钳技术参数表中给出的额定起重量适用于两种使用方式（见图 4-12）：一是使用吊横梁时，两组钳与吊横梁垂直，肢间夹角不超过 90°；另一种方式是不使用吊横梁，其两组钳之间夹角不应超过 45°，肢间夹角不超过 60°。DHQ 钢板起重钳的

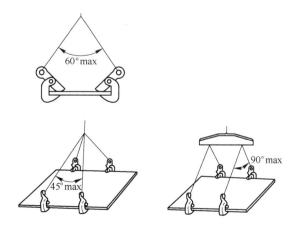

图 4-12　DHQ 钢板起重钳吊装示意图

额定起重量是以一对钳给出的，使用时应采用两对钳，以实际载荷除以 2 不超过额定起重量即满足要求。

　　DCQ 型层叠钢板起重钳主要用于多层钢板和厚钢板水平吊运。该吊具的最大特点是在吊索上设有一对可自由移动的钳体。它不但适应不同宽度尺寸的钢板，而且最大的优点是可借助钢板重力产生的一个水平分力，使形状呈锐角的钳口很容易插入钢板叠层缝隙之间，节省和减轻了层叠堆放钢板起吊和放置时的撬垫工序和劳动强度（放置时由于钳口的斜角和钢板挤压力可使钳体自动脱钩）。

　　DCQ 型钢板起重钳，未设钳舌，对钢板无夹持力，因此要求必须与平衡梁配套使用，每套 4 只钢板钳，平衡梁两端吊点的有效长度不应小于钢板长度的 1/3，以保证吊运时钢板的稳定性。DCQ 型钢板起重钳及吊装方式如图 4-13、图 4-14 所示，其参数见表 4-5。

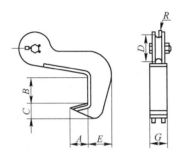

图 4-13　DCQ 型钢板起重钳

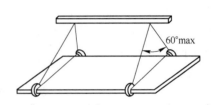

图 4-14　吊装方式

表 4-5　DCQ 型钢板起重钳技术参数

| 型　号 | 额定载荷/t·对$^{-1}$ | 钢板厚度/mm | 尺寸参数/mm | | | | | | | |
|---|---|---|---|---|---|---|---|---|---|---|
| | | | $A$ | $B$ | $C$ | $D$ | $E$ | $F$ | $G$ | $R$ |
| DCQ4 | 4 | 40～100 | 75 | 100 | 70 | 74 | 86 | 182 | 50 | 8 |
| DCQ6 | 6 | 50～150 | 106 | 150 | 93 | 106 | 110 | 260 | 72 | 10 |
| DCQ8 | 8 | 65～200 | 125 | 200 | 104 | 116 | 125 | 326 | 80 | 12 |
| DCQ10 | 10 | 80～250 | 135 | 250 | 115 | 132 | 150 | 395 | 85 | 13 |

　　（2）竖吊钢板起重钳。DSQ 型起重钳（见图 4-15）是专门用于钢板垂直吊运和翻转的一种夹持吊具。其结构较一般起重钳复杂，钳体一侧有一锁紧手柄。竖直吊运时，手柄必须向上拉紧弹簧；卸载时向下旋转，弹簧放松后，钳舌才能放松，使钳和钢板分离。

　　竖吊钢板起重钳可单只使用。单只使用时，实际载荷只要不超过标记在钳体上的额定载荷即满足使用要求。两只以上的使用方法如图 4-16 所示。

　　4.4.1.3　钢板起重钳使用注意事项与报废

　　钢板起重钳在使用中应注意：

　　（1）吊运过程中不得与其他物体碰撞。

　　（2）除竖吊钢板起重钳外，不得单边起吊钢板，

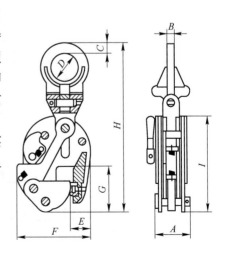

图 4-15　DSQ 型竖吊钢板起重钳

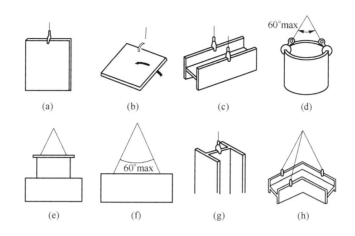

图 4-16　竖吊钢板起重钳使用方法

（a）竖吊钢板；（b）翻转钢板；（c）水平吊型钢；（d）吊圆桶（卷板）；
（e）加横梁吊装；（f）无横梁吊装；（g）立吊型钢；（h）吊形状不规则的重物

钢板厚度应在起重钳吊装厚度范围内。

（3）竖吊钢板起重钳，钳口内一次只能夹持一块钢板，禁止叠层吊运。

（4）不论何种起重钳，必须按规程装夹到位，避免一侧装夹不牢起吊时弹出伤人。

（5）钢板起重钳应按其功能使用，禁止移作他用。

钢板起重钳主要受力构件更换或报废要求是：

（1）出现裂纹。

（2）受力构件断面磨损、腐蚀达原尺寸 10%。

（3）钳体开口度比原尺寸增加 10%。

### 4.4.2　吊横梁

吊横梁也称吊梁、平衡梁和铁扁担，主要用于水平吊装中，避免吊物受力点不合理造成的损坏或过大的弯曲变形，给吊装造成困难等。吊横梁以吊点分有固定吊点型和可变吊点型，从主体形状分有工字形（见图 4-17）和一字形（见图 4-18）。

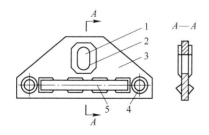

图 4-17　钢板工字形平衡梁

1—挂吊钩孔；2—钩口加强板；
3—钢板；4—挂吊索孔；5—加强筋

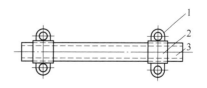

图 4-18　钢管式一字形平衡梁

1—吊耳；2—加强板；3—无缝钢管

吊横梁在制造和使用应注意：

（1）吊横梁设计制造的安全系数不应小于额定起重量的 4 倍，其上的吊钩、索具等应对称分布，长短相等，连接可靠，新制造的吊横梁应用 1.25 倍的额定载荷试验验证后方可投入使用。

（2）使用前，应检查吊横梁与起重机吊钩及吊索连接处是否正常。

（3）当吊横梁产生裂纹、永久变形、磨损、腐蚀严重时，应立即报废。

 **复习思考题**

4-1　常用的取物装置有几种？

4-2　吊钩按断面形状分几种，各适用在什么工况下？

4-3　制造吊钩的材料有哪些？

4-4　长型吊钩组和短型吊钩组各有什么特点？

4-5　吊钩报废标准有哪些？

4-6　简述双绳抓斗的工作原理。

4-7　电磁吸盘有哪些特性？

4-8　专用取物装置有哪些？

# 5  制动装置

## 5.1  制动装置的作用和分类

### 5.1.1  制动装置的作用

为了满足工作需要和保证工作安全，起重机上都安装了制动装置。制动装置的用途是：起升机构中的制动装置保证吊运重物能随时停在空中；运行机构中的制动装置使其在一定时间内或一定的行程内停下来；露天工作或在斜坡上运行的桥式起重机上的制动装置还有防止风力吹动或下滑的作用。

为了用较小的制动装置达到较好的制动效果，通常将制动装置装在传动机构的高速轴上，即设在电动机轴或减速器的输入轴上。某些安全制动器则装在低速轴或卷筒轴上，以防传动系统断轴时物品坠落。

制动装置是起重机械上十分重要的部件，对它的要求是：

（1）动作灵敏、平稳、工作可靠；

（2）结构紧凑，体积小；

（3）便于安装、调整和维修。

### 5.1.2  制动装置的分类

起重机械上的制动装置可以分为停止器和制动器两大类。凡是利用机械止挡作用支持物体，不使机构运动的机构，称为停止器。停止器是用来将已经提升的载荷支持在某一高度，以阻止载荷自重引起机构的反转。凡是利用摩擦将机械运动的动能全部或部分的转化为热能，并到达减速和制动目的的装置，称为制动器。制动器除了具备停止器的作用外，还可以调节载荷升降的速度。

（1）停止器的分类。按结构和工作原理的不同，停止器分为棘轮停止器、摩擦停止器、滚柱停止器三种。其中以棘轮停止器应用最为广泛。

（2）制动器的分类。

1）按结构分类：分为块式制动器、带式制动器和盘式制动器。块式制动器构造简单，制造、安装和调整都比较方便，广泛用于桥式起重机。带式制动器结构紧凑，但制动带的合力使制动轮轴受到弯曲载荷，要求制动轮轴有足够的尺寸。卷筒端部上的安全制动器常用带式制动器。盘式制动器是一种新式制动器，采用不同数量的制动块，可产生不同的制动力矩，并且制动块是平面的，易于跑合。

2）按功用分类：分为调速式、停止式、复合式三种。

3）按工作状态分类分为常闭式、常开式和综合式三种类型。常闭式制动器在机构不工作时是闭合的，工作时松闸装置将制动器分开。桥式起重机上一般多采用常闭式制动器，特别是起升机构，必须采用常闭式制动器，以保证安全。常开式制动器经常处于松开状态，只有在需要制动时，才施以合闸力进行制动。综合式制动器是常闭式与常开式的综合体，具有常闭式安全可靠和常开式操纵方便的优点。

4）按操作方式分类：分为手动、电磁动、液压电磁动等。起重机械上最常用的制动器为长行程电磁铁双块制动器、短行程电磁铁双块制动器、液压推杆双块制动器。

## 5.2　制动装置的工作机理

### 5.2.1　停止器

#### 5.2.1.1　棘轮停止器

棘轮停止器如图 5-1 所示，由棘轮和棘爪组成。棘轮和棘爪多数采用外啮合式见图 5-1(a)，内啮合式［见图 5-1(b)］采用较少。为了减小棘轮的尺寸，尽可能地将棘轮装在起升机构的高速轴上，以使其受力矩最小。通用棘轮用键固定在工作机构的传动轴上，棘爪则空套在机架的销轴上。

当棘轮沿载荷上升方向旋转时，棘爪只沿棘轮齿面自由划过，并不阻止棘轮的旋转；当棘轮受载荷作用反转时，棘爪即由其自重或靠弹簧力的作用进入棘轮的齿间，阻止棘轮反转，载荷就停止在所要求的高度上。棘爪的心轴中心线应位于从齿顶啮合点所引的切线上。

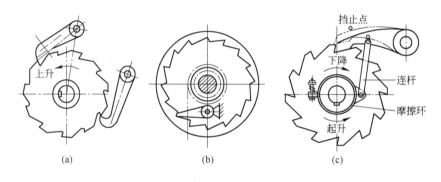

图 5-1　棘轮停止器
(a) 外啮合；(b) 内啮合；(c) 无声棘轮停止器

在机构正向转动时，为了避免棘爪冲击棘轮及因此产生噪声，可采用无声棘轮装置见图 5-1（c）。棘爪通过连杆和棘轮轮毂外圈铰接在一起，棘轮轮毂外圈靠弹簧力紧紧抱住棘轮轮毂。当棘轮按起升方向旋转时，棘爪被连杆推起到挡止点，棘爪不与棘轮表面接触，避免了噪声的产生；反向旋转时，棘爪被连杆拉回到啮合位置，起到停止作用。

#### 5.2.1.2　滚柱停止器

滚柱停止器如图 5-2 所示，由外圈、芯体、滚柱和弹簧组成。一般外圈固定不动，芯体可在外圈内单向转动，当物体上升时，芯体与机构一起转动，不阻碍物体上升；当机构停止运转，物体在自重作用下带动机构反转时，滚柱向楔形空间的小端运动，阻碍芯体

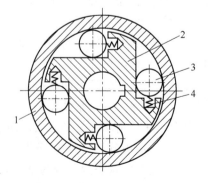

图 5-2　滚柱停止器
1—外圈；2—芯体；3—滚柱；4—弹簧

反向转动，起到停止作用。

若外圈可以一定的速度与芯体同向转动，外圈速度大于芯体，则停止器还可以起到限速的作用。

### 5.2.2 制动器

#### 5.2.2.1 块式制动器概述

块式制动器是起重机上应用最广泛的制动器，通常又分为单块制动器、双块制动器两种结构形式。块式制动器一般由制动轮、制动瓦块、制动臂、操纵装置、调控装置等组成。利用制动块与制动轮之间的摩擦阻力矩制动。

制动器的制动轮通常用铸钢或球墨铸铁制造，为增加制动轮表面的耐磨性，可对其进行表面淬火，淬火深度 2～3mm。制动臂由铸钢、钢板、型钢制造。制动块可由铸铁或钢制造。为增加摩擦系数，在制动瓦块的工作面上覆以摩擦系数较高的覆面材料。覆面材料对制动器的性能和使用寿命影响较大，所以对覆面材料有较高的要求，主要是：

（1）摩擦系数大，而且稳定。

（2）允许较高的工作温度。

（3）耐磨。

（4）许用比压大，而且不伤害制动轮。

（5）有适当的刚性和挠性。

（6）有较好的导热性，往往为了提高导热性而加入铜丝或铜末。

可以用作覆面材料有：

（1）棉织品。它的摩擦系数大，但允许单位压力低，一般用得较少。

（2）石棉织品。摩擦系数大，耐磨，应用较多。

（3）石棉压制带。其摩擦系数为 0.42～0.53，最高允许工作温度为220℃，允许单位压力较高。这种材料应用也较多。

#### 5.2.2.2 单块制动器

单块式制动器主要由制动轮、制动瓦块、制动臂等组成。制动瓦块安装在制动臂上，有刚性连接和铰接两种方式。

刚性连接的单块制动器如图 5-3 所示。在制动臂末端合闸力 $P$ 的作用下，瓦块压紧在制动轮上，靠摩擦力产生制动。制动轮可以沿图 5-3 中 Ⅰ、Ⅱ 两个方向转动，我们可以通过下面的例题，计算制动轮正向和反向（制动力矩方向和制动轮力矩方向一致称正向，反之称反向）旋转时的合闸力 $P$ 的大小。

【例 5-1】 如图 5-3 所示，设制动力矩为 $M_Z$，杠杆长度为 $l$，制动块与制动轮之间的摩擦系数为 $\mu$，其他尺寸如图所示，试计算图示顺时针方向和逆时针方向时制动时的合闸力为 $P$。

**解：**
$$M_Z = FD/2 = \mu N D/2$$

$$N = 2\frac{M_Z}{\mu D}$$

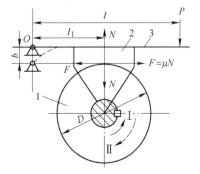

图 5-3 刚性连接单块制动器

制动轮顺时针转动时，以杠杆为研究对象，对 $O$ 点取矩，得：

$$Pl = Fb + Nl_1$$

$$P = (Nl_1 + \mu Nb)/l$$

同理可求出逆时针转动时的合闸力为：

$$P = (Nl_1 - \mu Nb)/l$$

可见，在制动力矩相同的情况下，由于制动方向的不同，加在杠杆末端的合闸力是不同的。这不利于实现自动控制。

对于要求正反两个方向制动的机构，为了得到相同的合闸力，如将制动杠杆的铰链点移至摩擦力 $F$ 的作用线上，如图 5-3 虚线所示，此时，摩擦力 $F$ 的力臂 $b$ 变成了 0，则正反向制动的合闸力相等，即：

$$P = \frac{Nl_1}{l} = \frac{2M_z l_1}{\mu Dl}$$

制动瓦块与制动臂刚性连接时，由于制造和安装的不精确以及制动臂变形等原因，很难保证制动瓦块的整个工作表面与制动轮圆柱面完全接触，因而会造成制动瓦块局部严重磨损。为避免此种情况，一般都将制动瓦块铰接在制动臂上，如图 5-4 所示。

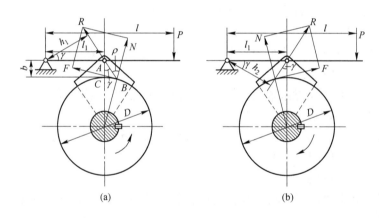

图 5-4  铰接单块制动器
(a) 反向制动；(b) 正向制动

在铰接制动器中，不管是正向制动，还是反向制动，摩擦力 $F$ 和正压力 $N$ 两者的合力 $R$ 总是通过铰链点 $A$，而且合力 $R$ 对制动臂的回转点 $O$ 的力矩相同，因此，正反向制动的合闸力相同。

单块制动器在制动过程中会对制动轮产生附加弯矩，制动力矩越大，附加弯矩就越大，因此，单块制动器，一般应用在制动力矩较小的场合。

### 5.2.2.3  双块制动器

常用的双块式制动器主要由制动轮、制动瓦块、制动臂、制动弹簧、松闸器等组成，如图 5-5 所示。根据松闸行程的长短，双块式制动器分为短行程制动器和长行程制动器两种。短行程制动器的松闸器行程小，可直接装在制动臂上，结构紧凑，但松闸力小，产生的制动力矩也小，制动轮直径不超过 300mm。长行程制动器的松闸器行程长，通过杠杆系统能产生很大的松闸力和制动力矩，制动轮直径可达 800mm。

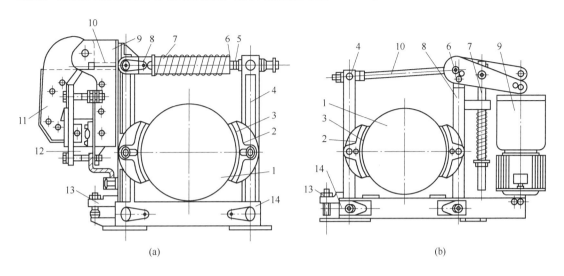

(a) (b)

图 5-5 双块式制动器

（a）短行程交流电磁铁块式制动器；（b）长行程电动液压推杆制动器

1—制动轮；2—制动瓦块；3—瓦块衬垫；4、8—制动臂；5—辅助弹簧；6—夹板；7—制动弹簧；
9—松闸器；10—推杆；11—电磁铁衔铁；12—电磁铁线圈；13—调整螺钉；14—底座

短行程交流电磁铁块式制动器，松闸器固定在制动臂上，电磁铁线圈接入机构电动机的电路中。电动机断电，机构不工作时，电磁铁线圈中没有电流，制动弹簧的推力通过夹板和推杆，使两个制动臂连同瓦块压紧制动轮，产生制动作用，电磁铁的衔铁被推杆从线圈中顶出。机构工作时，电动机和电磁铁线圈同时通电，电磁铁产生吸力，线圈铁芯与衔铁互吸。衔铁所受吸力通过推杆进一步压缩制动弹簧；在电磁铁的自重力矩作用下，左制动臂绕下铰点转动，使左侧制动瓦块离开制动轮；与此同时，辅助弹簧将右制动臂推开，使右制动瓦块离开制动轮，实现松闸。

长行程电动液压推杆块式制动器，不工作时靠制动弹簧上闸，工作时由松闸器的电动液压推杆松闸。

如图 5-6 所示，长行程电磁铁双块制动器由左右两个对称的制动臂、框架拉杆、中心拉杆、弹簧、电磁铁和一个杠杆系统等组成。电磁铁通电时，杠杆被电磁铁吸起，通过竖直拉杆，推动三角杠杆做逆时针方向转动，斜杆推动左制动臂向左运动；同时中心拉杆带动右制动臂向右，两个制动臂带动瓦块脱离制动轮而松闸，弹簧被压缩。

断电时，弹簧要恢复原长，弹簧左端通过中心拉杆上的螺母，带动中心拉杆使右制动臂压向制动轮，同时，弹簧右端推动框架，由于框架拉杆的左端与左制动臂相连使左制动臂带动瓦块压向制动轮，弹簧恢复原长。另外杠杆系统的自重，

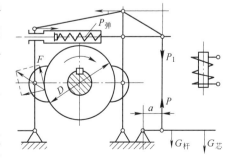

图 5-6 长行程电磁铁双块制动器示意图

也提供一部分制动力矩，帮助制动。

电磁块式制动器的优点是结构简单，能与电动机的操纵电路联锁，所以当电动机工作停止或事故断电时，电磁铁能自动断电，制动器自动上闸，工作安全可靠。其缺点是电磁铁冲击很大，对机构产生猛烈的刹车作用，引起传动机构的机械振动。同时，由于频繁启/制动，电磁铁产生巨大的碰撞声响，电磁铁使用期限短，需经常修理更换。

### 5.2.2.4　带式、盘式制动器

#### A　带式制动器

带式制动器也是一种应用较为广泛的制动器。它的结构简单，是用制动带条包围在制动轮上，当用杠杆刹紧带条时，随即产生制动作用。与块式制动器相比，带式制动器的优点是构造简单、尺寸紧凑、包角大、制动力矩大。其缺点是对制动轮轴有较大的弯曲力，压力不均匀，使衬料磨损不均，散热性不好。带式制动器常用作低速轴或卷筒上作安全制动器，例如装在绞车及移动式起重机上。

制动带外层多为钢带，材料多为低碳钢，为增加摩擦系数和防止带条磨损，在钢带内加以衬层（石棉、木块等）。

带式制动器的制动摩擦力是依靠张紧的钢带作用在制动轮上的压力产生的。为了增加摩擦力，在钢带上铆有制动衬料，如图 5-7 所示。

#### B　盘式制动器

盘式制动器由固定盘、转动盘、弹簧、电磁铁组成，分为锥盘制动器和圆盘制动器两种。盘式制动在起重机上应用较广。

（1）锥盘式制动器。锥盘式制动器的外锥盘用键固定在轴上，并随轴一起转动，轴上有止推轴

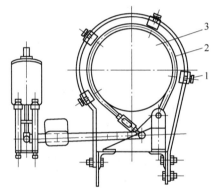

图 5-7　带式制动器
1—限位螺钉；2—制动带；3—制动轮

肩。内锥盘自由地松套在轴上，可以沿轴向滑动。制动杠杆受拉力弹簧作用，推动内锥盘压紧外锥盘，产生制动作用。

图 5-8 所示是我国生产的一种电动滑车的内制动电动机的制动器的部分构造图。当电动机启动时，产生一轴向磁拉力，推动锥形转子向右，并压缩弹簧 5，使得带风扇叶片的内锥盘 4 与电机壳后端盖的外锥盘 6 脱开接触，于是电动机转子便自由运转。当断电后，轴向磁拉力消失，于是内锥盘在弹簧压力的作用下压紧到外锥盘 6 上，从而使整个机构制动。制动力矩的大小，可用调节锁紧螺母 2 来改变内锥盘 4 的位置的方法来实现。调节螺母 2 时须先卸下螺钉 1。

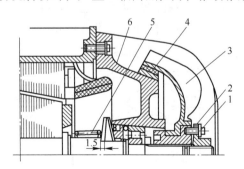

图 5-8　锥盘制动器
1—螺钉；2—锁紧螺母；3—风扇叶片；
4—内锥盘；5—弹簧；6—外锥盘

（2）圆盘式制动器。圆盘式制动器是锥盘制动器的特例，其工作机理与锥盘制动器一样。多盘制动器属于圆盘制动器，在同样工作条件下，如果采用多盘制动器，作用外力就可以大

大降低，所以多盘制动器在起重机中应用较为广泛，有时也可做离合器。

图5-9所示为普通构造的多盘制动器。它由三片装有石棉带的固定盘1（用螺栓2固定）和两片套装在机构花键轴上的转动盘3组成。弹簧4把所有的圆盘压紧。制动器的松闸是靠三个装在固定盘上的电磁铁5来实现的。接电后电磁铁吸引左边的固定盘，消除圆盘之间的弹簧压紧作用，从而使转动盘3自由转动。这种制动器由于摩擦面增加，因而轴向力可以大大减小。

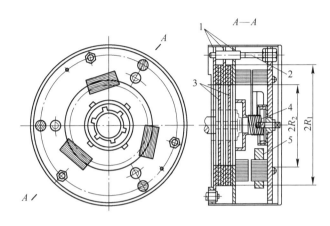

图5-9　多盘式制动器
1—固定盘；2—螺栓；3—转动盘；4—弹簧；5—电磁铁

### 5.2.2.5　载荷作用制动器

在轻小型起重机械中，特别是人力驱动的起升机构中，不仅要求制动装置能安全可靠地停止和支持悬吊物品，而且还要求它能控制物品下降的速度。单独的停止器只能实现停止和支持物品的作用；单独的制动器虽然能满足使用要求，但成本高、操作不便。因此，在实际工作过程中经常采用由停止器和制动器组成的复合制动装置。这种装置中最常见的是载荷作用制动器。

载荷作用制动器是利用物品自重作用来制动的，在载荷力矩作用下自动产生和物品自重成比例的制动力矩，因此它不需要附加外力来产生制动力矩。按照构造的不同，载荷作用制动器可分为蜗杆式、螺旋式两种。

蜗杆式载荷作用制动器多用于具有非自锁蜗杆传动的人力驱动绞车和滑车中；螺旋式载荷作用制动器常用于具有圆柱齿轮传动的轻小型起重机械中。本书以螺旋式载荷作用制动器为例，进行介绍。

如图5-10所示，棘轮2自由地套在制动制动轴5上。圆盘1用键固定在制动轴上，而圆盘3与传动装置的主动齿轮4做成一体，用方形或梯形螺纹连接在轴上。螺纹的方向要使得当轴向起升方向旋转时，作用在轴上的力矩迫使圆盘1、3压紧棘轮2的两侧，在接触面摩擦力作用下圆盘及棘轮开始与轴一同旋转，这时棘爪6不妨碍机构的起升运动。当起升停止后，物品自重在齿轮4上产生的力矩仍然使圆盘和棘轮处于压紧状态，这时物品要带动齿轮4和棘轮一起向下降方向旋转，但由于受到棘爪6的阻碍而停止。

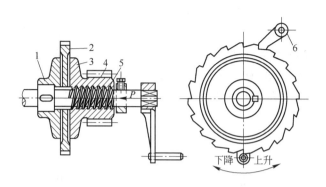

图 5-10　螺旋式载重作用制动器

1—圆盘；2—棘轮；3，4—带齿轮的圆盘；5—主动轴；6—棘爪

　　当轴 5 向下降方向旋转时，齿轮 4 连同圆盘 3 便沿着螺纹向右移动不再压紧棘轮，使棘轮与圆盘间的摩擦力不足以产生制动作用。因此，物品在自重作用下开始自由下降。这时齿轮 4 与轴也一同向下降方向旋转。如齿轮速度超过了轴的角速度，则圆盘与棘轮又将重新压紧而产生制动作用。如继续摇动轴使其反转，物品又继续下降。物品的下降速度由人为所控制。

　　螺旋式载重作用制动器在下降物品时主要靠自重，外力只是用来维持一定的下降速度。因此工作起来很轻便，物品不能自由地快速下降，而决定于轴的驱动转速，并且在整个下降过程中要不断地转动轴，这样就需要消耗一部分能量。但它由于工作可靠、构造简单，所以在绞车、滑车中应用普遍。

## 5.3　制动器的调整与检查

### 5.3.1　短行程制动器的调整

　　（1）主弹簧工作长度的调整。需调整主弹簧的工作长度，如图 5-11 所示。调整方法是用一扳手把住螺杆方头，用另一扳手转动主弹簧的固定螺母，把主弹簧调至适当长度，固定螺母，再用两个螺母背紧，以防止主弹簧固紧螺母松动。

　　（2）电磁铁冲程的调整。电磁铁冲程的大小影响制动瓦块的张开量。调整方法是用一扳手把住锁紧螺母，用另一扳手转动制动器弹簧推杆方头，如图 5-12 所示。

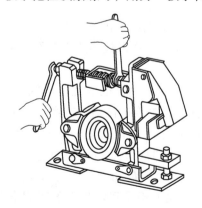

图 5-11　主弹簧的调整

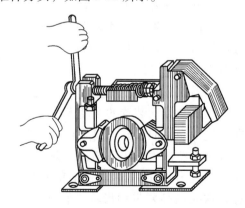

图 5-12　电磁铁冲程的调整

电磁铁允许的冲程为：MZD1-100，3mm；MZD1-200，3.8mm；MZD1-300，4.4mm。

（3）制动瓦块与制动轮间隙的调整。先把衔铁推在铁芯上，制动瓦块即松开，然后调整螺栓来调整制动瓦块与制动轮之间的间隙，使之均等，并使制动瓦块与制动轮的间隙控制在表5-1规定的数值。调整方法参见图5-13。

表5-1 短行程制动器瓦块与制动轮允许间隙（单侧） （mm）

| 制动轮直径 | 100 | 200/100 | 200 | 300/200 | 300 |
|---|---|---|---|---|---|
| 允许间隙 | 0.6 | 0.6 | 0.8 | 1 | 1 |

### 5.3.2 长行程制动器的调整

长行程制动器的调整如图5-14所示。

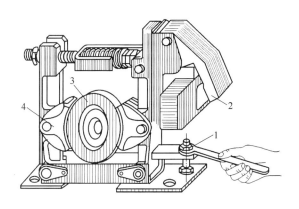 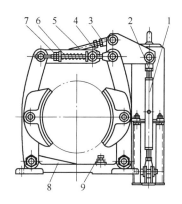

图5-13 制动瓦块与制动轮间隙的调整
1—螺栓；2—衔铁；3—制动轮；4—制动瓦块

图5-14 长行程制动器的调整
1，5—螺杆；2，3—螺母；4—拉杆；6—主弹簧；
7—锁紧螺母；8—底架；9—螺栓

（1）主弹簧长度的调整。首先拧动锁紧螺母7来调整主弹簧长度，然后用螺母锁紧。

（2）制动瓦块与制动轮之间间隙的调整。抬起螺杆1，制动瓦块自动松开，然后调整螺杆5和螺栓9，使制动瓦块与制动轮之间的间隙在表5-2所规定的范围内，并使两侧间隙均等。

表5-2 长行程制动器瓦块与制动轮间的允许间隙（单侧） （mm）

| 制动轮直径 | 200 | 300 | 400 | 500 | 600 |
|---|---|---|---|---|---|
| 允许间隙 | 0.7 | 0.7 | 0.8 | 0.8 | 0.8 |

（3）电磁铁冲程的调整。拧开螺母2和3，转动螺杆1和5，制动瓦块在磨损前，衔铁应有25~30mm的冲程。

### 5.3.3 制动器的安全与检查

制动器是桥式起重机上三大重要安全构件之一，对起重机安全生产具有十分重要的作用，所以要高度重视制动器的安全检查。

5.3.3.1 制动器的安全要求

（1）制动器零部件不得有裂纹、过度磨损、塑性变形等缺陷。

（2）制动器打开时，制动轮和摩擦片之间不得有摩擦现象；制动器闭合时，制动轮和摩擦片之间接触要贴合，缝隙要均匀。

（3）制动器调整要松紧适宜，能达到制动平稳可靠的目的。

（4）液压制动器不能有漏油发生。

（5）起升机构的制动器必须可靠地闸住 1.25 倍的额定负荷；运行机构的制动器必须保证在规定的制动距离内刹住大车或小车。

（6）电磁铁铁芯的起始行程不要超过额定行程的 1/2，以备由于磨损而调整用。

（7）通往电磁铁的杠杆系统的"空行程"不应超过电磁铁冲程的 10%。

#### 5.3.3.2　制动器的安全检查

制动器必须每班检查一次。检查运转是否正常，有无卡塞现象，闸块是否贴在制动轮上，制动轮表面是否良好，调整螺母是否紧固等。另外每周还应润滑一次。

每次起吊时，要先将重物吊起离地面 150~200mm，然后检查制动器是否正常，确认灵活可靠后方能起吊。

安全检查和保养的要求是：

（1）制动片磨损达到 50% 或者露出铆钉时必须更换。

（2）闸瓦衬垫厚度磨损达 2mm、闸带衬垫磨损达 4mm 时要进行更换。

（3）小轴及心轴其磨损量超过原直径 5% 和椭圆度超过 0.5mm 时应更新；发现杠杆及弹簧上有裂纹时要进行更换。

（4）制动轮表面硬度为 400~450HBW，表面淬火层的深度为 2~3mm，制动轮表面磨损量达 1.5~2mm 时，必须重新车制并表面淬火。经多次车制后，对于起升机构其壁厚磨损量不应超过 40%，其他机构不应超过 50%，超过规定值应报废。

（5）制动轮与衬垫的间隙要均匀一致，闸瓦开度不应超过 1mm，闸带开度不应超过 1.5mm。

（6）检查通往电磁铁的杠杆系统的"空行程"是否超过电磁铁冲程的 10%，如超过，必须调整。

（7）如制动轮工作时冒烟或发出焦味，即表示制动带和制动轮的温度过高（制动轮温度不应超过 200℃），此时，必须调整瓦块和制动轮之间的间隙。

在现场由于制动器失灵发生的事故，主要是检查不够。如果在起吊中遇到制动器失灵时，首先不能惊慌，马上采取应急措施。在条件允许的情况下，将吊钩起升，同时开动大、小车，将车开到适合下落的地方，将重物放下。

 **复习思考题**

5-1　常用制动器有几种，如何分类？

5-2　简述长行程电磁铁双块制动器的工作机理。

5-3　试比较块式制动器和带式制动器的优劣。

5-4　简述盘式制动器的工作原理。

5-5　螺旋载重作用制动器是如何工作的？

5-6　制动器的安全检查有哪些内容？

# 6 减速器和联轴器

## 6.1 减速器

### 6.1.1 选用减速器的一般原则

（1）起重机减速器在选择时首选应满足机械强度的要求，即工作机械所需的功率应不大于通过折算的减速器输入轴的许用功率。除齿轮承载功率之外，还要考虑输入、输出轴伸的最大径向力。如果超出给定范围，必须作强度校核。

（2）对连续使用的减速器还要满足热功率核算，特别对硬齿面散热性能较差的减速器。

（3）满足转速的要求，根据原动机的转速和工作机械的转速要求，选配最接近的传动比。

（4）根据传动装置的安装位置、界限尺寸、连接部位、传动性能要求，确定减速器的结构形式、安装形式和装配形式。

（5）根据输入输出的连接方式选择轴端形式。

（6）考虑使用维修方便等因素，注意注油口和排油口的位置等。

### 6.1.2 桥式起重机常用的减速器

减速器是桥式起重机起升、运行机构的主要部件之一，它的作用是传递转矩，减小传动机构的转速。

我国目前常用的起重机减速器按齿面硬度分有软齿面、中硬齿面和硬齿面齿轮减速器；按安装方式分有卧式、立式、套装式、悬挂套装式等。

桥式起重机起升机构、大车运行机构常用卧式减速器；小车运行机构使用立式减速器。

桥式起重机上常用的减速器有：卧式圆柱齿轮减速器，型号为 ZQ，改进的型号为 JZQ；三级立式圆柱齿轮减速器，型号为 ZSC；角变位圆柱齿轮减速器，型号为 ZBQ；卧式圆弧圆柱齿轮减速器，型号为 ZQH；起重机用三支点减速器 QJ 型和三合一减速器 QS 型。目前 QJ 型和 QS 正在逐步取代 ZQ、ZSC 型减速器，成为起重机上的主流型号。

减速器型号标记符号的意义见表 6-1。

表 6-1  减速器型号标记符号的意义

| 型号字母 | Q | Z | C | D | L | S | H | J | B |
|---|---|---|---|---|---|---|---|---|---|
| 意义 | 起重机 | 圆柱齿轮 | 立式 | 单级传动 | 二级传动 | 三级传动 | 圆弧齿轮 | 校正 | 变位齿轮 |

### 6.1.2.1　ZQ、JZQ 型减速器

ZQ、JZQ 型减速器是卧式渐开线圆柱齿轮减速器，图 6-1 为 ZQ 型减速器外形图，图 6-2 为 ZQ 型减速器装配图。ZQ 型减速器齿轮圆周速度不超过 10m/s；高速轴的转速不大于 1500r/min；可用于正反两向运转；工作环境温度为 −40 ~ +40℃；效率系数约为 0.94。ZQ 型减速器是两级传动，共有 9 种传动比（见表 6-2），9 种装配形式（见图 6-3）。

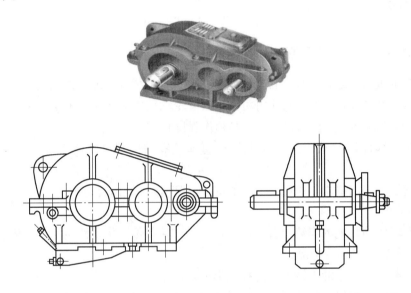

图 6-1　ZQ 型减速器外形

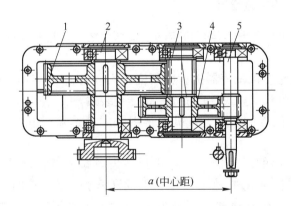

图 6-2　ZQ 型减速器装配图

1—齿轮；2—齿轮连接轴；3—中间齿轮轴；4—中间齿轮；5—主动齿轮轴

表 6-2　ZQ 型减速器传动比代号及传动比

| 传动比代号 | I | II | III | IV | V | VI | VII | VIII | IX |
|---|---|---|---|---|---|---|---|---|---|
| 传动比 | 48.57 | 40.17 | 31.5 | 23.34 | 20.49 | 15.75 | 12.64 | 10.35 | 8.23 |

低速轴端形式如图 6-4 所示，有圆柱形（Z 型）、齿轮形（C 型）和浮动联轴器形（F 型）三种。

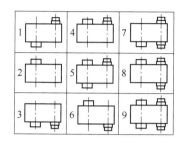

图 6-3　ZQ 型减速器的装配形式

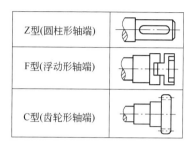

图 6-4　轴端输出形式

ZQ 型减速器中的小齿轮材料为 45 钢，调质处理硬度为 228 ~ 255HBS；大齿轮材料为 ZG340 ~ 640，正火处理硬度为 170 ~ 210HBS，齿斜角为 8°6′34″，齿宽系数为 0.40。

ZQ 型减速器的标记方法如下：

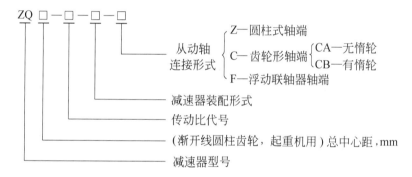

标记举例：

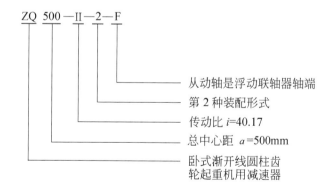

### 6.1.2.2　ZSC 型立式减速器

ZSC 型减速器是立式渐开线圆柱齿轮减速器，通常用在桥式起重机的小车运行机构上。这种减速器的小齿轮材料为 40Cr，调质处理硬度为 241 ~ 262HBS，齿面热处理硬度为 40 ~ 45HRC；大齿轮材料为 45 钢或 ZG340 ~ 640，正火处理硬度为 228 ~ 255HBS。除 ZSC-350 和 ZSC-400 全部采用直齿外，其余的高速齿轮轴都采用齿斜角为 8°6′34″的斜齿轮，中速级和低速级都采用直齿。

　　ZSC 型减速器有两种装配形式，其装配图和装配形式如图 6-5 所示。

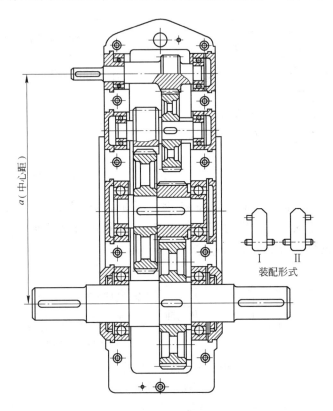

图 6-5　ZSC 型减速器装配图

ZSC 型减速器的标记方法如下：

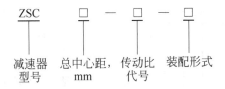

### 6.1.2.3　ZQH 型减速器

　　ZQH 型减速器是两级传动的外啮合圆弧圆柱齿轮减速器。

　　圆弧齿轮比渐开线齿轮的承载能力高，传动效率可达 0.99 ~ 0.995，传动比大。该减速器的高速齿轮轴和中间齿轮轴材料不低于 45 优质碳素结构钢，调质处理硬度为 241 ~ 269HBS；锻造齿轮材料牌号不低于 45 优质碳素结构钢，调质处理硬度为 197 ~ 228HBS；铸造齿轮材料牌号不低于 ZG340 ~ 640 铸钢，调质处理硬度为 197 ~ 207HBS；低速轴材料牌号为 40Cr 合金结构钢，调质处理硬度为 241 ~ 269HBS。

　　ZQH 型减速器的公称传动比有 9 种，即：50、40、31.5、25、20、16、12.5、10、8。

　　ZQH 型减速器的装配形式与 ZQ 型减速器相同。

　　ZQH 型减速器的标记方法如下：

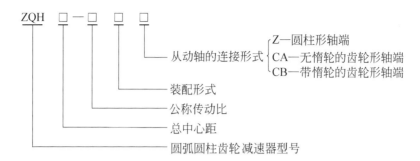

当圆柱形轴端为加粗单伸轴端 $\phi95mm$ 时，需标注说明，如 ZQH 500-25ⅡZ（$\phi95mm$）。

### 6.1.2.4 QJ 型减速器

QJ 型减速器主要用于起升、运行机构，也可用于旋转起重机的回转、变幅机构。QJ 型减速器的箱体为焊接结构，自重轻，传递扭矩较大。QJ 型减速器可分为三支点减速器、底座式减速器、立式减速器、套装式减速器、三合一减速器。

A QJ 型减速器的性能特点

（1）减速比范围宽，公称速比 10～200；

（2）机械传动效率高，二级高达 96%，三级高达 94%；

（3）运转平稳，噪声低，体积小、重量轻，承载能力大，可靠性高；

（4）适用于频繁启/制动；

（5）由于采用 42CrMo、35CrMo 经锻造调质处理，分别制作齿轮轴和齿轮，因此使用寿命长。

（6）焊接箱体结构，安装形式为三支点安装和地脚安装；

（7）出轴形式为平键、渐开线花键、齿轮轴端、空心轴 4 种；

（8）一般采用油池润滑，自然冷却，立式减速器采用循环油润滑；

（9）采用滚动轴承，摩擦阻力小。

B QJ 型减速机的适用条件

（1）齿轮圆周速度不大于 16m/s；

（2）高速轴转速不大于 1000r/min；

（3）工作环境温度为 -40～+45℃；

（4）可正反两方向运转。

QJ-L 立式减速器是在 QJ 型减速器基础上派生的，主要用于起重机的小车运行机构和部分门式起重机、装卸桥等大车运行机构中，也可用于其他需要立式安装的设备传动中，用以代替 ZSC 型减速机。

C QJ 减速器的结构与装配

QJ 减速器分为 R 型（二级减速）、S 型（三级减速）、RS 型（二三级结合型）三种，如图 6-6 所示。

QJ 型减速器有 9 种装配形式，如图 6-7 所示。

安装形式分为卧式和立式两种。卧式用 W 表示，立式用 L 表示。

D 轴端形式

QJ 型减速器高速轴端为圆柱形轴伸平键连接，输出轴端有三种，如图 6-8 所示。

（1）P 型：圆柱形轴伸，平键、单键连接。

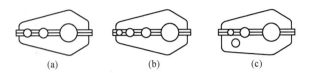

图 6-6　QJ 减速器的结构形式

（a）R 型；（b）S 型；（c）RS 型

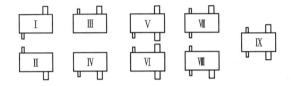

图 6-7　装配形式示意图

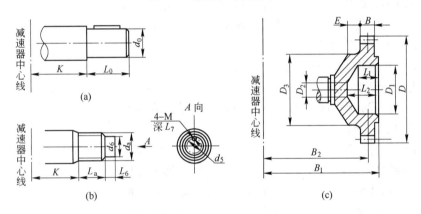

图 6-8　QJ 减速器的轴端输出形式

（a）P 型；（b）H 型；（c）C 型

（2）H 型：圆柱形轴伸，渐开线花键连接。

（3）C 型：齿轮轴端（仅名义中心距为 236～560mm 的减速器具有这种轴端输出形式）。

E　标记

（1）三支点式 QJ 减速器的标记。标记格式如下：

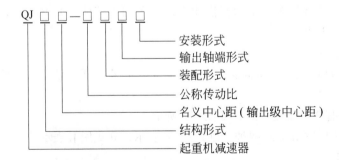

例如，起重机用 QJ 型减速器三级传动，名义中心距 560mm，公称传动比 50，装配形式为第Ⅲ种，输出轴端为齿轮轴端，卧式安装，标记为：

减速器　QJS 560-50ⅢCW　JB/T 8905.1—1999

（2）底座式减速器标记。底座式减速器带有底座，用底座固定减速器，有二级传动的QJR-D、三级传动的 QJS-D 和二三级结合的 QJRS-D。

底座式减速器标记格式如下：

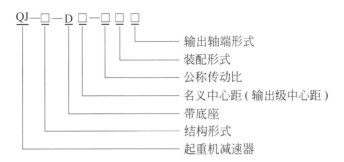

- 输出轴端形式
- 装配形式
- 公称传动比
- 名义中心距（输出级中心距）
- 带底座
- 结构形式
- 起重机减速器

例如：起重机用 QJ 型减速器二级传动，名义中心距 560mm，公称传动比 20，装配形式为第Ⅳ种，输出轴端为 P 型，卧式安装，标记为：

减速器　QJR-D560-20ⅣPW　JB/T 8905.2—1999

（3）立式减速器标记。立式减速器型号为 QJ-L，立式减速器为三级传动，有 6 种装配形式，如图 6-9 所示。轴端形式，高速轴和低速轴均采用圆柱形轴伸，平键连接。标记格式如下：

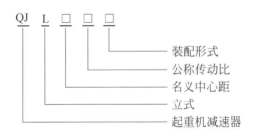

- 装配形式
- 公称传动比
- 名义中心距
- 立式
- 起重机减速器

例如，名义中心距 200mm，公称传动比 40，装配形式为第Ⅲ种，立式减速器，标记为：

减速器　QJ-L200-40Ⅲ　JB/T 8905.3—1999

（4）套装减速器标记。套装式减速器型号为 QJ-T，其结构形式为三级传动的立式减速器，有四种装配形式，如图 6-10 所示。轴端形式，高速轴采用圆柱形轴伸，平键连接，

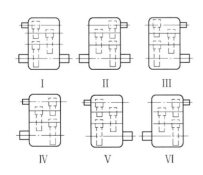

Ⅰ　　Ⅱ　　Ⅲ

Ⅳ　　Ⅴ　　Ⅵ

图 6-9　QJ-L 立式减速器装配形式

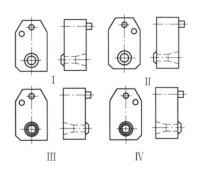

Ⅰ　　Ⅱ

Ⅲ　　Ⅳ

图 6-10　套装减速器装配形式

低速轴采用空心式套轴，平键连接。标记格式如下：

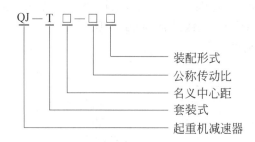

例如，名义中心距 200mm，公称传动比 40，装配形式为第 Ⅲ 种，套装减速器，标记为：

减速器　QJ-T200-40 Ⅲ　JB/T 8905.4—1999

### 6.1.2.5　QS 型减速器

QS 型减速器与制动电机组装成"三合一"运行机构。减速器的输出轴孔套装在车轮轴上，箱体上支点吊挂在起重机端梁上。这种安装方式比传统的安装方式减小了由于走台和主梁振动给齿轮啮合带来的不良影响。整个机构体积小、质量轻、组装性好，在中、小型起重机运行机构中得到广泛应用。

如图 6-11 所示，锥形电动机 1 与锥形制动器 2 合二而一形成锥形制动电动机，电动机轴与减速器 3 的高速轴之间，通过联轴器 7 连接，形成一体。车轮轴通过花键与减速器的输出齿轮连接，驱动起重机行走。由于电动机、制动器、减速器三者无法拆分成具有各自独立使用性能的部件，故称"三合一"运行机构。

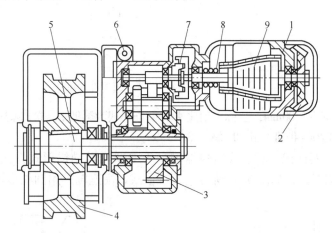

图 6-11　DEMAG "三合一" 运行机构

1—锥形电动机；2—锥形制动器；3—减速器；4—车轮；5—车轮轴；
6—扭力矩支承；7—联轴节；8—压力弹簧；9—锥形转子

QS 型减速器的工作条件为：

（1）齿轮圆周速度不大于 20m/s。

（2）输入轴转速不大于 1500r/min。

（3）工作环境温度 -40 ~ +45℃。

（4）可正反两向运转。

### 6.1.3 减速器的维护与使用

6.1.3.1 减速器的维护和安全检验要点

（1）经常检查地脚螺栓，不得有松动、脱落和折断。

（2）每天检查减速器箱体，特别是轴承处的发热不能超过允许温升。如果温度超过周围空气温度40℃时，检查轴承是否损坏、是否缺少润滑脂、负荷时间是否过长、有无卡住等现象。

（3）检查润滑油液面高度。减速器要灌注适量的润滑油，油量过多会产生泄漏、增加阻力，还会产生油的温升；油面低于油标最小刻度要及时补充油液，未设油标的油面以达到齿轮直径的1/3为度。

润滑油应定期检查更换，新安装的减速器第一次使用时，在运转10～15天以后，须更换新油。以后应定期（2～3个月）检查油的质量状况，发现不符合要求时应立即更换，一般至少每半年换油一次。在化验油质量时，若遇到下列情况之一必须及时换润滑油：

1）润滑油中异物含量超过2%；

2）润滑油中金属磨料超过0.5%；

3）润滑油中含水量超过2%。

（4）听齿轮啮合声响。正常状态下其响声均匀轻快，噪声不超过85dB（A）。噪声超高或有异常撞击声时，要开箱检查轴和齿轮有无损坏。

（5）时常检测齿轮磨损情况，齿厚磨损量不能超过规定数值。

（6）检查油温。减速器内油温不应超过65℃。

（7）用磁力或超声波探伤仪检查减速箱轴，发现裂纹应及时更换。

（8）壳体不得有变形、开裂现象。

6.1.3.2 减速器在使用中常出现的问题及其处理

（1）接触精度不够。新装的一对齿轮，啮合没有达到图样中规定的接触长度和高度，此时，如果在节圆附近已形成1条或2条以上均匀的接触线，即认为是可以的，待载重跑合后，会逐渐达到规定的接触精度。

（2）产生连续的噪声。噪声往往是由于齿顶与齿根相互挤磨而引起的，将齿顶的尖角用细挫磨钝即可。

（3）产生不均匀的噪声。其主要原因是斜齿的齿斜角（螺旋角）不对或箱体两侧的对应孔距不同，使齿的接触偏在齿端部，这种情况一般不好再修复应报废。有时是因组装时箱体孔中落进了脏物，垫在滚动轴承的外圈上。用圆锥滚子轴承时锥面未顶紧，也会产生这种噪声。这种情况只要认真检查清除后，噪声即可消失。

（4）产生断续而清脆的撞击声。产生这种情况主要是啮合的某齿面上有疤或粘有脏物，应用细挫或油石挫磨掉即可消除。

（5）发热。减速器箱体发热（特别是各轴承处），如果温度超过周围空气温度40℃、绝对值超过80℃时应停止使用，检查轴承是否损坏、齿轮或轴承是否缺乏润滑油脂、负载持续时间是否太长、旋转是否有卡住等情况。有时是因顶圆锥滚子轴承的调整螺钉旋得太紧，致使锥面间没有游隙而造成。选用圆锥滚子轴承的减速器的端盖上都设有调整螺钉，在安装和使用中应注意调整。调整方法是先把调整螺钉拧紧,再往回旋转,旋转的角度应根据螺纹螺距而定,螺距为 2mm 时可旋回 30°,螺距为 1mm 时可旋回 60°,即使调整螺钉在轴向上移动 0.1～0.2mm 为宜,调好后再用止动垫片固定好。

(6) 振动。检查与主动轴、被动轴和连接的部件(如电动机、卷筒组、车轮组等)的轴线是否同心、是否松动;检查底座或支架的刚度是否足够,对出现的问题进行调整、修复、加固后即可消除。

(7) 减速器漏油。减速器漏油不是很多,但最常见的有主动、从动轴头的密封处漏油(尤其是主动轴密封圈处漏油最为严重)、闷盖与箱体连接处漏油、沿减速器箱体的开合面处漏油、沿减速器上面的视孔盖处漏油、沿减速器底部的放油孔处漏油。

减速器漏油改进措施有:

1) 密封圈压盖采用易拆卸式结构。

2) 密封圈采用开口结构。

3) 输入轴轴承处回油孔要适当加大。

4) 对减速器壳体进行时效处理,可防止壳体变形,避免沿箱体开合面处漏油。目前有三种时效方法:自然时效、人工时效和振动时效,可根据工厂条件进行选择和处理。

5) 在减速器底座的合箱面上铸造出或加工出一条环形油槽,且有多个回油孔与环形油槽连通。在减速器工作时,一旦有油渗入开合面,将会进入环形油槽,再经回油孔流入油箱内,润滑油不会沿开合面漏到减速器壳体外面。

6) 组装减速器时,在开合面上涂一层密封胶(如硅橡胶密封胶),可有效地防止开合面处漏油。

7) 减速器油位过高,不仅增加因齿轮搅动油引起的功率损失,润滑油飞溅也会严重增加漏油机会,而且还导致油温不断升高,特别是夏季,环境温度高,会使油温增加,润滑油黏度下降,降低润滑性能,增加油的流动性和漏失量,直接影响齿轮和轴承的润滑,降低使用寿命。为此,在使用时必须保持正常的油位高度。

8) 在视孔盖处和放油孔处加装密封垫,且拧紧螺栓。

9) 加大输出轴的回油孔,可防止输出轴漏油。

10) 改进透气帽和检查孔盖板。减速机内压大于外界大气压是漏油的主要原因之一,如果设法使机内、机外压力均衡,漏油就可以防止。减速机虽都有透气帽,但透气孔太小,容易被煤粉、油污堵塞,而且每次加油都要打开检查孔盖板,打开一次就增加一次漏油的可能性,使原本不漏的地方也发生泄漏。为此,制作了一种油杯式透气帽,并将原来薄的检查孔盖板改为 6mm 厚,将油杯式透气帽焊在盖板上,透气孔直径为 6mm,便于通气,实现了均压,而且加油时从油杯中加油,不用打开检查孔盖板,减少了漏油机会。

## 6.2　联轴器

### 6.2.1　联轴器的作用和种类

联轴器是轴与轴之间的连接件,在桥式起重机上用来连接电动机轴与减速器以及传动轴之间的连接件。联轴器的主要参数为公称转矩 $T_n$,单位为 N·m。

联轴器按其工作性质可分刚性联轴器和挠性联轴器两种。其中，刚性联轴器不能补偿轴向和径向位移，而挠性联轴器却可以补偿轴向和径向位移。

桥式起重机上广泛采用挠性联轴器，常用的有齿轮联轴器、万向联轴器、弹性圈联轴器和尼龙柱销联轴器。其中齿轮联轴器有三种形式：全齿轮联轴器（见图6-12）、半齿轮联轴器（见图6-13）带制动轮的齿轮联轴器（见图6-14）。

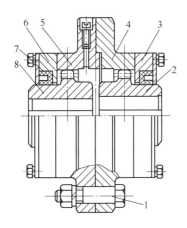

图6-12　全齿轮联轴器

1—连接螺栓；2，8—外齿套；
3，6—密封盖；4，5—内齿圈；
7—橡胶密封圈

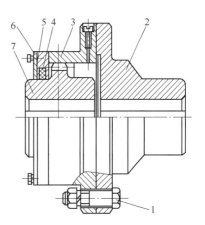

图6-13　半齿轮联轴器

1—连接螺栓；2—半联轴器；
3—内齿圈；4—橡胶密封圈；
5—密封盖；6—匝盖；7—外齿套

### 6.2.2　联轴器的选用

（1）根据具体的工作状况选用联轴器的品种和类别。联轴器的种类很多，在实际工作中要根据工况来选用。需连接的两根轴对中性好时，选用刚性联轴器；需连接的两根轴对中性差时，选用具有补偿功能的挠性联轴器。

还要根据原动机类别和工作载荷类别、工作转速、传动精度、两轴偏移状况、温度、湿度、工作环境等综合因素选择联轴器的品种。根据配套主机的需要选择联轴器的结构形式，当联轴器与制动器配套使用时，宜选择带制动轮或制动盘形式的联轴器；需要过载保护时，宜选择安全联轴器；与法兰连接时，宜选择法兰式；长距离传动，连接的轴向尺寸较大时，宜选择接中间轴型或接中间套型。

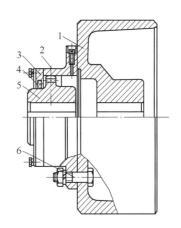

图6-14　带制动轮齿轮联轴器

1—制动轮；2—内齿圈；3—密封盖；
4—橡胶密封圈；5—外齿套；6—连接螺栓

（2）根据转矩的大小选用合适的型号。初选联轴器要根据动力机的功率、转速、工况系数等，计算出联轴器的计算转矩 $T_c$，根据计算转矩 $T_c$，从标准系列中可选定相近似的公称转矩 $T_n$，选型时应满足 $T_n \geqslant T_c$。

初步选定联轴器型号（规格），从标准中可查得联轴器的许用转速、最大径向尺寸、轴向尺寸。联轴器的实际转速必须不能大于许用转速。

初选联轴器后，还要根据轴孔直径和轴孔长度进行调整，最终确定联轴器的型号。

### 6.2.3　联轴器的基本要求及使用与检查

对联轴器的基本要求是：联轴器的连接要牢固，连接螺栓及连接键不准松动，转动中的联轴器径向跳动和端面跳动，在视觉观察时不应有明显的感觉，用仪表测量时，不能超出极限。

联轴器的安全使用和检查要求如下：

（1）连续工作产生的扭矩不能超过额定扭矩，否则联轴器可能会受到损坏，或可能对使用联轴器的系统造成不利影响。

（2）如果听到非正常噪声，立刻停止旋转机械工作。检查机械的偏差、轴是否相互接触干涉、螺栓是否松脱等。

（3）联轴器不允许有超过规定的轴心线歪斜和径向位移，以免影响其传动性能。

（4）联轴器的螺栓不得有松动、缺损。

（5）联轴器的键应配合紧密，不得松动。

（6）联轴器不允许有裂纹存在，如有裂纹则需更换。

（7）不要触碰长期工作的联轴器以防高温烫伤。

（8）齿式联轴器传动噪声增大时或进行设备大、中修时应拆开检验，重点检查下列各项。

1）联轴器连接螺栓孔磨损严重时，机构开动会发生跳动，甚至切断螺栓，因此，螺栓孔磨损严重又无法修复时应报废。

2）齿厚磨损超过原齿厚的 15% ~ 20% 时应报废。起升机构和非平衡变幅机构为15%，其他机构为20%。

3）平键槽磨损后，键易松动，甚至脱落。可在轴上原键槽转过90°或180°的位置上，重开新键槽，或者在键上加不超过垫厚15%的垫。不准补焊键槽，起升机构键槽不准修理。

4）联轴器任一部分有裂纹时均应报废，有断齿时应报废。

5）齿式联轴器应定期润滑，一般2~3个月加润滑脂一次。

6）齿宽接触长度不得小于70%，其轴向窜动量不得大于5mm。

7）密封圈老化损坏要及时更换。

（9）弹性柱销联轴器橡胶圈或牛皮垫损坏时，应及时更换；如果柱销及孔被挤坏产生振动时，应将半体旋转一个角度重新钻孔，更换标准新柱销，不准将原孔扩大配换新柱销。

（10）对于带有润滑装置的联轴器要检查油封是否完好、润滑油是否变质、是否有渗油漏油。出现上述问题，应更换密封或润滑油。润滑油缺少时应及时补充。

### 6.2.4　联轴器的型号

联轴器的型号由组别代号、品种代号、结构形式代号和规格代号组成。这些代号均以其名称第一个字的汉语拼音的首字母作为代号。如有重复时，则用第二个字母，或名称中的第二、第三个字的第一个或第二个汉语拼音字母，或选其名称中具有特点汉字的第一、二个汉语拼音字母，以在同一组别、品种和结构形式之间不得重复为原则。

联轴器型号表示方法如下所示：

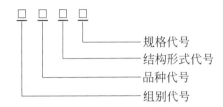

规格代号
结构形式代号
品种代号
组别代号

起重机常用联轴器的名称和型号见表6-3。

**表6-3 桥式起重机常用联轴器的名称和型号**

| 类别 | 分类别 | 组 别 | | 品 种 | | 形 式 | | 联轴器 | |
|---|---|---|---|---|---|---|---|---|---|
| | | 名称 | 代号 | 名称 | 代号 | 名称 | 代号 | 名 称 | 型号 |
| 刚性联轴器 | — | 刚性联轴器 | G | 凸缘式 | Y | 基本型 | — | 凸缘联轴器 | GY |
| | | | | | | 有对中榫 | S | 有对中榫凸缘联轴器 | GYS |
| | | | | | | 有对中环 | H | 有对中环凸缘联轴器 | GYH |
| | | | | | | 带防护缘 | Y | 带防护缘凸缘联轴器 | GYY |
| | | | | 径向键式 | J | 基本型 | — | 径向键刚性联轴器 | GJ |
| | | | | | | 可移式 | Y | 可移式径向键刚性联轴器 | GJY |
| 挠性联轴器 | 无弹性元件挠性联轴器 | 齿式联轴器 | C | 直齿式 | Z | 基本型 | — | 直齿齿式联轴器 | CZ |
| | | | | | | 接中间轴 | J | 接中间轴直齿齿式联轴器 | CZJ |
| | | | | | | 带制动轮 | Z | 带制动轮直齿齿式联轴器 | CZZ |
| | | | | 鼓形齿 | G | 基本型 | — | 鼓形齿齿式联轴器 | CG |
| | | | | | | 接中间轴 | J | 接中间轴鼓形齿齿式联轴器 | CGJ |
| | | | | | | 带中间轴 | H | 带中间轴鼓形齿齿式联轴器 | CGH |
| | | | | | | 带制动轮 | Z | 带制动轮鼓形齿齿式联轴器 | CGZ |
| | | | | | | 带制动盘 | P | 带制动盘鼓形齿齿式联轴器 | CGP |
| | | | | | | 贯通性 | G | 贯通性鼓形齿齿式联轴器 | CGG |
| | | 万向联轴器 | W | 十字轴式 | S | 半叉 | B | 半叉十字轴式万向联轴器 | WSB |
| | | | | | | 整体叉头 | C | 整体叉头十字轴式万向联轴器 | WSC |
| | | | | | | 剖分轴承座 | P | 剖分轴承座十字轴式万向联轴器 | WSP |
| | | | | | | 整体轴承座 | Z | 整体轴承座十字轴式万向联轴器 | WSZ |
| | | | | | | 贯通式 | G | 贯通式十字轴式万向联轴器 | WSG |
| | | | | 铜滑块式 | H | 基本型 | — | 滑块式万向联轴器 | WH |
| | | | | | | 矫直机用 | J | 矫直机用滑块式万向联轴器 | WHJ |

| 类别 | 分类别 | | 组　别 | | 品　种 | | 形　式 | | 联轴器 | |
|---|---|---|---|---|---|---|---|---|---|---|
| | | 名称 | 代号 | 名称 | 代号 | 名称 | 代号 | 名　称 | 型号 |
| 挠性联轴器 | 有弹性元件挠性联轴器 | 非金属弹性元件挠性联轴器 | L | 梅花形 | M | 基本型 | — | 梅花形弹性联轴器 | LM |
| | | | | | | 单法兰 | D | 单法兰梅花形弹性联轴器 | LMD |
| | | | | | | 双法兰 | S | 双法兰梅花形弹性联轴器 | LMS |
| | | | | | | 带制动轮 | Z | 带制动轮梅花形弹性联轴器 | LMZ |
| | | | | 弹性柱销 | X | 基本型 | — | 弹性柱销联轴器 | LX |
| | | | | | | 带制动轮 | Z | 带制动轮弹性柱销联轴器 | LXZ |
| | | | | 弹性柱销齿式 | Z | 基本型 | — | 弹性柱销齿式联轴器 | LZ |
| | | | | | | 接中间轴 | J | 接中间轴弹性柱销齿式联轴器 | LZJ |
| | | | | | | 带制动轮 | Z | 带制动轮弹性柱销齿式联轴器 | LZZ |

## 6.2.5　联轴器的常见故障及消除方法

联轴器的常见故障及消除方法见表 6-4。

**表 6-4　联轴器的常见故障及消除方法**

| 联轴器类别 | 磨损(间隙)极限 | 消除方法 | 允许偏差 | | | 特　征 | | |
|---|---|---|---|---|---|---|---|---|
| | | | 轴线偏差(夹角) $a$ | 断面间隙 $x$/mm | 轴线径向位移 $y$/mm | 优点 | 缺点 | 使用条件 |
| 十字滑块型 | 大于连接尺寸的2%时 | (1) 修平凹槽侧面,按槽尺寸配十字滑块;<br>(2) 修平滑块两边凸面,凹槽旋转90°改变位置重新加工 | ≤40′ | 2～4 | 0.04$D$($D$为轴径) | 寿命长,飞轮力矩较小 | 不适用高速 | 低速运转,两轴误差大 |
| 全齿型 | 大于齿厚的15%时 | 更换超差零件 | ≤1° | 4～6 | 0.4～1.3 | 传递扭矩大 | 制造工艺较复杂 | 两轴平行误差大 |
| 半齿型 | 大于齿厚的15%时 | 更换超差零件 | ≤30′ | 2～4 | 0.3～0.8 | 传递扭矩大 | 制造工艺较复杂 | 两轴平行误差小 |
| NZ型挠性爪式 | 大于方滑块每边长的5%时 | (1)更换滑块;<br>(2)全部更换 | ≤40′ | 2～4 | 0.01$D$+0.025($D$为轴径) | 制造工艺简单,飞轮力矩较小 | 磨损快 | 小功率,高转速,无冲击载荷 |
| 弹性圈柱销式 | 大于橡胶圈外径的8%时 | (1)更换橡胶圈;<br>(2)更换橡胶圈,然后扩孔镶套 | ≤40′ | 2～6 | 0.14～0.20 | 弹性较好,不用润滑 | 寿命低,传递扭矩小 | 高速传动轴,启动频繁 |
| 圆弧滑块式 | 大于滑块宽度的8%时 | 按槽和孔尺寸配作新滑块 | ≤1° | 2～8 | 0.1～0.3 | 寿命长,挠角大 | 制造复杂 | 两轴平行误差不大,中等功率 |

**复习思考题**

6-1 起重机常用的减速器有哪几类?

6-2 简述减速器的标记方法。6-3 QJ 型减速器有哪些特点?

6-4 QJ 三支点型减速器轴端输出形式有几种，装配形式有几种，安装形式有几种?

6-5 减速器安全检查的要点是什么?

6-6 举例说明桥式起重机上常用的联轴器有哪些。

6-7 联轴器的安全检查的内容有哪些?

# 7 车轮与轨道

## 7.1 车轮

车轮也称走轮，是桥式起重机运行机构中的主要部件。车轮包括大车车轮和小车车轮。大车车轮用来支撑桥架，并在轨道上移动桥式起重机。小车车轮承小车及吊物的重量。

车轮按踏面形式可以分为圆柱踏面车轮和圆锥踏面车轮两种；按轮缘形式可分为双轮缘、单轮缘和无轮缘三种，如图 7-1 所示。

轮缘起到导向和防止脱轨的作用。在一般情况下，桥式起重机大车车轮采用双轮缘；小车轨距较小时允许使用单轮缘，轮缘在轨道外侧；无轮缘车轮一般不采用，只在车轮两侧有水平导向轮时才采用。

对于桥式起重机，大车主动轮采用圆锥形，从动轮采用圆柱形，小车车轮都采用圆柱形。在工字钢下翼缘上行走的葫芦小车也采用圆锥形踏面的车轮。

车轮的材料一般为 ZG 340-640，负荷更大的车轮可采用合金铸钢，如 ZG55CrMn、ZG50SiMn。为提高车轮表面的耐磨强度和寿命，踏面要进行表面淬火，要求表面硬度 300 ~ 350HBW，淬火深度不小于 20mm；速度较

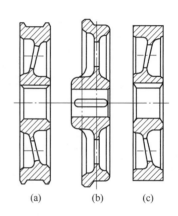

图 7-1 车轮的形式
（a）双轮缘；（b）单轮缘；（c）无轮缘

小负载较小时，可用铸铁车轮；对于小尺寸的车轮可以采用锻钢或轧制厚钢板制成；目前，已开始使用耐磨的塑料车轮。

车轮通常是根据最大轮压选择，表 7-1 为车轮、轨道、轮压的关系。

表 7-1 车轮、轨道、轮压的关系

| 最大轮压/N | 32340 | 86240 | 156800 | 254800 | 313600 | 382200 | 431200 | 490000 |
|---|---|---|---|---|---|---|---|---|
| 车轮直径/mm | 250 | 350 | 400 | 500 | 600 | 700 | 800 | 900 |
| 轨道型号 | P11 | P24 | P38 | QU70 | QU70 | QU70 | QU70 | QU80 |

### 7.1.1 车轮的安装

桥式起重机上车轮的安装分为定轴式和转轴式两种。

（1）定轴式。定轴式是把车轮装在固定不转的心轴上，轮毂与轴之间可以装入滑动或滚动轴承。车轮在轴上可以自由转动。轴不传递扭矩，驱动力矩通过开式齿轮传给车轮，开式大齿轮做成齿圈形式，用螺栓和车轮轮缘连接在一起。齿轮与车轮装配时要有径向配合的定位面。这种带齿圈的主动轮，去掉齿圈就可以作从动车轮用。定轴式由于拆卸车轮时要先卸下定轴，所以不太方便。

（2）转轴式。转轴式是把车轮装在转轴上。在转轴上传递扭矩的就是主动车轮，不传递

扭矩的便是从动车轮。近代桥式起重机大都采用滚动轴承，并优先选用自动调心的球面滚子轴承，这种轴承可以容许一定程度的安装误差和车架变形。大小车的车轮一般装在角形轴承箱内，变成一个单元组合件，整体安装在车架上。这样不仅支承条件较好，而且也简化了车轮的安装和拆卸。这种装置的主动车轮不直接与齿轮相连，而是通过联轴器来传递驱动力矩。

车轮直径大小主要根据轮压来确定，轮压增加直径也要相应变大，轮压过大，不仅使直径过大，而且也受厂房及轨道承载能力限制。所以，负荷大时，应增加车轮的数目来减小车轮的轮压。为了使各轮轮压得到平均分布，可采用平衡小车，将车轮安装在小车上，然后将平衡小车又铰接在桥式起重机车体上。

### 7.1.2 车轮的拆卸和装配

#### 7.1.2.1 车轮拆卸

现以更换 $\phi$500mm 主动车轮为例，讲述车轮的拆卸。如图7-2所示，当车轮组自桥式起重机上取下后，可按下列顺序进行拆卸：

（1）卸掉螺栓3，取下闷盖25，撬平轴端的止动垫圈23并卸下锁紧螺母24。

（2）把车轮组垂直吊起，使带有半联轴器12的一端朝下，放在液压机工作台13的垫块8上，车轮轴20对准压头1的中心线。

（3）车轮组支承牢靠后，在车轮轴20上端垫以压块2。

（4）开动液压机进行试压，逐渐加载，待机件发出"砰"的响声后，说明车轮轴20与车轮5产生相对运动，可继续慢速加压，直到车轮轴20与车轮5脱开为止，车轮5和上端轴承箱便可卸下。

（5）用拉轮器将半联轴器12拉下，卸下通盖6，取下锁紧螺母14和止动垫圈15。

（6）用拉轮器拉下角形轴承箱16、轴承9和17，取下通盖18和轴套19，至此，车轮拆卸完毕。

#### 7.1.2.2 车轮装配

如图7-2所示，车轮的装配按如下顺序进行：

（1）根据主动轴上的键槽配键。

（2）把车轮置于工作台的垫块上，主动轴垂直对准车轮孔和键槽，配合面滴油润滑。

（3）主动轴上端垫以压块对正。开动液压机试压，稳妥后，逐渐加压到安装位置为止。

（4）轴两端装入轴套19，并装入带有螺栓10的通盖18和带有螺栓3的通盖21。

（5）把用沸油加热的轴承17内环趁热装入车轮轴上，将装有轴承17、9的外环和间隔环7的角型轴承箱装到轴上。

（6）装轴承9的内环，套入止动垫圈15、紧固锁紧螺母14。

（7）两端分别装闷盖25和通盖11，紧固螺栓3和10。

（8）将用油加热的半联轴器12趁热用大锤砸到车轮轴20上，至此，整套主动车轮组装配完毕。

### 7.1.3 车轮的损坏、检验与报废

#### 7.1.3.1 车轮损坏的常见情况

桥式起重机的车轮是最易磨损的零件之一。在工作中，车轮的损坏常见的有踏面剥

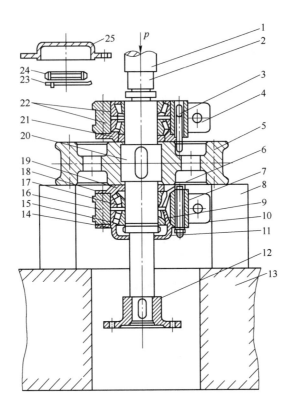

图 7-2　车轮的拆卸与装配

1—压头；2—压块；3，10—螺栓；4，16—角形轴承箱；5—车轮；6，11，18，21—通盖；7—间隔环；
8—垫块；9，17，22—轴承；12—半联轴器；13—液压机工作台；14，24—锁紧螺母；
15，23—止动垫圈；19—轴套；20—车轮轴；25—闷盖

落、压陷、早期磨损以及轮缘的磨损和塑性变形等。它们随着车轮热处理条件的不同有以下几种情况：

（1）表面淬火（火焰淬火）的车轮，由于硬化深度浅（一般为 4 ~ 5mm），车轮所承受的最大剪切应力超过淬硬层的深度，踏面上出现大片的剥落（压碎）。

（2）整体淬火的车轮踏面，因其硬度层较深，故不产生疲劳剥落，如果安装超差，轮缘的磨损就会较突出。

（3）不淬火的车轮踏面，由于硬度低，工作时有局部塑性变形，从而出现鳞片状磨屑，造成早期磨损。有时因制动力矩过大，制动时车轮在轨道上打滑，形成局部磨损，使车轮踏面上出现深沟或车轮不圆等现象。

（4）表面局部压陷，多因铸造车轮踏面层下存在疏松、缩孔、砂眼等缺陷，在单位压力较大时就会出现凹坑。

（5）轮缘的磨损和塑性变形，是由于车轮或轨道安装的质量不佳等原因，造成车轮啃道，使轮缘逐渐磨损并产生塑性变形，接触部分的表面因冷缩硬化而呈鳞片状剥落，啃轨愈重磨损愈快。

（6）角形轴承箱中滚动轴承的损坏也是常见的，多数是由于装配或润滑不当所致。装

配时除按图样在闷盖、通盖与轴承外套间留有规定的间隙外，当用圆锥形滚子轴承时，应用轴端的圆形螺母或闷盖、通盖上的调整垫调整其轴向游隙。这种游隙很难测量，可按角型轴承箱的转动松紧程度及用手锤敲打轴承箱来判断，转动灵活声音响又实（不是沙哑又空洞）者为好，过紧或过松，对轴承都不利。对于在一个轴承箱中并列装有两个圆锥形滚子轴承的，更需注意。

轴承损坏后，打开轴承箱盖后，常会发现箱体中的润滑脂很多，填充在轴承侧面和盖之间，使新补加的润滑脂进不到轴承的摩擦面上。这多是由于不采用压力注脂法（油枪或油泵）补加润滑脂，而是采用涂抹法，但又没有认真往摩擦面上推送所致，结果，使轴承被烧毁。

### 7.1.3.2　车轮的安全检验及报废

（1）相匹配的车轮直径差不应超过规定值。圆柱形踏面的两主动轮，当车轮直径为 250～500mm，直径偏差大于 0.125～0.25mm 时或车轮直径为 500～900mm，直径偏差大于 0.25～0.45mm 时，应进行修理。当被动轮直径为 250～500mm，偏差大于 0.60～0.76mm 时；直径为 500～900mm，偏差大于 0.76～1.10mm 时，应进行修理。

（2）车轮踏面磨损应均匀，不应超过规定值。

（3）轮缘和轮辐不应有裂纹、显著的变形和磨损。

（4）踏面剥离面积大于 2cm²、深度大于 3mm 时，应加工修理。

（5）轮缘断裂破损或其他缺陷面积不应超过 3cm²，深度不得超过壁厚的 30%，同一加工面上的缺陷不应超过三处。

（6）车轮装配后端面摆动不得大于 0.1mm，径向跳动在车轮直径的公差范围内。

（7）车轮的踏面不应有凹痕、砂眼、气孔、缩松、裂纹、剥落等缺陷，发现后不能焊补，应及时更换新车轮。为便于安装和维护车轮组，车轮、轴、角型轴承箱等组装在一起，当车轮或其他零件损坏时，最好将车轮组整体拆卸下来后，用事先准备好的新车轮组换上，这样能极大地缩短生产停歇时间。拆卸车轮组时应将角轴承箱和对应的端梁弯板上打好记号，以利于重装。

如果踏面上有麻点，当车轮直径不大于 500mm、麻点直径不大于 1mm，或当车轮直径大于 500mm、麻点直径不大于 1.5mm，且深度均不大于 3mm 和不多于 5 处时，可继续使用。

两主动车轮直径的相对磨损差超过直径的 0.1% 时，应重新加工成相同的直径，其公差应不低于 d6。在运行中啃道并不突出的车轮，两主动轮直径虽已超差，但也可继续使用。

（8）轴承不发生异常声响、振动等，温升不应超过规定值；润滑状态良好。在钢轨上工作的车轮出现下列情况之一时，应报废：

1）裂纹。

2）轮缘厚度磨损达原厚度的 50%。

3）轮缘厚度弯曲变形达原厚度的 20%。

4）踏面厚度磨损达原厚度的 15%。

5）当运行速度低于 50m/min 时，椭圆度达 1mm；当运行速度高于 50m/min 时，椭圆度达 0.5mm。

## 7.2　轨道

### 7.2.1　轨道的形式与安装固定

桥式起重机的轨道是用来支承桥式起重机的全部重量，保证其正常定向运行的支承零件。对轨道的要求是：

(1) 轨顶表面能承受车轮的挤压。

(2) 底面有一定的宽度以减轻基础的压力。

(3) 应有良好的抗弯强度。

桥式起重机常用的轨道形式有以下几种（见图7-3）：

(1) 方钢轨道。这种轨道是用带圆角或倒角的轧制钢材制成的。通常方钢轨宽为40～100mm，过去多用作起重机小车的轨道。它由于抗弯矩较小，并且耐磨性也差，所以现在已不常用。

(2) 铁路轨道。铁路轨道就是一般铁路上用的轨道，桥式起重机小车多用。

(3) 起重机专用轨道。它是指专门为起重机的需要而设计制造的轨道。它的断面形状不同于一般铁路轨道，轨顶的曲率半径比铁路钢轨大，底部宽而高度小。它由于抗弯矩较大，并且能承受较大的轮压，因而广泛采用。

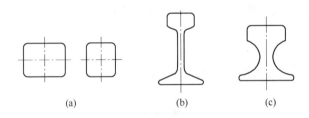

图 7-3　轨道形式

（a）扁钢、方钢；（b）铁路轨道；（c）起重机轨道

桥式起重机大车的运行轨道需固定在金属梁上，小车运行轨道固定在主梁上，当桥式起重机工作时，轨道不能有横向和纵向的移动。轨道的固定方法有以下几种：

图7-4（a）采用连续焊缝焊接，为不可拆结构，轨道截面可计入钢梁，增加了承载强度，用于工作级别在 $M_5$ 以下的小车车轮轨道。图7-4（b）是国内最常用的固定方法，装配方便，但拆卸较麻烦。图7-4（c）、（d）为螺栓压板固定法，适用于工作级别为 $M_6$、$M_7$、$M_8$ 的机构。图7-4（e）、（f）采用螺钉连接，用于底部不易上螺栓的地方。图7-4（g）在轨道底部铺垫厚3～6mm 的橡胶，可以减少冲击。图7-4（h）是环形轨道的固定方法。图7-4（i）是钩条固定法，是大车轨道固定于桥式起重机梁上的常用方式。

桥式起重机的轨道安装和固定方法正确与否，关系到桥式起重机能否正常工作。对轨道安装的技术要求是：

(1) 轨道接头，可制成直接头，也可以制成45°角的斜接头，斜接头可以使车轮在接头处平稳过渡。一般接头的缝隙为1～2mn，在寒冷地区冬季施工或安装时的气温低于常年使用时的气温，且相差在20℃以上时，应考虑温度缝隙，一般为4～6mm。两条钢轨的

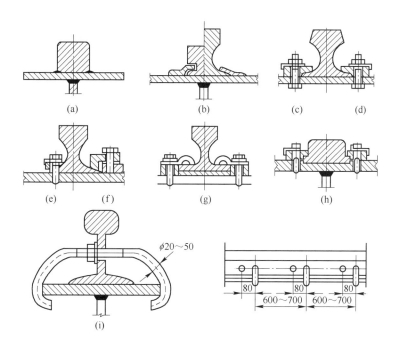

图 7-4　轨道的固定方式

接头应错开 500mm 以上。两根轨道的端头（共四处），应安设强固的掉轨限制装置（焊接端头立柱），以防止桥式起重机从两端出轨，造成桥式起重机从高空坠毁的严重后果。

（2）接头处两根钢轨的横向位移和高低不平的误差均不得大于 1mm。

（3）两根平行的轨道，在跨度方向的各个同一截面上，轨面的高低误差在柱子处不得超过 10mm，在其他处不超过 15mm。

（4）同一侧轨道面，在两根柱子间的标高与相邻柱子间的标高误差不得超过 $B/1500$（$B$ 为柱子间距离，单位 mm），但最大不得超过 10mm。

（5）轨道跨度、轨道中心与支承梁中心、轨道不直线性误差等不得超过规定。

### 7.2.2 轨道的检验、测量与调整

#### 7.2.2.1 轨道的安全技术检验

检查钢轨、螺栓、夹板有无裂纹、松脱和腐蚀。如发现裂纹应及时更换新件，如有其余缺陷应及时修理。

钢轨上的裂纹可用线路轨道探伤器检查，裂纹有垂直于轨道的横裂纹，也有顺着轨道的纵向裂纹和斜向裂纹。如果是较小的横向裂纹可采用鱼尾板连接；如果是斜向或纵向裂纹则要去掉有裂纹部分，换上新轨道。

钢轨顶面若有较小的疤痕或损伤时，可用电焊补平，再用砂轮打光。轨顶面和侧面磨损（单侧）都不应超过 3mm。

鱼尾板的连接螺栓不得少于 4 个，一般应有 6 个。

小车轨道，每组垫铁不应超过 2 块，长度不应小于 100mm，宽度应比钢轨底宽 10～20mm，两组垫铁间距不应小于 200mm。垫铁与轨道底面实际接触面积不应小于名义接触

面积的60%，局部间隙不应大于1mm（用塞尺检查）。

钢轨标准长度为：9m、9.5m、10m、10.5m、11m、11.5m、12m、12.5m。

#### 7.2.2.2　轨道的测量与调整

轨道的直线性，可用拉钢丝的方法进行检查，即在轨道的两端车挡上拉一根0.5mm的钢丝，然后用吊线锤的方法来逐点测量，测点间隔可在2m左右。

轨道的标高，可用水平仪测量。

轨道的跨度可用钢卷尺来检查，尺的一端用卡板固紧，另一端拴一弹簧秤，其拉力对于跨度10~19.5m的桥式起重机取98N；对于跨度22~31.5m的桥式起重机，取147N。每隔5m测量一次。测量前应先在钢轨的中间打上冲眼，各测量点弹簧秤拉力应一致。

桥式起重机轨距允许偏差为2~5mm；轨道纵向倾斜度为1/1500，两根轨道相对标高允许偏差为10mm。

## 7.3　车轮轨道的选择计算

### 7.3.1　轮压的计算

轮压是指车轮对轨道的作用力，是桥式起重机不运行时的静轮压。轮压是桥式起重机的重要参数，是设计车轮装置的依据，也是轨道支承装置（如主梁，支承轨梁）和有关厂房土建设计的重要依据。

（1）小车轮压的计算。桥式起重机小车上各机构的相互布置位置和载荷的作用点，都影响轮压的分配。为了保证小车运行平稳，设计时应尽量做到四个车轮上压力相近。一般在一个支承上的轮压不要超过平均轮压的20%。在初步计算时，可取平均值，即：

$$p = \frac{1}{4}(G_{小} + p_{Q}) \tag{7-1}$$

式中　$p$——小车平均轮压；

　　$G_{小}$——小车自重；

　　$p_{Q}$——起升载荷。

（2）大车轮压的计算。桥式起重机大车上的轮压与小车在大车上的位置有关。当小车满载位于大车桥架极限位置之一时，大车车轮轮压达到最大值。最大轮压为：

$$p_{\max} \approx \frac{G_{大}}{4} + \frac{(G_{小} + p_{Q})}{2} \tag{7-2}$$

式中　$G_{大}$——大车的自重。

### 7.3.2　车轮和轨道的选择

（1）计算最大最小轮压。

（2）确定计算载荷。根据经验，车轮在使用中基本上为疲劳破坏，车轮踏面的疲劳计算载荷 $p_{c}$ 为：

$$p_{c} = \frac{2p_{\max} + p_{\min}}{3} \tag{7-3}$$

式中    $p_{max}$——正常工作时最大轮压；

$p_{min}$——正常工作时最小轮压。

（3）初选车轮与轨道。根据计算载荷查表初步决定车轮直径与其相应的轨道。

（4）进行计算或验算。验算车轮的疲劳强度，要视车轮与轨道的接触情况而有所不同。车轮与轨道的接触情况，通常有两种方式：

1）线接触。圆柱踏面的车轮在平顶轨道上行驶，即属于这种接触方式，可以认为二者是在一条线上接触，故称之为线接触式。

2）点接触。圆柱或圆锥踏面的车轮在凸顶轨道上行驶，二者在一点上接触，称之点接触式。

两种接触方式的公式各不相同，按公式计算接触疲劳强度即可。如验算不满足需重新选取再验算，直至通过验算为止。

 **复习思考题**

7-1　桥式起重机上车轮的安装有几种方式？

7-2　如何对车轮进行安全检查？

7-3　车轮报废的依据有哪些？

7-4　轨道的安装方法有哪些？

7-5　如何进行轨道的检验测量调整？

7-6　简述选择车轮与轨道的方法。

# 8 桥式起重机的安全防护装置

起重机是国家规定的特种设备，其设计、安装、验收均需经国家技术监督部门审批和检验，为了保证起重机械安全运行和避免造成人身伤亡事故，在起重机械上配备有各种安全防护装置。了解安全防护装置的构造、工作原理和使用要求，对起重机械的操作人员来说是非常重要的。

《起重机械安全规程》（GB 6067—2010）规定，各类起重机械上设置的安全防护装置共有 25 种，分"应装"和"宜装"两个要求等级。安全防护装置大致可分为防护装置、显示指示装置、安全装置三类。

防护装置是通过设置物体障碍，将人与危险隔离。例如，走台栏杆、暴露的活动零部件的防护罩、导电滑线防护板、电气设备的防雨罩以及起重作业范围内临时设置的栅栏等。

显示指示装置是用来显示起重机工作状态的装置，是人们用以观察和监控系统过程的手段，有些装置兼有报警功能，还有的装置与控制调整联锁。显示指示装置有偏斜调整和显示装置、幅度指示计、水平仪、风速风级报警器、登机信号按钮、倒退报警装置、危险电压报警器等。

安全装置是指通过自身的结构功能，限制或防止某种危险的单一装置，或与防护装置联用的保护装置。其中，限制力的装置有超载限制器、力矩限制器、缓冲器、极限力矩限制器等；限制行程的装置有上升极限位置限制器、下降极限位置限制器、运行极限位置限制器、防止吊臂后倾装置、轨道端部止挡等；定位装置有支腿回缩锁定装置、回转定位装置、夹轨钳和锚定装置或铁鞋等；其他的还有联锁保护装置、安全钩、扫轨板等。

近几年出现了一些采用集成电路芯片的、多种安全功能组合、性能可靠、体积小、重量轻的安全装置。随着科学技术的发展，起重机的安全性将越来越好。

在桥式起重机和门式起重机上装设的安全防护装置的名称、要求程度和要求范围见表8-1。

**表8-1　桥式门式起重机的安全防护装置**

| 安全防护装置名称 | 桥式起重机 | | 门式起重机 | |
|---|---|---|---|---|
| | 要求程度 | 要求范围 | 要求程度 | 要求范围 |
| 超载限制器 | 应装 | 额定起重量大于20t | 应装 | 额定起重量大于10t |
| | 宜装 | 动力驱动，额定起重量为 3~20t | 宜装 | 动力驱动，额定起重量为 5~10t |
| 上升极限位置限制器 | 应装 | 动力驱动 | 应装 | 动力驱动 |
| 下降极限位置限制器 | 宜装 | 吊具有可能低于下极限位置的工作条件时 | 宜装 | 吊具有可能低于下极限位置的工作条件时 |
| 运行极限位置限制器 | 应装 | 动力驱动的并且在大车和小车运行的极限位置（单梁吊的小车可除外） | 应装 | 动力驱动的并且在大车和小车运行的极限位置 |

续表8-1

| 安全防护<br>装置名称 | 桥式起重机 | | 门式起重机 | |
|---|---|---|---|---|
| | 要求程度 | 要求范围 | 要求程度 | 要求范围 |
| 偏斜调整<br>显示装置 | 不需安装 | | 宜装 | 跨度不小于40m |
| 联锁保护装置 | 应装 | 由建筑物登上起重机的门与大车运行机构之间，由司机室登上桥架的舱门与小车运行机构之间，设在运动部分的司机室在进入司机室的通道口与小车运行机构之间 | 应装 | 装卸桥设在运动部分的司机室在进入司机室的通道口与小车运动机构之间 |
| 缓冲器 | 应装 | 在大车、小车运行机构或轨道端部 | 应装 | 在大车、小车运行机构或轨道端部 |
| 夹轨钳和锚定<br>装置或铁鞋 | 宜装 | 露天工作的 | 应装 | 露天工作的 |
| 登机信号按钮 | 宜装 | 具有司机室的 | 宜装 | 司机室位于运动部分的应装 |
| 防倾翻安全钩 | 应装 | 单主梁起重机在主梁一侧落钩的小车架上 | 应装 | 单主梁门式起重机在主梁一侧落钩的小车架上 |
| 检修吊笼 | 应装 | 在司机室对面靠近滑线一端 | 不需安装 | |
| 扫轨板和<br>支承架 | 应装 | 动力驱动的大牛压仃机构上 | 应装 | 在大车运行机构 |
| 轨道端都止挡 | 应装 | | 应装 | |
| 导电滑线<br>防护板 | 应装 | 司机室位于大车滑线端的，通向起重机的梯子和走台与滑线之间；大车滑线端的端梁下；多层布置的起重机，下层起重机沿滑线全长；其他易发生触电的部位 | 应装 | 易发生触电的部位 |
| 暴露的活动零<br>部件的防护罩 | 应装/宜装 | 暴露的、有伤人可能的活动部件应装防护罩；不常有人攀登的运行机构宜装 | 应装/宜装 | 暴露的、有伤人可能的活动部件应装防护罩；不常有人攀登的运行机构宜装 |
| 电气设备的<br>防雨罩 | 应装 | 露天工作的 | 应装 | 露天工作的 |

## 8.1 超载限制器

超载限制器又称起重量限制器，它的功能是防止起重机超载吊运。当起重机超载吊运时，它能够制止起重机向不安全方向继续动作，但应能允许起重机向安全方向动作，同时发出声光报警信号。

超载限制器主要有机械型超载限制器和电子型超载限制器两种。

### 8.1.1 机械型超载限制器

机械型超载限制器一般是将吊重直接或间接地作用在杠杆或偏心轮或弹簧上，通过它们来控制电器开关。

（1）杠杆式超载限制器。杠杆式超载限制器如图8-1所示，主要由杠杆、弹簧及控制开关等组成。当吊重小于额定起重量时，起升钢丝绳的合力 $F_R$ 对杠杆转轴中心 $O$ 的力矩小于弹簧力 $F_N$ 对 $O$ 的力矩，即 $F_R a \le F_N b$，这时撞杆不动，起升机构正常运行。当吊重大于额定起重量时，$F_R a > F_N b$，弹簧被压缩变形，撞杆向下移动，触动与起升机构线路联锁的控制开关，使电动机断电，起升机构停止吊运，起到超载限制作用，其中撞杆的行程是可调的。

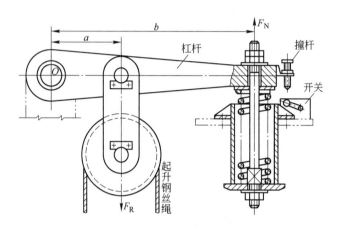

图 8-1　杠杆式超载限制器

（2）弹簧式超载限制器。弹簧式超载限制器如图8-2所示，主要由弹簧13、控制开关5等组成。当吊重小于额定起重量时，弹簧13压缩量较小，与起升钢丝绳连接的滑杆12带动触杆4向下移动也较小，不会触动控制开关5，起升机构正常运行。当吊重大于额定起重量时，弹簧13压缩变形较大，滑杆12带动触杆4触动控制开关5，使起升机构停止吊运，从而起到超载限制作用。触杆4的行程可以通过调节螺母2调节。

弹簧式超载限制器同时有上升极限位置限制器的作用。当吊钩滑轮组上升到极限位置时，托起重锤10，在弹簧6的作用下，拉杆7上移，触动控制开关5，使起升机构停止起升动作。

## 8.1.2　电子型超载限制器

电子型超载限制器主要由载荷传感器、测量放大器和显示器等部分组成。

载荷传感器是在弹性金属体上粘贴电阻应变片，这些电阻应变片构成一个平衡电桥回路。当传感器受力时，电阻应变片就产生变形，使电阻应变片的电阻

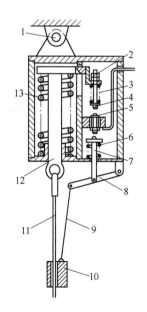

图 8-2　弹簧式超载限制器

1—支铰；2—调节螺母；3，6，13—弹簧；4—触杆；5—控制开关；7—拉杆；8—杠杆；9—链条；10—重锤；11—钢丝绳；12—滑杆

发生变化，在桥路中产生一个不平衡电压，从而使桥路失去平衡，并输出电压信号。

测量放大器的作用是将微弱的电压和功率信号放大，驱动微型电动机旋转，用转角来反映出载荷的大小、经测量放大、A/D（模/数）转换后，在 LED（大电子显示器）上准确地显出重量。

超载控制和报警是将负荷测量放大器输出的电压与设定电压相比较，当负荷达到设定负荷（额定起重量）的 90% 时，比较器控制电路开启，发出警报；当负荷达到设定值时，比较器控制继电器，中断起升回路，吊钩只能下降，不能再起升，起到超载保护作用。

载荷传感器可以安装在平衡轮处（见图 8-3），也可以安装在钢丝绳上（见图 8-4）。

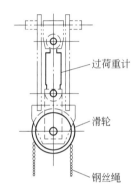
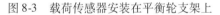
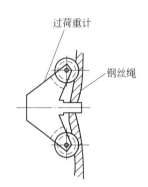

图 8-3 载荷传感器安装在平衡轮支架上　　图 8-4 载荷传感器安装在钢丝绳上

### 8.1.3 超载限制器的安全要求

（1）超载限制器的综合误差：电子型的应不大于 ±5%；机械型的应不大于 ±8%。

（2）当载荷达到额定起重量的 90% 时，应能发出提示性报警信号。

（3）装设超载限制器后，应根据其性能和精度情况进行调整或标定，当起重量超过额定起重量时，能自动切断起升动力源，并发出禁止性报警信号。

超载限制器的综合误差计算方法如下：

$$综合误差 = \frac{动作点 - 设定点}{设定点} \times 100\%$$

式中　动作点——在装机条件下，由于超载限制器的超载防护作用，起重机停止向不安全方向动作时，起重机的实际起重量；

设定点——超载限制器标定时的动作点。

设定点的调整应使起重机在正常工作条件下可吊运额定起重量。设定点的调整要考虑超载限制器的综合误差，在任何情况下，超载限制器的动作点不得大于 110% 额定起重量。设定点宜调整在 100% ~ 105% 额定起重量之间。

## 8.2 位置限制器

### 8.2.1 上升与下降极限位置限制器

#### 8.2.1.1 上升极限位置限制器

上升极限位置限制器简称起升限位器，有重锤式限位器和螺杆限位器两种。

（1）重锤式限位器。重锤式限位器（见图8-5）由一个弯形转轴和两个重锤组成，是一个杠杆开关，结构简单。当吊钩上升至最高极限位置时，吊钩装置上的托板就抬起了重锤3，弯形转轴在重锤5的作用下，向下转过一个角度，从而使微动触点分开，切断电路，吊钩停止上升。其缺点是只有准确地抬起重锤才能起作用。

（2）螺杆式限位器。螺杆式限位器（见图8-6）由螺杆、滑块、十字联轴节、导杆、限位开关、壳体等组成。

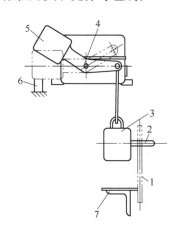

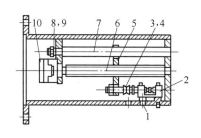

图 8-5　重锤式限位器

1—钢丝绳；2—套环；

3，5—重锤；4—转轴；

6—支柱；7—吊挂装置上的托板

图 8-6　螺杆式限位器

1，13—螺钉；2—限位开关；3，9—螺母；4—螺栓；5—滑块；

6—螺杆；7—导柱；8—垫圈；10—十字联轴节；11—垫片；

12—压板；14—弧形盖；15—壳件

螺杆两端分别支承在壳体上，一端通过十字联轴节与卷筒轴相连。当卷筒旋转时，螺杆也随着转动，滑块则在导柱上移动。当吊钩上升至极限位置时，滑块触动开关切断电源，从而达到控制起升高度的目的。滑块在螺杆上的位置可以调整，限程高度可以调节。

这种限位器的优点是准确可靠、质量轻。限位器应调整到取物装置上限与卷扬的距离大于300mm。

（3）安全要求与检验。当取物装置上升到规定的极限位置时，应能自动切断电动机电源。上升极限位置限制器的动作距离，一般情况下，吊钩滑轮组与上方接触物的距离应不小于250mm。当有下降限位要求时，应设有下降深度限位器。钢丝绳在卷筒上的缠绕，除不计固定钢丝绳的圈数外，还应至少保留两圈。

安全检验以功能试验为主。在有检验人员现场监护观察的条件下，进行空钩起升：吊钩或吊具达到起升极限位置时，起升系统断电，吊钩或吊具不能继续上升，证明上限位器有效；吊钩或吊具超过上极限位置时，起升系统仍可继续上升，则应进行检修或更换上限位器。

### 8.2.1.2　下降极限位置限制器

下降极限位置限制器是在取物装置下降至最低位置时，自动切断电源，使起升机构下降运转停止，此时应保证钢丝绳在卷筒上缠绕余留的安全圈不少于规定圈数。下降极限位置限制器可只设置在操作人员无法判断下降位置的起重机上和其他特殊要求的设备上。

螺杆式上升下降极限位置限制器具有下降极限位置限制的功能。

也可以通过在卷筒上设置下降极限位置开关的方式，进行下降极限位置控制。但卷筒上的钢丝绳随着取物装置的下降逐渐打开，下降极限位置开关上失去钢丝绳对它的压力时，下降极限位置开关会自动切断电源。

### 8.2.2 运行极限位置限制器

#### 8.2.2.1 运行极限位置限制器的工作原理与参数

运行极限位置限制器，也称行程开关。当桥式起重机的大车或小车运行至极限位置时，撞开行程开关，切断运行机构电路，使大车或小车停止运行。

常用的运行极限位置限制器为直杆式限制运行位置的行程开关，如图 8-7 所示。它由一个行程开关及配合触发开关的安全尺构成。当大车或小车运行到极限位置时，安全尺推压限位开关的转动臂，使电路断开，电动机停转，运行机构制动器使大车或小车停止运行。

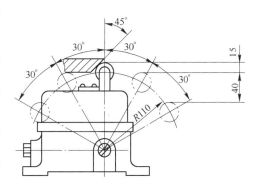

图 8-7 直杆式极限位置限制器

表 8-2 为各种行程开关的极限速度。

表 8-2 各种行程开关的极限速度　　　　m/min

| 行程开关形式 | 杆形操动臂<br>自动复位式 | 叉形操动臂非<br>自动复位式 | 垂锤式 | 旋转式 |
|---|---|---|---|---|
| 最高速度 | 200 | 100 | 80 | 不　限 |
| 最低速度 | 5 | 3 | 1 | 直流 8r/min |

表 8-3 为 L×10 系列行程开关的基本技术数据。

表 8-3 L×10 系列行程开关基本技术数据

| 外壳形式 | 保护式 | | 防溅式 | | 防水式 | | 额定电流 | 备　注 |
|---|---|---|---|---|---|---|---|---|
| 控制回路数 | 单 | 双 | 单 | 双 | 单 | 双 | (380V 时) | |
| 型　号 | L×10-11 | L×10-12 | L×10-11J | L×10-12J | L×10-11S | L×10-12S | 10A | 自复位，<br>用于平移机构 |
| | L×10-21 | L×10-22 | L×10-21J | L×10-22J | L×10-21S | L×10-22S | 10A | 非自复位，<br>用于平移机构 |
| | L×10-31 | L×10-32 | L×10-31J | L×10-32J | L×10-31S | L×10-32S | 10A | 重锤式，<br>用于起升机构 |

#### 8.2.2.2 运行极限位置限制器的要求

（1）运行极限位置限制器应有坚固的外壳，并应有良好的绝缘性能，密封性能较好，在室外或粉尘场所应能有效的防护。

（2）触点不应有明显的磨损和变形，应能准确复位。

（3）运行极限位置限制器动作应灵敏可靠。

## 8.3　偏斜调整装置

当门式起重机和装卸桥的跨度 $L \geqslant 40m$ 时，由于大车运行不同步、车轮打滑以及制造安装不准等原因，常会出现一腿超前，另一腿滞后的偏斜运行现象。偏斜运行的起重机，会使起重机的金属结构产生较大的应力和变形，还会造成车轮啃轨，使运行阻力增大，加速车轮与轨道的磨损。因此必须装设偏斜显示装置和调整装置，以使偏斜现象得到及时调整。

### 8.3.1　偏斜调整装置的种类

常用的偏斜调整装置有凸轮式和电动式两种。

（1）凸轮式偏斜调整装置。凸轮式偏斜调整装置如图 8-8 所示。门式起重机和装卸桥的两条支腿刚度不同，一条是刚度较大的刚性支腿，另一条是刚度较小的柔性支腿。在柔性支腿 4 上固接一个转动臂 5，通过转动臂 5 带动固定于桥架 3 上的拨叉 6，当桥架两端支腿出现偏斜时，桥架与支腿发生相对转动，固定在柔性支腿上的转动臂，通过拨叉 6 带动凸轮 2 转动。凸轮的形状如图 8-9 所示。当偏斜量在允许范围（一般为 $5L/1000$）内时，凸轮的转动角度小于 $\beta_1$，纠偏电动机开关 K 不动作。当偏斜量超过允许值时，开关 K 动作，并发出信号，提示司机；同时接通运行机构的纠偏电动机，使柔性支腿一边的运行速度增快或减慢，直到两条支腿平齐为止。如果刚性支腿超前，柔性支腿滞后，凸轮顺时针转动，开关 $K_1$ 动作，使柔性支腿一边的运行速度加快，直到两条支腿平齐为止；如果柔性支腿超前，刚性支腿滞后，则凸轮逆时针转动，开关 $K_2$ 动作，使柔性支腿一边的运行速度减慢，直到两条腿平齐为止。

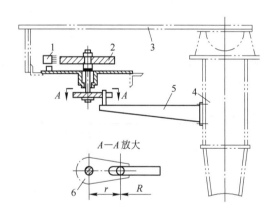

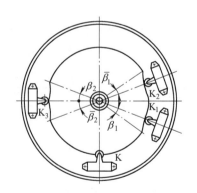

图 8-8　凸轮式偏斜调整装置　　　　　　　　　　　图 8-9　凸轮的形状

1—开关；2—凸轮；3—桥架；4—柔性支腿；5—转动臂；6—拨叉

如果起重机向相反方向运行，偏斜时凸轮转动方向与前进时方向相反，各开关及纠偏电动机的动作也与向前运行时相反。

纠偏电动机能使柔性支腿的运行速度增大或减小 10% 左右，调整速度的能力是有限的。如果纠偏速度不能适应偏斜的发展速度或纠偏开关失灵，就会使起重机的偏斜量越来越大。因此设置偏斜量极限开关 $K_3$，即当偏斜量达到结构允许的极限值（一般为 $7L/1000$）时，凸轮转过 $\beta_2$ 角度，极限开关 $K_3$ 动作，使超前支腿的运行机构断电，直到两条支腿平齐后接通。

（2）电动式偏斜调整装置。电动式偏斜调整装置的安装布置如图 8-10 所示。两个电动式偏斜调整装置 2 布置在刚性支腿同一侧轨道上，并通过线路连接起来。偏斜调整装置上的滚轮 4 顶在轨道侧面。正常运行时，两个偏斜调整装置里面的铁芯有相同的位移量，由它们构成的电桥处在平衡状态；当两条支腿偏斜时，两个偏斜调整装置里的铁芯位移量就不相同，从而电桥失去平衡，发出信号，并通过与纠偏机构联锁构成偏斜调整装置。

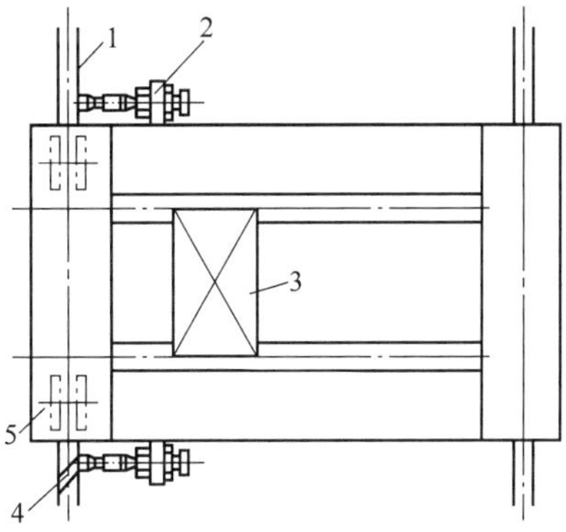

### 8.3.2　偏斜调整装置的检验

偏斜调整装置的检验主要包括两项内容：一项是偏斜调整装置是否有效；另一项是偏斜调整装置的精度。

图 8-10　电动式偏斜调整装置
1—大车轨道；2—偏斜调整装置；
3—小车；4—滚轮；5—车轮

（1）检验偏斜调整装置的有效性：先在起重机停止状态进行观察，或拨动开关及机械信号传输系统，检验其运动是否灵活；然后观察起重机运行状况、电气开关的通断以及运行偏斜时的自动调整性能。

（2）检验偏斜调整装置的精度：应用经纬仪测出开关动作时的偏斜量，与装置显示的偏斜量相对照，即可测出装置的精度。

## 8.4　缓冲器

缓冲器是桥式起重机或小车与轨道终端、桥式起重机与桥式起重机之间相互碰撞时起缓冲作用的安全装置。

### 8.4.1　缓冲器的种类

桥式起重机上常用的缓冲器有橡胶缓冲器、弹簧缓冲器和液压缓冲器等。

（1）橡胶缓冲器。橡胶缓冲器如图 8-11 所示。它构造简单，因弹性变形量较小，缓冲量不大，因此，只适用于车体运行速度小于 $50\mathrm{m/min}$，并且环境温度限制在 $-30\sim50℃$ 的范围内的场合。

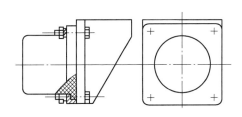

图 8-11　橡胶缓冲器

（2）弹簧缓冲器。弹簧缓冲器如图 8-12 和图 8-13 所示。弹簧缓冲器的结构很简单，除铸钢外壳和推杆外，内部只是一个弹簧。它的优点是结构简单、维修方便、使用可靠，对工作温度没有什么要求，吸收能量较大；缺点是有强烈的"反坐力"。它用于运行速度在 50 ~ 120m/min 之间的桥式起重机，速度再大时不宜使用。

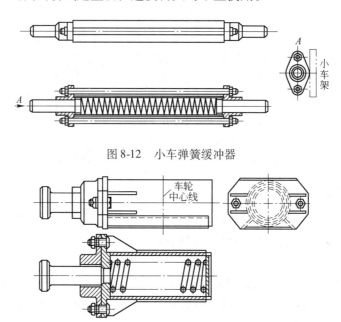

图 8-12　小车弹簧缓冲器

图 8-13 大车弹簧缓冲器

弹簧缓冲器的工作原理是：当大车、小车运行到极限处，或两车相撞时，推杆被撞，推杆另一端正与缓冲器里面的弹簧相接，弹簧在推杆力的作用下由自由长度不断缩短，缩短的距离为缓冲行程，从而起到了缓冲作用。

（3）液压缓冲器。液压缓冲器如图 8-14 所示，由弹簧、液压缸、活塞及撞头和芯棒组成。它的优点是能维持恒定的缓冲力，平稳可靠，可使缓冲行程减为 1/2；缺点是构造复杂，维修麻烦，对密封要求较高，并且工作性能受温度影响。它适用于运行速度大于120m/min 的桥式起重机。

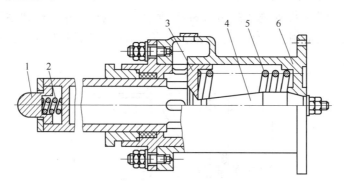

图 8-14　液压缓冲器

1—撞头；2，5—弹簧；3—活塞；4—芯棒；6—液压缸

液压缓冲器的工作原理是：当运动质量撞到缓冲器时，活塞压迫液压缸中的油，使它经过芯棒与活塞间的环形间隙流到存油空间。适当设计芯棒的形状，可以保证液压缸

里的压力在缓冲过程中恒定而实现匀减速的缓冲，使运动质量柔和地在最短距离内停住。

### 8.4.2 缓冲器的检验

（1）对缓冲器零件的试验。在桥式起重机和门式起重机的大、小车运行机构或轨道端部都应装设缓冲器，要求缓冲器零件的性能可靠，试验后零件应无损坏，连接无松动，无开焊。

（2）对在役起重机缓冲器的检验主要检查其完好性，并实地低速碰撞后进行检查。

## 8.5 防风装置

露天工作的桥式起重机和门式起重机，为了防止被大风吹走而造成倾翻事故，必须装设防风装置。桥式起重机上常用的防风装置主要有夹轨器、防爬器（支轨器）、锚定装置、止轮器（铁鞋）等。夹轨器、防爬器（支轨器）属于动态的防风装置，能够起到起重设备工作状态下的动态防风作用和非工作状态下的辅助防风作用；锚定装置、止轮器（铁鞋）属于静态防风装置，在大风来临前或起重机工作后由司机操作，能够在起重机停止运作时发挥良好的防风作用。在风多风大的工作场所，如港口上运行的大型起重机上通常同时装设夹轨器、防爬器（支轨器）、锚定装置、止轮器（铁鞋）等。

### 8.5.1 夹轨器

夹轨器又称夹轨钳，是一种广泛应用的防风装置。它的工作原理是通过钳口夹住轨道，使起重机不能滑移，从而达到防风吹动的目的。

#### 8.5.1.1 夹轨器的种类

按作用方式不同，夹轨器可分为手动夹轨器、电动夹轨器和手电两用夹轨器。

（1）手动夹轨器。手动夹轨器如图 8-15 所示，是一种比较常用的夹轨器。它结构简单、成本低、操作方便，但夹紧力有限，动作慢，仅适用于中、小型起重机。图 8-15（a）是垂直螺杆夹轨器，使用时转动手轮 1，使螺杆 2 上下移动。当螺杆向下移动时先使连接

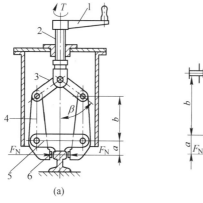
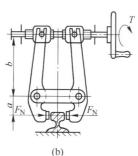

(a)  (b)

图 8-15  手动螺杆夹轨器

（a）垂直螺杆夹轨器；（b）水平螺杆夹轨器

1—手轮；2—螺杆；3—连杆；4—钳臂；5—连接板；6—钳口

板5碰到轨道顶面，进行高度定位，然后通过连杆3使夹钳臂4绕连接板5的铰点转动从而使钳口6夹紧轨道。当螺杆向上移动时，先使钳口松开，然后将夹钳臂提高，离开轨道顶面，从而钳口松开轨道。图8-15（b）是水平放置的螺杆夹轨器。

（2）电动夹轨器。楔形重锤式夹轨器如图8-16所示，它是电动夹轨器的一种。楔形重锤式夹轨器的提升机构包括电动机10、减速器8、卷筒7、制动器11、安全制动器9以及滑轮、钢丝绳等。

当需要夹紧钳时，楔形重锤靠自重下降。当重锤降到下面极限位置时，安全制动器9自动闭合，防止钢丝绳继续放出。这时重锤克服弹簧力，迫使夹钳臂上端分开，下端夹紧轨道，实现上钳。

当需要松钳时，电动机10驱动卷筒7，提升重锤5。当重锤上升到一定高度（松钳）撞开第一限位开关，使起重机运行机构电动机接电。继续提升撞第二个限位开关，使电动机10停电，并接通上闸电磁铁将绞车制动，使重锤悬吊不下滑，这时起重机运行机构方可开动。这种夹轨器的缺点，是重锤自重较大，滚轮容易磨损。

（3）手电两用夹轨器。手电两用夹轨器如图8-17所示，它由电动机2、圆锥齿轮1、螺杆9、塔形弹簧5、夹钳6和7等组成。这种夹轨器主要靠电动机工作，其夹紧力是由电动机带动螺杆传动，压缩塔形弹簧产生的。弹簧的作用是保持夹紧力，以免夹钳松弛。脱钳时，使螺母退到一定位置，触动终点限位开关，运行机械方可通电运行。当遇到电气故障或停电时，可采用摇动手轮夹紧。

### 8.5.1.2　夹轨器的检验

夹轨器检验包括以下内容：

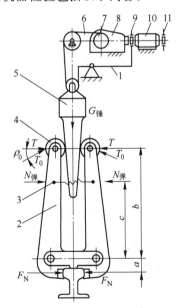

图8-16　楔形重锤式夹轨器

1—杠杆系统；2—钳臂；3—弹簧；4—滚轮；
5—楔形重锤；6—钢丝绳；7—卷筒；8—减速器；
9—安全制动器；10—电动机；11—制动器

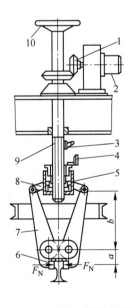

图8-17　手电两用夹轨器

1—圆锥齿轮；2—电动机；3—限位开关；
4—安全尺；5—塔形弹簧；6—钳口；7—钳臂；
8—连杆；9—螺杆；10—手轮

（1）夹轨器的各个铰点动作应灵活，无锈死和卡阻现象。

（2）夹轨器上钳时，钳口两侧能紧紧夹住轨道两侧；松钳时，钳口能离开轨道，达到规定的高度和宽度。当钳口的磨损量达到规定值时，钳口应修复或更换。

（3）夹轨器的电气联锁功能和限位开关的位置，应符合要求。当钳口夹住轨道时，能触动限位开关，并将电动机关闭；当电动机关闭后，钳口就能夹紧轨道。松钳时，安全尺应能触动限位开关，将电动机停止。

（4）夹轨器的各零部件无明显变形、裂纹和过度磨损等情况。夹轨钳钳口应达到规定的高度和宽度。

### 8.5.2 防爬器

防爬器又称支轨器、顶轨器，也是一种常用的防风装置，利用摩擦力实现防风效果。常见的防爬器有楔块式防爬器、支杆式防爬器等。

（1）楔块式防爬器。楔块式防爬器主要由压力轮、楔块、楔块控制部分组成。压力轮固定在起重机上，其下部有凹型楔块，它们之间有一定间隙。当起重机在风力作用下移动时，楔块不动，压力轮将沿着楔块斜面爬坡，压力轮对楔块的垂直压力使楔块与轨面产生摩擦力，当摩擦阻力能平衡风力时，起重机就停止移动。楔块提起和放下时与运动机构通过限位开关联锁，以保证防爬器正常工作并防止运行机构误动作。楔块防爬器构造简单，成本低，可靠性高，特别是当轨道低于工作基准面，夹轨器无法工作时，它可以正常工作。但是，当有台风时，起重机仍可能与楔块一起沿轨面滑动，故必须安装其他防风锚定装置。

（2）支杆式防爬器。支杆式防爬器主要由防爬器主机、刹车板、支杆机构、刹车板控制系统等组成。在起重机不工作时，只要拨动控制开关就能把刹车板自动放下，使防爬器与轨道之间构成浮动连接。当起重机在风力作用下左行或右行时，防爬器主机与刹车板之间产生相对位移，使支杆机构一侧受力支起。风力过大时，起重机在支杆的支撑下慢慢与轨道脱离，把其重量部分或全部加到防爬器的刹车板上，从而使起重机机轮与轨道间的滚动摩擦替换为刹车板与轨道间的滑动摩擦，以达到防风制动的效果。接通电源，刹车板控制系统把刹车板自动顶起，使其完全离开并高于轨道面一定距离，起重机即可正常作业。刹车板控制系统有电动、液压控制等多种。

### 8.5.3 锚定装置

防风锚定装置主要有链条式和插销式两种，如图 8-18 所示。链条式锚定装置，是用链条把起重机与地锚固定起来，通过链条间的调整装置把链条调紧，防止链条松动使起重机在大风吹动下产生较大的冲击。插销（或插板）锚定装置是用插销（或插板）把起重机金属结构与地锚固定起来。

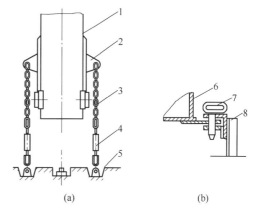

（a）　　　　　（b）

图 8-18　锚定装置

（a）链条式；（b）插销式

1—支腿；2—连接板；3—锚链；4—调整装置；

5—锚固点；6—金属结构；7—插销；8—锚固架

当风速超过规定值时（一般风速超过 60m/s，相当 10 ~ 11 级风），把起重机开到设有锚定装置的地段，采用链条或插销（插板）把起重机与锚定装置固定起来。

锚定装置要定期检查，锚链不得开裂，链条的塑性变形伸长量不应超过原长度的 5%，链条的磨损不应超过原直径的 10%，插销（或插板）无变形、无裂纹，锚固螺栓无裂纹，锚固架无过大变形、无裂纹。

### 8.5.4   止轮器（铁鞋）

铁鞋又称为铁鞋式止轮器。作为一种防风装置，其工作原理是：当大风时，铁鞋伸入车轮与轨道之间，依靠铁鞋和钢轨之间的摩擦起防风作用。

铁鞋可分为手动控制（见图 8-19）和电动控制（见图 8-20）两种。

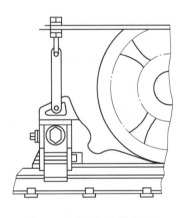

图 8-19   手动防风锚定铁鞋

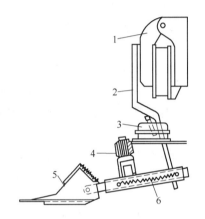

图 8-20   电动防风铁鞋

1，4—电磁铁；2—推杆；3—限位开关；
5—铁鞋；6—弹簧

手动控制的防风铁鞋将铁鞋和锚链锚固功能结合在一起，通过一个自锁功能装置将夹轨装置固定到轨道上，防止铁鞋与轨道之间产生滑动，锚链的一端连在起重机上，另一端连在铁鞋上，就相当于将起重机锚固在轨道上。电动控制的防风铁鞋靠电磁铁的吸合和弹簧作用来实现铁鞋的放下和移开。

铁鞋的要求如下：

（1）铁鞋落下时，铁鞋舌尖与车轮踏面和轨面都应接触。铁鞋前端的厚度 $\delta$ 应为 $0.008D \leqslant \delta \leqslant 0.012D$（$D$ 为车轮直径）。铁鞋前端的厚度 $\delta$ 对防风作用有很大影响。厚度小，起重机车轮在风力不大时，也很容易爬上铁鞋，给工作带来不必要的麻烦。厚度过大，车轮不易爬上，起不到防风作用。

（2）电动控制的铁鞋当放下铁鞋时，起重机大车运行机构应不能开动；只有当铁鞋移开轨道时，大车运行机构才能开动。

（3）各铰点和机构应动作灵活，无卡阻现象，机构的各零部件无缺陷和损坏。

## 8.6   防碰撞装置

现代桥式起重机的运行速度不断提高，并且安置在一条轨道上的多台桥式起重机同时工作。因此为了防止两台桥式起重机相撞或与轨道末端建筑物相碰，目前在桥式起重机上应用了多种形式的防碰撞装置，当桥式起重机运行到危险距离范围内，防碰撞装置就会发出警报，进而切断电源，避免碰撞。

### 8.6.1 防碰撞装置的种类

起重机上常利用超声波、电磁波、光波的反射作用来制造防碰撞装置。

（1）超声波式防碰撞装置。超声波防碰撞装置是利用回波测距原理，测出桥式起重机之间或桥式起重机与墙壁之间的距离，当桥式起重机进入规定范围时，发出报警信号，继而切断起重机运行机构电源，从而起到保护作用。

整套装置由防撞检测器、控制盒及反射板等组成。检测器一般安装在走台上，反射板安装在另一台桥式起重机（或墙壁）的相对位置上。控制盒安装在司机室内。图 8-21 所示是检测器、反射板的安装。检测器装在一个机壳里，内装两个圆筒形陶瓷换能器，其中一个发射超声波脉冲，另一个接收被反射回来的超声波脉冲。超声波脉冲在空气中的传播速度为 $v = 340\text{m/s}$，从发射到收回反射波时间为 $t$，离反射体的距离为 $L$，则 $L = vt/2$。当反射体进入离超声波换能器 $L$ 以内时，就能检测出该物体。一般桥式起重机运行速度与检测距离的设定为：运行速度 $60 \sim 90\text{m/min}$，设定距离 $4 \sim 7\text{m}$；运行速度 $90 \sim 120\text{m/min}$，设定距离 $8 \sim 12\text{m}$；运行速度大于 $120\text{m/min}$，设定距离 $10 \sim 30\text{m}$。

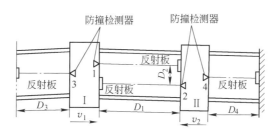

图 8-21　检测器安装位置图

（2）电磁波（微波）式防碰撞装置。电磁波式防碰撞装置检测距离为 $5 \sim 20\text{m}$，灵敏度较高，动作误差时间为 1s。它不受太阳光、水银灯光、风声、金属敲击声的影响，可以准确地工作在有尘、烟和蒸汽的环境中。它要求环境温度范围为 $-10 \sim +60℃$，使用电磁波的频率为 $10.525\text{kHz}$，发射角 $\theta = 30°$。使用时可根据具体情况适当调整。

（3）莱塞（laser，激光）式防碰撞装置。激光是一种能量集中的光源。通常由半导体元件构成发射器和接收器，把发射器和接收器放在同一装置内，在相邻的桥式起重机的适当位置安装反射板。当桥式起重机运行到检测距离时，接收器捕捉到反射板反射回来的光线，即发出警报。激光式防碰撞装置的检测距离可小到 2m，所采用的反射板为反射能力强、表面平滑的钢板，反射效果较好。

激光式防碰撞装置工作时不受尘、雾、烟气、外来光线的影响。在一台桥式起重机工作时，因本身既有发射器又有接收器，而相邻的桥式起重机已装配了反射板，故只需开启工作的那台桥式起重机的防碰撞装置，即可获得良好的效果。其检测距离一般为 $2 \sim 50\text{m}$。

（4）光线式防碰撞装置。图 8-22 所示为典型的光线式防碰装置，它由发射器、接收器、控制器和反射板组成，利用光波的直线传播和反射性能检测距离。

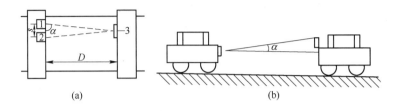

图 8-22　光线式防碰撞装置原理图

(a) 平面反射型；(b) 斜角反射型

1—发射器；2—接收器；3—反射板

图 8-22（a）布置成平面反射型，常用于桥式起重机、门式起重机。其发射器、接收器和反射板设于一个水平面上。发射器按一定的发射角发射激光束，当防碰主体、客体处于设定距离 $D$ 时，接收器收到反射回波，送入控制器执行防碰撞功能。调节发射角即可设定不同的距离。

图 8-22（b）布置成斜角反射型，适用于各种桥式起重机及门式和移动式起重机的防碰撞保护。发射角是检测波法线与水平面的夹角。

发射器的工作原理是：经变流器将交流电变换成 200V 以上的高压直流电，再通过脉冲变压器产生出 10~30V 有相当电流的脉冲直流电压，加至激光管产生激光。

半导体激光器有一定的光束发散角，只要配制一套光学聚焦设施即可远距离发送。

接收器是将光信号转换成电信号的设施，转换后的毫伏级电信号须经信号放大器放大为伏级信号。此外，还必须采用选通技术，使接收器只能选择一定波长的回波信号，以滤除阳光、灯光和工作环境杂散电磁波的干扰信号。

（5）阻抗式防碰撞装置。沿桥式起重机主梁布置一根金属滑线，桥式起重机移动时电阻值会发生变化，使装在桥式起重机端梁上的电流限制器起作用，从而控制桥式起重机自动减速或停车。

## 8.6.2　检测距离的设定

设定距离为防止碰撞的桥式起重机之间的最小距离。设定距离是人为设定的，它的大小与桥式起重机的运行速度（见表 8-4）、制动距离等参数有关。一般报警设定距离为 8~20m，减速和停止的设定距离为 6~15m。

表 8-4　检测设定值

| 起重机运行速度/m·min⁻¹ | 60~90 | 90~120 | >120 |
|---|---|---|---|
| 设定距离/m | 4~7 | 8~12 | 10~20 |

 **复习思考题**

8-1　桥式起重机上有哪些安全防护装置？

8-2　超载限制器的作用是什么？

8-3　超载限制器主要有哪几种形式？

8-4　杠杆式超载限制器主要由哪几部分组成？它是如何起到安全防护作用的？

8-5　弹簧式超载限制器主要由哪几部分组成？它是如何起到安全防护作用的？

8-6　电子型超载限制器主要由几部分组成？它的工作原理是什么？

8-7　对超载限制器的安全要求有哪些？

8-8　位置限制器主要有哪几种？

8-9　起升机构为什么要装置极限位置限制器？

8-10　为什么要安装偏斜调整装置？常用的偏斜调整装有哪几种？

8-11　凸轮式偏斜调整装置的工作原理是什么？

8-12　缓冲器有哪几种，各有什么优缺点？

8-13　防风装置有哪些？它们是如何起到防风作用的？

8-14　简述防碰撞装置的种类及工作原理。

# 9 桥式起重机的安全技术和维护

## 9.1 桥式起重机的安全操作

### 9.1.1 桥式起重机的安全技术操作规程

桥式起重机是现代工业中使用最广泛的起重机械。它横架在车间、仓库及货场的跨间上方，并可沿轨道移动，取物装置悬挂在可沿桥架运行的小车上，使吊运的重物实现起升和降落，以及水平移动，进行空间作业。因此，桥式起重机作业的活动范围广，造成事故的可能性大，作业环境复杂，对地面作业人员及设备构成威胁，它的运转状态直接与人身和设备的安全密切相关。为了保证人员和设备安全及生产正常进行，必须严格遵守和认真执行起重机安全技术操作规程。

桥式起重机的安全技术操作一般要求为：

（1）每台起重机必须由持有经有关部门确认的司机操作证的专职司机操作。

（2）桥式起重机工必须是年满 18 岁，具有初中以上的文化程度，经医务部门检查确认身体合格者。

（3）桥式起重机工必须经过专门培训，实习期一般不少于两个月，由安技部门对其进行基础理论知识和实际操作技术的考试，成绩合格者发给桥式起重机操作证，方可独立操作桥式起重机。

（4）没有桥式起重机操作证者严禁操作桥式起重机，助手和徒工必须在有经验师傅监督和指导下操作桥式起重机。

（5）对于因违犯规程受到处分而被收回吊销操作证者，不得独立操作桥式起重机。

（6）桥式起重机工必须熟悉以下基本知识：

1）桥式起重机各机构及其部件的构造、工作原理和功能。

2）桥式起重机电气设备的结构、工作原理、功能及其电路系统的控制原理。

3）桥式起重机的操作规程、使用及维护保养知识。

4）指挥工的指挥信号。

（7）操作应按指挥信号进行，并应与指挥工密切合作。对紧急停车信号，应立即执行。

（8）只有确认起重机上或其周围无人时，才可闭合主电源。如果电源断路装置上加锁或有标牌时，应由有关人员除掉后才能闭合主电源。

（9）闭合主电源前，应使所有的控制器手柄置于零位。

（10）工作时要精力集中，听从指挥，坚持"十不吊"。

（11）工作中突然断电时，应将所有控制器手柄扳回零位，在重新工作前，应检查起重机动作是否都正常。

（12）露天工作的起重机，当工作结束时，应将起重机锚定住。当风力大于六级时，一般应停止工作，并用夹轨器或其他固定方法将起重机可靠地锚定住。

（13）起重机维护保养时，应切断电源，并挂上标志牌或加锁。多机共用同一电源时，牌子应挂在起重机的保护配电箱的电源开关上，并应在被维修的起重机两侧设上阻挡器，标志牌和信号灯，必要时设专人守卫和指挥，以防邻机碰撞。

（14）带电修理时，应戴上橡胶手套和穿上橡胶鞋，并必须使用有绝缘手柄的工具。

（15）有可能产生导电的电气设备的金属外壳必须接地。

（16）起重机的操纵室和走台上应备有灭火器和安全绳。

### 9.1.2 交接班制度和注意事项

9.1.2.1 交接班制度

（1）交班前桥式起重机应停放在停车位置，桥式起重机的各控制器手柄应扳回零位，拉下保护箱的总刀开关。

（2）交班桥式起重机工应将工作中桥式起重机的工作情况记于交接班手册中。接班桥式起重机工首先应熟悉前一班司机在手册中所记事项，并共同检查桥式起重机各机构，检查的项目为：

1）检查保护箱的总电源刀开关是否已切断，严禁带电检查。

2）钢丝绳有无破股断丝现象，卷筒和滑轮缠绕是否正常，有无脱槽、串槽、打结、扭曲等现象，钢丝绳端部的压板螺栓是否紧固。

3）吊钩是否有裂纹，吊钩螺母的防松装置是否完整，吊具是否完整可靠。

4）各机构制动器的制动瓦是否靠紧制动轮，制动瓦衬及制动轮的磨损情况如何，开口销、定位板是否齐全，磁铁冲程是否符合要求，杆件传动是否有卡住现象。

5）各机构传动件的连接螺栓和各部件的固定螺栓是否紧固。

6）各电气设备的接线是否正常，导电滑块与滑线的接触是否良好。

7）开车检查终点限位开关的动作是否灵活、正常，安全保护开关的动作是否灵活、工作是否正常。

8）桥式起重机各机构的传动是否正常，有无异常声响。

检查完桥式起重机各机构后，接班桥式起重机工将结果记于交接手册中。

（3）检查桥式起重机和试验各机构时，发现下列情况，桥式起重机工不得启动桥式起重机：

1）吊钩的工作表面发现裂纹，吊钩在吊钩横梁中不能转动。

2）钢丝绳有整股折断或断丝数超过报废标准。

3）各机构的制动器不能起制动作用，制动瓦衬磨损严重，致使铆钉裸露。

4）各机构的终点限位开关失效或其杠杆转臂不能自动复位，舱口门、横梁门等安全保护开关的联锁触头失效。

9.1.2.2 注意事项

A 桥式起重机运行前的注意事项

（1）了解电源供电和是否有临时断电检修情况。

（2）断开隔离开关，检查起重机各机构的情况，各开关是否正常，制动器是否正常，各部位的固定螺栓是否松动，车上有无散放的各种物品。

（3）按规定向各润滑点加注润滑油脂。

（4）对露天工作的起重机，应打开夹轨器或其他固定装置。

（5）检查运行轨道上及轨道附近有无妨碍运物的物品。

（6）在主开关接电之前，司机必须将所有控制器手柄转至零位，并将从操作室通向走台的门和各通路上的门关好。

B   桥式起重机工在操纵起重机中的注意事项

（1）桥式起重机工在操作时精神必须集中，不得在作业中聊天、阅读书报、吃东西、吸烟等。

（2）为防止触电，桥式起重机工不能湿手操纵控制器，应穿绝缘鞋，工作室地面要铺有橡胶板或本板等绝缘材料。

（3）桥式起重机工在操作桥式起重机运行时，必须遵守下列规则：

1）鸣铃起车。起车要平稳，逐挡加速。起升机构每挡之间的转换时间为 1～2s；运行机构每挡之间的转换时间为 3s 以上；大起重量的桥式起重机各挡的转换时间还应长些。

2）每班第一次起吊货物时，应首先将货物吊离地面 0.5m，然后放下，在下放货物的过程中试验制动器是否可靠，然后再进行正常作业。

3）禁止超负荷运行。对于接近额定载荷的货物应用第 2 挡试吊，如不能起吊，说明物件的重量超过桥式起重机的额定负荷。不能用高速挡直接起吊。

4）起吊物件时，禁止突然起吊。当起升钢丝绳接近绷直时，要一边调整大小车的位置，一边拉紧钢丝绳。放下物件时，也要注意逐渐落地，以防损伤物件及引起桥式起重机的振动。

5）禁止起吊埋在地下或凝结在地面，以及与车辆、设备相钩连的货物，以防拉断钢丝绳。

6）禁止斜拉、斜吊。因为斜吊会使货物摆动，与其他物体相撞而且还可能出现使钢丝绳拉断、超负荷等现象。

7）桥式起重机吊运的物件禁止从人头上越过，禁止在吊运的物件上站人。吊运物件应走指定的"通道"，而且要高于地面物件 0.5m 以上。

8）桥式起重机工在作业中应按下列规定发出信号：起升、落下物件，开动大小车时；桥式起重机接近跨内另一桥式起重机对；吊运物件接近地面人员时，都要鸣铃。桥式起重机吊物从视线不清处通过时；在吊运通道上有人停留时，要连续鸣铃发出信号。

9）桥式起重机正常运行时，禁止使用紧急开关、限位开关、打倒车等手段来停车。当然，为了防止发生事故而须紧急停车时例外。

10）禁止桥式起重机吊物在空中长时间停留。桥式起重机吊物时，桥式起重机工不准随意离开工作岗位。

11）在电压显著降低和电力输送中断的情况下，必须切断主开关，所有控制器手柄扳回零位停止工作。

12）严禁利用吊钩或吊钩上的物件运送或起升人员。

13）起升熔化状态的金属时，不得同时开动其他机构运转。

14）吊运盛有钢液的钢包时，桥式起重机不宜开得过快，以控制器手柄置于第二挡为宜。

15）翻转钢包前，应用横梁上的起重钩牢靠地钩住吊耳，用辅助小车吊钩可靠地钩住包上的翻转环，工作中只听专职人员指挥。

16）不得将辅助起升机构的钢丝绳与钢包或平衡梁直接接触。

17）由浇注槽向炉内注入钢液时，只许钢包在槽的边缘运送，并保持适当的高度。

18）打开钢包的水口砖时，不许有人站在钢包下操纵压棒。

C 桥式起重机工在桥式起重机工作结束后的注意事项

（1）将吊钩升至较高位置，小车开到远离大车滑线的端部，大车开到桥式起重机的停车位置。

（2）对于电磁和抓斗桥式起重机，应将起重电磁盘或抓斗放落到地面。

（3）将控制器手柄扳回零位，拉下保护箱的刀开关。

（4）对各机构及电气设备的各种电器元件进行检查、清理，并按规定润滑。

（5）室外工作的桥式起重机应将大车和小车固定可靠，以防风吹。

（6）桥式起重机在运行及检查中所发现的问题、故障及处理情况应全部记入交接班手册。

（7）工作结束后的桥式起重机工只有在向接班桥式起重机工交班后方可离开桥式起重机。如接班桥式起重机工未到，需经领导准许后方可离开。

## 9.2 桥式起重机的使用、维护和润滑

### 9.2.1 通用桥式起重机的使用与维护

#### 9.2.1.1 通用桥式起重机的使用检查

认真遵守起重机安全技术操作规程，严格执行起重机安全运行的有关规章制度，如桥式起重机工的交接班制度、起重机的润滑制度及起重机的维护保养制度等。

做好起重机的定期检查和保养工作。定期检查包括周检、月检、半年检三种。还可根据各单位的具体情况，由桥式起重机工、设备员、班组长等组成临时的设备检查小组进行抽检。周检一般可在每星期五进行。检查中发现的问题，应立即进行处理。对于桥式起重机工不能自行处理的问题，检查组应在星期六做好准备工作，利用星期日进行处理。月检和半年检查可在每月或每半年的第一周的周检时间与周检同时进行。

（1）周检内容。

1）接触器控制器触头的接触与腐蚀情况。

2）制动器闸带的磨损情况。

3）联轴器上键的连接及螺栓的紧固情况。

4）使用半年以上的钢丝绳的磨损情况。

5）双制动器的起升机构，每个制动器制动力矩的大小。

（2）月检内容。

1）电动机、减速器、轴承支座、角形轴承箱等底座的螺钉紧固情况及电动机碳刷的磨损情况。

2）钢丝绳压板螺钉的紧固情况，使用三个月以上的钢丝绳的磨损与润滑情况。

3）管口处导线绝缘层的磨损情况。

4）各限位开关转轴的润滑情况。

5）减速器内润滑油的油量。

6）平衡轮处钢丝绳的磨损情况。

（3）半年检的内容。

1）控制屏、保护箱、控制器、电阻器及各接线座、接线螺钉的紧固情况。

2）端梁螺钉的紧固情况。

3）制动电磁铁气缸的润滑情况与液压制动电磁铁油量及油质情况。

4）所有电气设备的绝缘情况。

### 9.2.1.2　通用桥式起重机的维护保养

（1）制动器的维护保养。对于起升机构的制动器要做到每班检查，而运行机构的制动器可 2～3 天检查一次。如遇轴栓被咬住、闸瓦贴合在闸轮上、闸瓦张开时在闸轮两侧的空隙不相等的一些情况，应及时调整、维修，以防止造成制动器的损坏。

（2）轴承的维护保养。要经常检查滚动轴承，尤其是检查轴承座的固定是否牢靠，轴承内的润滑油量是否充足，不能让轴承在没润滑油的情况下工作。注意，在换油时，首先应用煤油洗净轴承，然后再加润滑油。轴承的温度在正常工作情况下应不超过 60～70℃，超过这个温度范围要检查润滑油量是否够，其质量是否合乎要求，钢珠有无损坏。

（3）钢丝绳的维护与保养。为防止钢丝绳的迅速磨损，以保证或延长其使用寿命，对钢丝绳必须经常检查：检查其是否有断丝和磨损，如果有，是否已达到报废标准；是否需要加润滑油，润滑时要将润滑油脂加热到 80℃，以便使润滑油渗入钢丝绳股之间。润滑前先用钢丝刷子刷去钢丝绳上的脏物和旧润滑脂，以减少钢丝绳的磨损和腐蚀。

（4）卷筒和滑轮的维护保养。要经常检查卷筒和滑轮的绳槽表面情况，轮槽是否完整无损。对卷筒和滑轮要保持清洁和适量的润滑油。

（5）联轴器的维护保养。联轴器要牢固地固定在轴上。检查用螺杆连接的部分是否旋紧，注意在工作时是否有跳动现象，以便及时修理。

（6）减速器的维护保养。检查减速器内的齿轮传动时，要注意检查轮齿工作表面的情况、磨损程度、啮合情况、齿轮传动情况是否正常、是否有异常声音。减速器两半体的结合面不可漏油，内部必须存有一定量的合格机油，并要及时清洗换油。

（7）安排好小、中、大修。及时做好起重机的小修、中修和大修。小修是对设备进行局部修理和排除工作中出现的故障和缺陷等，通常不安排修理计划，在停车或间歇时修复即可。中修一般指对设备进行局部解体、修复，更换主要零部件，恢复精度和机构性能等。中修应安排修理计划，一般修理工作多安排在节假日进行。大修要按计划对设备进行全部解体、修复，更换全部磨损零件，按技术标准恢复各机构精度和性能，进行必要的改进工作等，最后按技术标准和图样规定进行检查和测定。

大、中修期限的长短，应视各使用单位起重机的具体情况而定，不可强求一致。在机器制造业中一般 3～4 年要大修一次，而在冶金车间或特别繁重场所工作的起重机和装卸桥等两年就需大修一次，甚至也有规定一年一大修的。

## 9.2.2　抓斗桥式起重机的使用规则与维护

9.2.2.1　抓斗桥式起重机的使用规则

（1）遵守通用桥式起重机的一切规则。

（2）使用抓斗桥式起重机前应检查抓斗开闭机构，检查抓斗开闭绳的导轮状况，检查抓斗悬挂处绳索的紧固情况。检查颚板闭合是否紧密，并检查颚板的固定情况、撑杆的铰接情况。

（3）空载试运转，检查抓斗闭合机构工作正确性、可靠性和灵活性。

（4）禁止抓斗与人同在一个车厢内装卸物料。

（5）不允许用抓斗抓取整块的物件。

（6）禁止用抓斗移动装料箱的小车和铁路车辆等。

（7）抓斗卸料时，离料箱高度不得大于200mm。

（8）起升抓斗时，应使起升绳与开闭绳速度相等，以使钢丝绳受力均匀。

（9）抓斗的起升和降落应保持平稳，防止因碰撞而造成转动。

（10）抓斗在卸载前，要注意升降绳不能比开闭绳松弛，以防冲击断绳。

（11）抓斗在接近车厢底部抓料时，注意升降绳不可过松，以防抓坏车皮。

（12）机车在未摘钩和未离开前，抓斗不得靠近车厢，更不准进行抓料。

（13）抓满物料的抓斗不应悬吊10min以上，以防溜抓伤人。

（14）抓斗桥式起重机工作完毕后，应将抓斗放到地面，不得悬空吊挂。

9.2.2.2　抓斗的维护保养

（1）定期检查抓斗颚板和颚齿的磨损状态，检查各销轴的磨损状况和连接情况，已损坏的和过度磨损的零部件应及时更换。

（2）经常检查抓斗的起升钢丝绳和开闭钢丝绳的工作状况，有无扭结、脱槽、卡住、损伤现象，如有应及时处理或更换。

（3）对滑轮、钢丝绳和各铰链销轴要定期清洗、润滑。

## 9.2.3　电磁桥式起重机的使用规则及检查

9.2.3.1　电磁桥式起重机的使用规则

（1）遵守通用桥式起重机的一切规则。

（2）经常检查电磁铁的电路情况，电缆的绝缘情况，防止漏电；检查电缆缠绕是否正常；检查电缆缠绕与钢丝绳缠绕是否协调同步。

（3）作业时，以电磁吸盘为中心，在半径为5m的范围内不准站人，以防伤人。

（4）禁止在人员上方或靠近人身、设备上方用电磁吸盘吊运物件。

（5）装卸较重的碎料时，起升高度不得超过料箱200mm。

（6）禁止电磁吸盘与人同在一个车厢内装卸物料。

（7）严禁用起重电磁铁来移动装料箱的小车，或铁路车辆。

（8）为避免被吊物件中途掉落，电磁吸盘应吸住物件的重心部位，以保持吊物平衡。

（9）禁止转动已载重的起重电磁铁，以免绕乱和损坏电缆和起重绳索。

（10）当发现电磁铁铁芯有剩磁时，应停止起重机的运转。

（11）不准用起重电磁铁吊运温度超过200℃的物料。

（12）只有在卸料地点才可切断吸住物料的起重电磁铁的电源。

（13）用起重电磁铁吊运钢板时，吸着面或板间不得有异物或间隙。

（14）不可用起重电磁铁吊运极度弯曲、表面有氧化皮或砂土的钢材。

（15）起重机工作完毕后，应将起重电磁铁放置在地面上，不得悬空吊挂。

9.2.3.2　起重电磁铁的安全检验

（1）起重电磁铁的铁壳焊缝应无损伤或裂纹。

（2）起重电磁铁的端子箱盖应密封良好。

（3）起吊链条的链环磨损超过原尺寸的10%时应报废，销轴磨损超过原尺寸的5%时应报废。

（4）引入电缆应无损坏。

（5）起重电磁铁的冷态绝缘电阻应大于10MΩ。

## 9.2.4　铸造起重机的使用规则

铸造起重机在冶炼车间用于运送钢液和浇注钢锭。

铸造起重机具有两台小车，一台是主小车，另一台是副小车（辅助小车）。主、副小车上的起升机构是用来吊运和倾翻钢包的，主小车上的起升机构负责吊运钢包，副小车起升机构负责倾翻钢包或做一些辅助性工作。

由于钢液温度高达1000℃以上，且处于液体状态，在吊运及浇注过程中如稍有不慎或操作失误，就会使钢液溢出或钢包坠落，造成重大人身与设备事故。因此，铸造起重机司机除要遵守通用桥式起重机的全部使用规则外，还必须遵守和掌握以下规则和操作要领：

（1）应熟悉吊运工艺的全过程，了解各个环节的动作要求及彼此衔接关系，以确保钢液吊运和浇注工作顺利进行。

（2）在吊运钢包之前，要先确认吊钩正确、可靠地钩住吊耳颈部，然后根据专职人员的指挥起升钢包。

（3）为防止炽热钢液直接烘烤吊钩组，吊运钢包的吊钩应具有隔热装置，如采用隔板或长颈吊钩等。

（4）钢液不得装得太满，以防大、小车启动或制动过快而引起游摆，造成钢液溢溅伤人。

（5）在每次吊运钢液前，应首先进行试吊，将盛有钢液的钢包慢速提升至离地面200mm的高度，再下降制动，用以检验起升制动器的可靠性。如不超出允许下滑距离（一般不大于100mm），方可正式进行吊运钢液的作业。

（6）吊运钢液时，严禁从人上方通过。

（7）吊运钢液时，速度不宜过快，控制器手柄以置于第2挡为宜。

（8）在开动起升机构提升或下降钢包时，严禁开动大车或小车等其他机构，以便集中精神，避免发生误动作而导致事故的发生。

（9）翻转钢包前，应用辅助小车吊钩可靠地钩住钢包的翻转环，工作中只听专职人员指挥。

（10）不得将辅助起升机构的钢丝绳与钢包或平衡梁直接接触。

（11）由浇注槽向炉内注入钢液时，只许钢包在槽的边缘运送，并保持适当的高度。

（12）打开钢包的"水口砖"时，不许有人站在钢包下操作。

### 9.2.5 加料起重机的使用规则和维护保养

加料起重机是用于炼钢车间将碎散冷料装入平炉内的专用桥式起重机。

加料起重机由桥架（包括主梁和副梁）、主小车和副小车等组成。安装在主小车上部的有主小车的运行机构、加料起升机构和加料回转机构。安装在主小车下部底盘上的是加料装置，包括料杆的翻转机构、料杆的上下摆动机构及料杆与料斗的锁紧机构。通过这些机构的运动，将炉料通过料箱翻入炉内。副小车负责搬运和做一些辅助性工作。

加料起重机的使用规则和维护保养要求如下：

（1）遵守通用桥式起重机的全部使用规则。

（2）加料桥式起重机工接班后要熟悉车间情况，了解上一班加料起重机的使用情况和冶炼进程，本班还需做哪些准备工作。详细阅读交接班记录，查对现场是否与交班记录吻合。

（3）正式开动加料起重机前，应进行试车，检查摆动机构、翻转机构及锁紧机构等。电气方面要检查接触器触头、触桥电蚀等情况，防止触头与触桥黏连，避免产生误动作引起起重机失控而造成事故。

（4）操纵加料起重机加料时，作业区内不准有人，不准利用挑料杆拉、顶或吊运工作，不准采取打反车强迫制动。

（5）加料时料斗进炉膛之前，挑料杆轴心线应该与大车的对称中心线平行，和炉门口中心对正。进出炉膛时要精心操纵，动作准确，不准发生挑炉顶、顶后墙、拉挂炉门框，以防止发生把炉门框或平炉撞坏的事故。

（6）不准挑杆在炉内过热，挑杆在炉内烧到发红时，禁止起升料箱和移动装料箱的小车。

（7）不得用加料起重机的挑杆推平平炉内的炉料。要注意挑杆的直度，挑杆弯曲时，加料机禁止运转。

（8）加料装置在提升或下降时，不得依赖限位器，主小车底盘的回转角度不得超过320°，否则会引起电缆扭断发生短路，造成电气事故，危及人身安全。

（9）做好加料起重机的日常维护和保养，所有滑动轴承、滚动轴承及齿轮要经常保持足够的润滑油，方形立柱的导轨工作面、齿轮联轴器、滑轮组、车轮组等都要定期加油润滑。要经常检查电气设备，定期清扫控制屏、电气箱、控制器等，如发现线圈的卡子松脱、接线端子处接头压不实、触头与触桥不正、三相电源的三相触头动作不同步等，要及时处理。应定期检查电动机集电环的工作表面是否电蚀，电化刷（炭精刷）长度是否符合规定等。

（10）检查链子在水平梁上、拉杆在下横梁上、方轴在上横梁上紧固的可靠性，防止链子从链轮上脱落。链环发生伸长或在个别链板上发现裂纹时，应更换铰接钢板链。链板上的小孔和销子磨损超过原尺寸10%时，应更换。

（11）立柱旋转机构的大齿轮导板磨损达20%时，应更换。

### 9.2.6　桥式起重机的润滑

桥式起重机的润滑是保证桥式起重机正常运行、延长机件寿命、提高生产效率以及确保安全生产的重要措施之一。桥式起重机司机和维修保养人员，应提高对设备润滑重要性的认识，经常检查各运动点的润滑情况，并定期向各润滑点加注润滑油脂，坚决纠正那种只管开车、不管润滑的现象。

#### 9.2.6.1　润滑原则与方法

设备中任何可动的零部件，在其做相对运动的过程中，相接触的表面都存在着摩擦现象，因而造成零部件的磨损。其后果是导致设备运转阻力增大、运转不灵活、寿命降低、工作效率下降。

润滑就是在具有相对运动的两物件接触表面，加入第三种物质（润滑剂），达到控制和减小摩擦的目的，从而使设备正常运转，延长零部件寿命，提高设备的工作效率。这是设备维护保养工作的重要措施。

润滑的原则是：凡是有轴和孔，属于动配合部位以及有相对运动的接触面的机械部分，都要定期进行润滑。

由于各种桥式起重机的工作场合、工作类型不同，对各润滑部位的润滑周期应灵活确定。一般对在高温环境中工作的桥式起重机，应在经常检查的同时就进行润滑，因此润滑周期应较短，以保证桥式起重机的正常运转。

正确地选择润滑材料是搞好润滑工作的基本条件。采用适当的方法和装置将润滑材料送到润滑部位，是搞好润滑工作的重要手段，对提高设备工作性能及其使用寿命起着极为重要的作用。

桥式起重机各机构的润滑方式分为分散润滑和集中润滑两种。

中、小型桥式起重机一般采用分散润滑。润滑时使用油枪或油杯对各润滑点分别注油。分散润滑的优点是：结构简单，润滑可靠，维护方便，所用润滑工具易于购置、规格标准、成本较低等。其缺点是：润滑点分散，添加油脂时要占用一定时间；外露点多，易受灰尘覆盖或异物堵塞等。

大起重量桥式起重机、冶金专用桥式起重机多采用集中润滑。集中润滑分手动泵加油和电动泵集中加油两种。集中润滑可以定时定量润滑，从一个地方集中供应多个润滑点，直接或间接地减少维护工作量，提高安全程度和保持环境卫生。其缺点是结构复杂、成本高。

#### 9.2.6.2　润滑点的分布

桥式起重机上各润滑部位分布如下：

（1）吊钩滑轮轴两端的轴承及吊钩螺母下的推力轴承。

（2）定滑轮组的固定心轴两端（在小车架上）。

（3）钢丝绳。

（4）卷筒轴的轴承。

（5）各减速器的齿轮及轴承。

（6）各齿轮联轴器的内外齿套。

（7）各轴承箱（包括车轮组角型轴承箱）。

（8）各制动器的销轴处。

（9）各制动电磁铁的转动铰接轴孔。

（10）各接触器的转动部位。

（11）大、小车集电器的铰链销轴处。

（12）各控制器的凸轮、滚轮、铰接轴孔。

（13）各限位开关，安全开关的铰接轴孔。

（14）各电动机的轴承。

（15）抓斗上、下滑轮轴承、导向滚轮及各铰接轴孔。

### 9.2.6.3 润滑材料

润滑材料分为润滑油、润滑脂和固体润滑剂三大类。

润滑油是应用最广泛的液体润滑剂。桥式起重机上常用的润滑油有全损耗系统用油、齿轮油、气缸油等。

润滑脂是胶状润滑材料，俗称黄油、干油，它是由润滑油和稠化剂在高温下混合而成的，实际上是稠化了的润滑油，有的润滑脂还加有添加剂。

固体润滑剂常用的有二硫化钼、石墨、二硫化钨等。

润滑油的主要性能指标是润滑油的黏度，它表示润滑油油层间摩擦阻力的大小，黏度越大，润滑油的流动性越小，越黏稠。

桥式起重机上常用的润滑油，如全损耗系统用油，其牌号与黏度见表9-1。从表9-1中可以看出，润滑油新标准的牌号，与润滑油在40℃时黏度的平均值的数值相关。

表9-1 全损耗系统油牌号与黏度

| 牌 号 | 原机械油旧牌号 | 黏度($\times10^{-6}$,40℃)/$m^2 \cdot s^{-1}$ |
|---|---|---|
| L-AN5 | 4 | 4.14~5.06 |
| L-AN7 | 5 | 6.12~7.48 |
| L-AN10 | 7 | 9.00~11.00 |
| L-AN15 | 10 | 13.5~16.5 |
| L-AN22 | 14 | 19.8~24.2 |
| L-AN32 | 20 | 28.8~35.2 |
| L-AN46 | 30 | 41.4~50.6 |
| L-AN68 | 40 | 61.2~74.8 |
| L-AN100 | 50 | 90.0~110 |
| L-AN150 | 80 | 135~165 |

润滑脂的主要性能指标是工作锥入度（或针入度），它表示润滑脂内阻力的大小和流动性的强弱。工作锥入度小则润滑脂不易被挤跑，易维持油膜的存在，密封性能好，但因摩擦阻力大而不易充填较小的摩擦间隙。重载时应选用工作锥入度小的润滑脂，即硬的润滑脂；轻载时应选用工作锥入度大的润滑脂，即软的润滑脂。对于用油泵集中给脂润滑的

设备所使用的润滑脂，工作锥入度一般不应小于 270（1/10mm），太小了泵送有困难。

润滑脂的另一性能指标是滴点，是润滑脂受热后开始滴下第一滴时的温度，是表示润滑脂耐热性能的指标。一般使用温度应低于滴点 20～30℃甚至 40～60℃，以保证润滑的效果。

桥式起重机上常用的润滑脂有钙基、钠基、铝基、锂基等种类。

钙基润滑脂耐水性好，耐热能力差，适用于工作温度不高于60℃的开式与空气、水气接触的摩擦部位上。

钠基润滑脂对水较敏感，所以在有水或潮湿的工作条件下，不要用钠基润滑脂。但钠基润滑脂比钙基润滑脂的耐温高，可在120℃温度下工作。

复合铝基润滑脂有抗热、抗潮湿的特性，没有硬化现象，对金属表面有良好的保护作用。

锂基润滑脂有良好的抗水性，可适应 20～120℃温度范围内的高速工作。

石墨钙基润滑脂有极大的抗压能力，能耐较高温度，抗磨性好。

桥式起重机上常用润滑脂的牌号及性能见表9-2。

**表 9-2　桥式起重机上常用润滑脂的牌号及性能**

| 名　称 | 代号（或牌号） | 工作锥入度/$10^{-1}$mm | 滴点（≥）/℃ |
|---|---|---|---|
| 钙基润滑脂<br>（GB/T 491—2008） | ZG-1 | 310～340 | 80 |
| | ZG-2 | 265～295 | 85 |
| | ZG-3 | 220～250 | 90 |
| | ZG-4 | 175～205 | 95 |
| 复合钙基润滑脂<br>（SH 0370—1995） | ZFG-1 | 310～340 | 180 |
| | ZFG-2 | 265～295 | 200 |
| | ZFG-3 | 220～250 | 220 |
| | ZFG-4 | 175～205 | 240 |
| 钠基润滑脂<br>（GB/T 492—1989） | ZN-2 | 265～295 | 160 |
| | ZN-3 | 220～250 | 160 |
| 通用锂基润滑脂<br>（GB 7324—2010） | ZL-1 | 310～340 | 170 |
| | ZL-2 | 265～295 | 175 |
| | ZL-3 | 220～250 | 180 |
| 合成复合铝基润滑脂<br>（SH 0378—1992） | ZFU-1H | 310～340 | 235 |
| | ZFU-2H | 265～295 | 235 |
| | ZFU-3H | 220～250 | 235 |
| | ZFU-4H | 175～205 | 235 |
| 石墨钙基润滑脂<br>（SH 0369—1992） | ZG-5 | | 80 |

桥式起重机典型零部件的润滑材料及其添加时间见表9-3。

表9-3　桥式起重机典型零部件的润滑材料及其添加时间

| 零件名称 | 期　限 | 润滑条件 | 润滑材料 |
|---|---|---|---|
| 钢丝绳 | 1~2 月 | （1）润滑脂加热至 80~100℃浸涂至饱和为宜；<br>（2）不加热涂抹 | （1）钢丝绳麻芯脂；<br>（2）石墨钙基润滑脂或其他钢丝绳润滑脂 |
| 减速器 | 新使用时每季度换一次油，以后可每半年至一年换一次 | 夏季 | L-CKD 齿轮油 |
| | | 冬季（不低于 -20℃） | |
| 齿轮联轴器 | 每月一次 | （1）工作温度在 -20~50℃；<br>（2）高于 50℃；<br>（3）低于 -20℃ | （1）采用以任何元素为基体的润滑脂，但不能混合使用，冬季宜用 1、2 号；夏季宜用 3、4 号；<br>（2）采用通用锂基润滑脂，冬季用 1 号，夏季用 2 号；<br>（3）采用 1、2 号特种润滑脂 |
| 滚动轴承 | 3~6 个月一次 | | |
| 滑动轴承 | 酌　情 | | |
| 卷筒内齿盒 | 每大修时加油一次 | | |
| 电动机 | 年修或大修 | 一般电动机；<br>H 级绝缘和湿热地带 | 合成复合铝基润滑脂；<br>3 号通用锂基润滑脂 |
| 开式齿轮 | 半月一次，每季或半年清洗一次 | | 开式齿轮油 |

### 9.2.6.4　润滑注意事项

桥式起重机润滑时的注意事项如下：

（1）润滑剂在使用过程中，必须保持清洁。使用前查看仔细，发现杂质或脏物时不能使用，使用中注意润滑剂的变化，如发现已变质失效时，应及时更换。

（2）经常认真检查润滑系统的各部位密封状态和输脂情况。

（3）温度较高的润滑点要增加润滑次数并装设隔温或冷却装置。

（4）按具体情况选用适宜的润滑材料，不同牌号的润滑脂不能混合使用。

（5）各机构没有注油点的转动部位，应视其需要，用加油工具把油加进各转动缝隙中，以减少磨损和防止锈蚀。

（6）潮湿的地方不宜选用钠基润滑脂，因为它吸水性强而且易失效。

（7）采用压力注脂法（油枪、油泵或旋盖式的油杯），应确保润滑剂进到摩擦面上。如因油脂凝结不畅通时，可采取稀释疏通法疏通。

（8）凡更换油脂时，务必做到彻底除旧换新，清洗干净，封闭良好。

 **复习思考题**

9-1　操作桥式起重机运行时应遵守哪些规则？

9-2　在桥式起重机工作结束后桥式起重机工须做哪些工作？

9-3　桥式起重机工交接班时进行的每日检查包括哪些内容？

9-4　桥式起重机的周检包括哪些内容？

9-5　桥式起重机的月检包括哪些内容？

9-6　桥式起重机的半年检包括哪些内容?

9-7　桥式起重机工操作抓斗起重机时应注意哪些事项?

9-8　桥式起重机工操作电磁起重机时应禁止哪些操作行为?

9-9　润滑的原则是什么?

9-10　桥式起重机的润滑有哪几种方式?

9-11　桥式起重机上常用的润滑材料有哪几种?

9-12　桥式起重机上常用的润滑脂有哪些? 各有何特点?

# 10 桥式起重机的电气系统及电路

## 10.1 桥式起重机的电气系统

电气系统是起重机械的动力源和神经中枢,它将电网的电能传输给电动机,并根据操作人员的指令和安全装置的信号,通过操纵台和控制箱中各控制元器件的动作,驱动机构的启动、调速、制动和换向等。

桥式起重机的工作环境恶劣,常在高温、多尘、烟雾及蒸汽等条件下工作。桥式起重机的工况则断续间歇、时开时停,所用电动机处于频繁的启动、制动,正转、反转状态,其负载也时轻时重,没有规律,还经常承受大的过载和机械冲击。为此,桥式起重机的电气设备和控制线路的配置,必须能适应上述工作特点。

### 10.1.1 桥式起重机的电气传动

#### 10.1.1.1 电动机的运行状态及负载性质

桥式起重机用电动机的运行状态对于起升机构,无论载荷是上升还是下降,负载转矩方向始终是向下的,因这类负载和位能有关,故称做位转矩负载;对于运行机构,负载是随转速方向改变,其转矩方向也改变,故称做阻转矩负载,特点是起阻碍运行作用。

#### 10.1.1.2 桥式起重机的调速

调速是起重机的一项重要指标。一般起重机调速性能都较差,多采用"点动"进行。这样过多地启、制动会使桥式起重机的电器和电动机寿命缩短、维修量增大、事故率增高等。

有些桥式起重机对准确停车要求较高,必须在调速的前提下来满足准确停止的要求。现在有一些桥式起重机已采用数控、遥控等新技术,而这些技术的应用也必须在调速的基础上实施。

桥式起重机调速分直流与交流调速。

直流调速有三种,即可控电压供电的直流串激电动机,改变电枢外串电阻值调速;固定电源供电的电动机——发电机组的调速;可控晶闸管供电——直流电动机的调速。

直流调速具有过载能力大、调速比大、启/制动性能好,能适应频繁的启、制动等优点;缺点是系统结构复杂、价格昂贵,需要直流电源等。

交流调速分三大类,即变频调速、变极调速、变转差率调速等。

变极调速简单,主要应用在电葫芦的鼠笼式电动机上,采用改变电极对数实现调速。

变转差率调速的方式较多,如改变绕线式异步电动机转子外接电阻法、转子晶闸管脉冲调速法等。

调频调压调速目前已应用到无级调速的起重作业中,变频变压调速的主体变频器已有系列产品供货。

另外,还有双电机调速、液力推动器调速、动力制动调速、转子脉冲调速、涡流制动调速、能耗制动调速、定子调压调速等。

## 10.1.2　桥式起重机的自动控制

（1）可编程序控制器。桥式起重机各机构的运行要依靠程序控制装置来实现，现在多使用可编程序控制器来控制。

（2）自动定位装置。桥式起重机的自动定位，一般是根据被控对象的使用环境、精度要求来确定装置的结构形式，自动定位装置通常使用各种检测元件与继电器、接触器或可编程序控制器相互配合以达到自动定位的目的。

（3）大车运行机构的纠偏和电气同步。纠偏分为人为纠偏和自动纠偏。人为纠偏是当纠偏超过一定值后，偏斜信号发生器发出信号，司机断开超前支腿侧的电动机，接通滞后支腿侧的电动机进行调整。自动纠偏是当偏斜超过一定值时，纠偏指令发生器发出指令，系统进行自动纠偏。电气同步是在交流传动中，常采用带有均衡电动机的电轴系统，实现电气同步。

（4）地面操纵、有线与无线遥控。电葫芦采用地面操纵，其关键部件是手动按钮开关。有线遥控是通过专用电缆或动力线作为载波体，对信号用调制解调传输方式，达到只用少量通道即可实现控制的方法。

无线遥控是利用当代电子技术，将信息以电波或光波为通道形式传输，达到控制的目的。

（5）起重电磁铁及其控制。起重电磁铁的电路，主要是提供电磁铁的直流电源及完成（吸、放料）控制要求。其工作方式分为定电压和可调电压两种控制方式。

## 10.1.3　桥式起重机的电气设备

不同的桥式起重机其电气设备不尽相同，但基本的设备是一样的，电气设备有电动机、控制器、接触器、继电器、电阻器和保护箱等。

### 10.1.3.1　电动机

A　电动机的类型、特点

在桥式起重机上的大、小车运行机构，主、副钩起升机构中过去一直采用 JZ 系列电动机，该系列电动机虽然工作可靠，但效率低、耗电大。现在桥式起重机上推荐使用 YZ 系列电动机取代 JZ 系列。YZ 系列电动机有 YZR 和 YZ 两种，YZR 为绕线式转子电动机，YZ 为鼠笼式转子电动机。

鼠笼式电动机优点是结构异常简单、造价低，缺点是启动电流大、速度不能调节，一般只用在功率不大和启动次数不太频繁的场合。绕线式电动机可调节启动及制动速度，而启动电流一般不超过额定电流的 $2 \sim 2.5$ 倍，故在桥式起重机上广泛应用。

YZ 系列电动机的特点是：

（1）制成封闭式，以适应多尘场所。

（2）制成加强的机械结构，以适应经常、显著的机械振动与冲击。

（3）采用较高的耐热绝缘等级，允许较高的温升。一般环境用电动机，其外壳防护等级为 IP44，环境温度为 $40^\circ\text{C}$，冶金环境用电动机，防护等级为 IP54，环境温度为 $60^\circ\text{C}$。

（4）电动机的工作制分为 8 种类型，分别是 $S_1$、$S_2$、$S_3$、$S_4$、$S_5$、$S_6$、$S_7$、$S_8$。桥式

起重机上一般使用 $S_3$。

（5）电动机在下列条件下使用时应能额定运行。海拔不超过 1000m；环境空气温度一般不超过 40℃，冶金环境不超过 60℃，最低环境空气温度为 -15℃；月平均最高相对湿度为 90%，同时月平均最低温度不高于 25℃；频繁的启动、制动及逆转。

B　电动机的工作状态

电动机运行时有以下几种不同的工作状态：电动机工作状态、再生制动工作状态、反接制动工作状态和单相制动工作状态等。

电动机工作状态就是电动机运行时用其电磁转矩克服负载转矩运行。当大、小车运行电动机驱动车体运行，起升机构电动机起升物件时，负载转矩对电动机来说起阻力矩作用，电动机需要把电能转换为机械能，用来克服负载转矩，这时电动机处于电动机工作状态。

再生制动工作状态，亦称反馈制动，俗称发电机工作状态，就是负载转矩为动力转矩，转子以相反方向切割定子磁场，电动机变成发电机，其电磁转矩对负载起制动作用。当起升机构起吊的物件下降时，电动机的转矩和旋转方向与起升时相反，而这时的负载转矩对电动机来说，变成动力转矩，它加速电动机转动，这时电动机变成发电机工作状态。当电动机转速超过电动机同步转速后，发电机的电磁转矩变成制动转矩，转子速度超过磁场速度越多，制动转矩就越大。当制动转矩与重力转矩相平衡时，转子速度便稳定下来，物体就以这个速度下降，这时电动机工作在发电反馈制动状态。电动机运行在发电机状态时，其制动转矩与转子外加电阻有关，电阻大时，转子电流小，制动力矩也小，物件下降速度就快。反之，下降速度就慢。为确保安全，在再生制动状态时，电动机应在外部电阻全部切除的情况下工作。

反接制动工作状态是电动机转矩小于负载转矩，迫使电动机沿负载方向运转。如起升机构为了以较低的下降速度下降重载时，电动机按慢速起升状态接通电源，电动机沿起升方向产生转矩，但由于物件较重，电动机的转矩小于负载转矩，电动机在负载转矩的拖动下，被迫沿下降方向运转。这种反接制动工作状态，用以实现重载短距离的慢速下降。

单相制动工作状态是将起升机构电动机定子三相绕组中的两相接于三相电源中的同一相上，另一相接于电源另一相中，电动机构成单相接电状态，电动机本身因不产生电磁转矩而不能启动运转。当物件下降时，电动机在物件的位能负载作用下，使电动机向下降方向运转。因此，这种接线方式，只适用于轻载短距离慢速下降，对于重载会发生吊物迅猛下降事故。

C　电动机的检查维护

电动机检查维护的主要内容是：

（1）保持电动机清洁，及时清除电动机机座外部的灰尘、油泥。如使用环境灰尘较多，最好每天清扫一次。防止异物进入电动机内部。

（2）检查和清擦电动机接线端子。检查接线盒接线螺丝是否松动、烧伤。

（3）检查各固定部分螺丝，包括地脚螺丝、端盖螺丝、轴承盖螺丝等。将松动的螺母拧紧。

（4）检查轴承。轴承在使用一段时间后应该清洗，更换润滑脂或润滑油。清洗和换油脂的时间，应随电动机的工作情况、工作环境、清洁程度、润滑剂种类而定，一般每工作

3～6个月，应该清洗一次，重新换润滑脂。油温较高时，或者环境条件差、灰尘较多的电动机要经常清洗、换油。

（5）绝缘情况的检查。绝缘材料的绝缘能力因干燥程度不同而异，所以检查电动机绕组的干燥是非常重要的。电动机工作环境潮湿、工作间有腐蚀性气体等因素存在，都会破坏电绝缘。最常见的是绕组接地故障，即绝缘损坏，使带电部分与机壳等不应带电的金属部分相碰。发生这种故障，不仅影响电动机正常工作，而且还会危及人身安全。所以，电动机在使用中，应经常检查绝缘电阻，还要注意查看电动机机壳接地是否可靠。

（6）负载电流不能超过额定值，电源电压不能高于或低于额定值的5%。

（7）电动机最高转速不超过其同步转速的2.5倍。

（8）电动机的温升应在规定的范围内。

（9）除了按上述几项内容对电动机进行定期维护外，运行一年后要大修一次，对电动机进行一次彻底、全面的检查、维护，增补电动机缺少、磨损的元件，彻底消除电动机内外的灰尘、污物，检查绝缘情况，清洗轴承并检查其磨损情况。

D　电动机日常检查维护的常用方法

加强电动机的日常检查维护是提高电动机使用寿命的有效途径，日常检查维护常常用看、听、摸、测、诊断等方法。

（1）看。每天巡查时，要看电动机工作电流的大小和变化，看周围有没有漏水、滴水（这会引起电动机绝缘低击穿而烧坏），看电动机外围是否有影响其通风散热的物件，看风扇端盖、扇叶和电动机外部是否需要清洁，要确保其冷却散热效果。

（2）听。认真细听电动机的运行声音是否异常，如现场噪声较大，可借助螺丝刀或听棒等辅助工具，贴近电动机两端听。通过声音发现电动机的不良振动、润滑情况等。

（3）摸。用手背探摸电动机周围的温度。在轴承状况较好情况下，一般两端的温度都会低于中间绕组段的温度。如果两端轴承处温度较高，就要结合所测的轴承声音情况检查轴承。如果电动机总体温度偏高，就要结合工作电流检查电动机的负载、装备和通风等情况进行相应处理。

（4）测。电动机停止运行时，要常用绝缘表测量其各相对的或相间电阻，发现不良时用烘潮灯烘烤以提高绝缘（推荐值大于$1M\Omega$），避免因绝缘太低击穿绕组烧坏电动机。

电动机运行时，可测量其三相工作电压和电流，看是否平衡。电压应基本相等，各相电流与平均值的误差不应超过10%。

（5）诊断。如果电动机故障较为复杂，要借助仪器或诊断系统对电动机进行诊断，确保电动机运转安全可靠。

10.1.3.2　控制器

控制器是一种具有多种切换线路的控制电器，用以控制电动机的启动、调速、换向和制动，以及线路的连锁保护，使各项操作按规定的顺序进行。

在桥式起重机上常用的控制器有凸轮控制器、主令控制器和联动控制台。凸轮控制器结构简单、外形尺寸小、工作可靠、维修方便，直接或半直接控制中小型桥式起重机的平移机构、小型桥式起重机起升机构的电动机。主令控制器触点的额定电流一般在10A以下，它是一种小型的凸轮控制器，用于切换控制屏中的接触器、继电器，对桥式起重机各机构电动机进行间接的远距离控制。联动控制台是凸轮控制器、主令控制器等电器的组合，可用较少的手柄控制较多的机构，操作方便，劳动强度低，在机构多、工作频繁的桥式起重机上才采用。

　　A　凸轮控制器

　　凸轮控制器由操纵机构、凸轮和触点系统、壳体等部分组成。凸轮控制器触点组的结构如图 10-1 所示。

　　凸轮控制器的作用是：控制电动机启动、制动、换向、调速；控制电阻器并通过电阻器来控制电动机的启动电流，防止启动电流过大，并获得适当的启动转矩；凸轮控制器与限位开关联合工作，可以限制电动机的运转位置，防止电动机带动的机械运转越位而发生事故；保护零位启动，防止控制器手柄不在零位时切断电源以后重新送电时，电动机直接启动运转而发生事故。

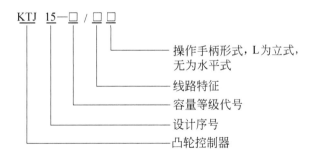

图 10-1　交流凸轮控制器
1—凸轮；2—转轴；3—凸轮块；
4—滚轮；5—杠杆；6，7—触头；
8—垫片

　　凸轮控制器线路的特点是：

　　（1）控制绕线转子异步电动机时，转子回路串接不对称电阻，以减少凸轮控制器触点的数量。

　　（2）一般为可逆对称电路。平移机构正、反方向挡位数相同，具有相同的速度，从第一挡至第五挡速度逐级增加；反之从第五挡转至第一挡时，速度逐级减小。在下降时，电动机处于再生制动状态，稳定速度大于同步速度，与起升时相反，五挡速度最低，不能得到稳定低速，如需准确停车，只能靠点动操作来实现。重载时需慢速下降，可将控制器打至上升第一挡，使电动机工作在反接制动状态。

　　目前生产中使用的凸轮控制器主要有 KTJ1、KT10、KTK、KT14 系列。而新产品 KTJ15、KTJI6 系列凸轮控制器将取代 KT10、KTK、KT14，新产品在通、断能力和使用寿命等方面都优于老产品。

　　凸轮控制器型号的含义如下：

$$KTJ\ 15-\square/\square\square$$

操作手柄形式，L 为立式，
无为水平式

线路特征

容量等级代号

设计序号

凸轮控制器

　　以 KTJ15 型为例，线路特征用数字 1~5 表示：1 表示控制一台绕线转子异步电动机；2 表示控制两台绕线转子异步电动机，转子回路定子由接触器控制；3 表示控制一台鼠笼型异步电动机；4 表示控制一台绕线转子异步电动机，转子电路的两组电阻器并联；5 表示控制两台绕线转子异步电动机。容量等级代号表示额定工作电流的值，一般有 32A、63A 两种。因此，KTJ15 型的标记有 KTJ15—32/1、KTJ15—32/2、KTJ15—63/3、KTJ15—63/5 等。

　　B　主令控制器

　　主令控制器是向控制电路发出指令并控制主电路工作的一种间接控制用电器。在桥式起重机上，它常与平移、起升、抓斗等控制屏相配合，组成一个完整的控制系统，用来控制电动机的启动、制动、换向和调速。

主令控制器的结构如图 10-2 所示。它具有工作可靠、操作轻便、能实现多点多位控制等优点，这对于工作机构操作繁重的桥式起重机来说是很重要的。

主令控制器由于使用元件多、线路复杂、成本高、体积大，所以在应用范围上受到一定限制。它一般使用在以下场合：电动机容量大，凸轮控制器容量不够；操作频率高，每小时通断次数接近 600 次或 600 次以上；桥式起重机工作繁重，要求电气设备有较高的寿命；桥式起重机机构多，要求减轻桥式起重工的劳动强度；由于操作需要（如抓斗机构）；要求桥式起重机工作时间有较好的调速、电动性能等。

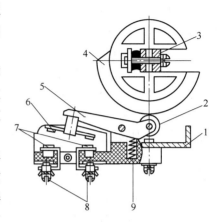

图 10-2　主令控制器触点组结构
1—安装板；2—小轮；3—转轴；4—凸轮；
5—支杆；6—动触点；7—静触点；
8—接线柱；9—弹簧

目前生产的主令控制器有 LK14、LK15、LK16（额定电流为 10A），新产品 LK18 以及数字式智能主令控制器 DSLK 等。

C　控制器的维护

控制器的各对触头开闭频繁，尤其是控制器内的定子回路触头，因此不但要保持其接触良好，而且动静触头间的压力要适宜，这就要求起重工和维修人员应经常检查控制器各触头的接触情况并调整触头间的压力。

每班工作前应仔细检查控制器各对触点工作表面的状况和接触情况，对于残留在工作表面上的珠状残渣要用细锉锉掉。修理后的触头，必须在触头全长内保持紧密接触，接触面不应小于触头宽度的 3/4。

动静触头之间的压力要调整适宜，确保接触良好。触头压力不足、接触不良，是造成触头烧伤的原因。

当动合触头磨损量达 3mm，动断触头磨损量达 1.5mm 时，应更换。

10.1.3.3　接触器

接触器是一种自动切换电器，主要用于远距离频繁启动或控制电动机，以及接通分断正常工作的主电路与控制电路。

在桥式起重机上，接触器用来控制电动机的启动、制动、加速和减速过程。

A　接触器的结构

桥式起重机上主要采用 CJ12 系列交流接触器，其结构如图 10-3 所示。

接触器结构为条架式平面布置，在一条安装扁钢上，电磁系统在右，主触点系统在中间，连锁触点在左，衔铁停挡可以转动，便于维修。

接触器的电磁系统由"Ⅱ"形动、静铁芯及吸引线圈组成。动、静铁芯均有弹簧缓冲装置，能减轻磁系统闭合时的碰撞力，减少主触点振动时和释放时的反弹现象。接触器的主触点系统为单断点串联磁吹结构，并配有纵缝式塑料灭弧罩。连锁触点为双断点式，有

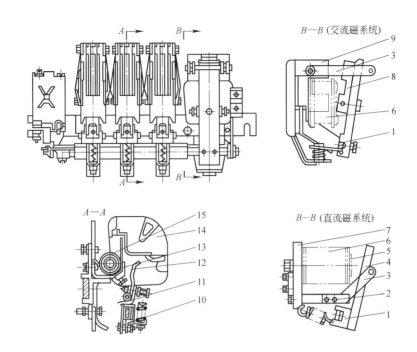

图 10-3 CJ12 系列交流接触器的结构

1—转轴；2—螺钉；3—停挡；4—衔铁；5—铁芯；6—线圈；7—磁轭；8—动铁芯；9—静铁芯；
10—触点弹簧；11—软连接；12—主动触点；13—主触点；14—灭弧罩；15—吹弧线圈

透明的防护罩。连锁触点的常开（动合）、常闭（动断）可按 51、42 或 33（5 个常开触头、1 个常闭触头称为 51，4 个常开触头、2 个常闭触头称 42，依此类推）任意组合，其额定电流为 10A。触点系统的动作，由接触器电磁系统的扁钢方轴传动。

B 接触器的工作原理

静铁芯与线圈固定不动。在线圈通电后，动、静铁芯（衔铁）之间便产生电磁吸力。在电磁吸力的作用下，静铁芯将动铁芯吸合。由于动触点与动铁芯都固定在同一条扁钢方轴上，因此动铁芯就带动动触点与静触点接触，从而使电路接通。当线圈断电时，电磁吸力消失，动铁芯在其自重及弹簧反作用力的作用下，与静铁芯分离（释放），动、静触点断开，从而使电路断开。灭弧室的作用是迅速切断触点断开时的电弧。容量稍大的交流接触器都有灭弧室，否则将发生触点烧焦、熔焊等现象。反作用弹簧的作用是当线圈断电时，衔铁释放，使触点复位。触点弹簧的作用是增加触点的接触面积，以减小接触电阻。在铁芯的极面上嵌装铜质短路环的目的是为消除衔铁吸合时的振动与噪声。

触点按允许电流的大小可分为主触点和辅助触点两种。主触点允许通过大电流，起接通与断开主电路作用；辅助触点允许通过 10A 以下的小电流，使用时一般接在控制电路中，可以完成自锁、互锁等控制要求。

触点在正常状态（无电压、无外力作用）可分常开触点和常闭触点两类。线圈通电后，电磁机构吸合，其常开触点闭合，常闭触点断开。因此，常开触点又称为动合触点；常闭触点又称动断触点。

在桥式起重机上使用 CJ10、CJ12、CJ20 等系列交流接触器。

10.1.3.4　继电器

继电器是一种自动电器，当某些参数（如电压、电流、温度、压力等）变化到一定值时就动作，接通与分断控制电路。继电器只有通过接触器或其他电器才能对主电路实现控制。与接触器相比，继电器触点容量小、结构简单、体积小、质量轻；灵敏度好、准确度高；参数调节方便，有足够的调节范围。在桥式起重机上常见的继电器有零电压继电器、过电流继电器、热继电器和时间继电器。

A　零电压继电器

桥式起重机控制箱中的线路接触器、各种控制屏中的 CJ10-10 接触器，都起零电压继电器的作用。在工作过程中，电源断电，接触器便释放，其触点断开控制回路或主电路的电源，以防止突然恢复供电发生意外事故。在电源供电正常之后，必须将所有的控制器手柄置于零位，才可能重新启动各机构。

B　过电流继电器

桥式起重机使用 JL5、JL12、JL15、JL18 等型号的过电流继电器。JL5、JL15、JL18 为瞬动元件，只能作桥式起重机的短路保护；JL12 为反时限元件，可以作桥式起重机的过载和短路保护。

JL12 系列过电流继电器的外形及油杯剖面如图 10-4 所示。它由以下三部分组成：

（1）螺管式电磁系统：包括双玻璃丝包线圈 2、磁轭 14 及封口塞。

（2）阻尼系统：包括装有阻尼剂 5（201-100 甲基硅油）的导管 4（即油杯）、动铁芯 7 及动铁芯中的钢珠 8。

（3）触头部分：用微动开关 1 作触头，型号为 JLXK1-11。

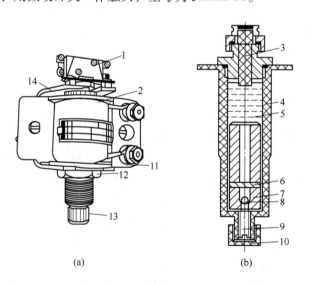

(a)　　　　　　　　　　(b)

图 10-4　JL12 系列过电流继电器的外形及油杯剖面图
(a) 外形图；(b) 油杯剖面图
1—微动开关；2—线圈；3—顶杆；4—导管；5—阻尼剂；6—销钉；7—铁芯；8—钢珠；
9—调节螺钉；10, 13—封帽；11—接线座；12—螺母；14—磁轭

当桥式起重机各机构的电动机发生过载、过电流时，导管 4 中的动铁芯 7 受到电磁力

的作用，克服阻尼剂5的阻力向上运动，直到推动顶杆3打开微动开关1，断开控制电路使电动机断电为止。继电器动作后电动机停止工作，动铁芯在重力作用下恢复原位。

在继电器下端装有调节螺钉9，旋转调节螺钉就可以调节铁芯的位置，使之上升或下降。在环境温度较低时，由于温度对硅油黏度的影响，继电器动作时间增加，此时可调节螺钉9，使铁芯7的位置上升，从而使继电器的动作时间缩短。反之，在环境温度较高时，继电器的动作时间缩短，此时可调节螺钉9，使铁芯7的位置下降，从而使继电器的动作时间增加。

C 热继电器

桥式起重机电动机在运行过程中，因操作频繁及过载等原因，会引起定子绕组电流增大，绕组温度升高等现象。如果电动机过载不大，时间较短，电动机绕组的温升不超过允许温升，这种过载是允许的。但如果过载时间较长或电流过大，绕组温升超过允许值，将会损坏绕组的绝缘，缩短电动机的使用寿命，严重时甚至使电动机烧毁。

在交流电动机定子回路中串入热继电器是为了保护交流电动机不过载，热继电器也具有反时限动作特性。当电动机过电流不超过动作特性，热继电器不动作，可充分发挥电动机的过载能力；当电动机过电流超过动作特性，热继电器将动作，并通过其他电器，使电动机断电以避免过热。

常用的 JR16 型热断电器，它不仅能起过热保护的作用，而且能起断相保护的作用。

热继电器的结构如图 10-5 所示。它由双金属片 8、偏心轮 5、推杆 7、杠杆 3 和 10、连杆 6、内外导板 1 和 2 与动、静触点 11 和 12 等组成。

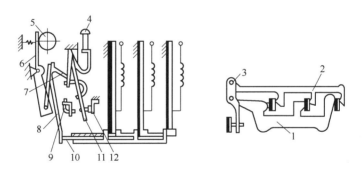

图 10-5　JR16-150 型热继电器

1—外导板；2—内导板；3，10—杠杆；4，9—复位按钮；5—偏心轮；6—连杆；
7—推杆；8—补偿双金属片；11—动触点；12—静触点

JR16 是三相结构，并带有差动式断相保护机构。

当三相均衡过载时，双金属片受热向左弯曲，推动外导板1（同时带动内导板2）左移，通过补偿片8及推杆7，使动触点11与静触点12分断，从而断开控制回路。如果一相断路，该相双金属片逐渐冷却向右移动，且带动内导板右移，外导板继续在未断相的双金属片推动下左移，于是产生差动作用。通过杠杆传动，热继电器的动作加快。

JR16 型热继电器除用作电动机的均衡过载保护外，还可作断相运转时的过载保护。

D 时间继电器

时间继电器是一种在加入（或去掉）输入的动作信号后，其输出电路需经过规定的准

确时间才产生跳跃式变化（或触头动作）的一种继电
器。它利用电磁原理、机械动作原理来延迟触点闭合或
断开的自动控制电器。时间继电器有电磁式、电动式、
空气阻尼式、晶体管式等多种类型。桥式起重机控制屏
中多采用 JT3 系列直流电磁式通用继电器，其直流电源
利用二极管整流、电阻降压而获得。

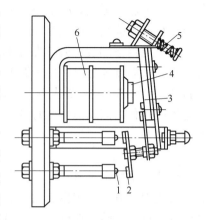

图 10-6　JT3 系列直流时间继电器
1—静触点；2—动触点；3—衔铁；
4—静铁芯；5—微动弹簧；6—线圈

　　JT3 系列直流电磁式通用继电器结构（简称 JT3 时
间继电器）如图 10-6 所示。该继电器利用阻尼来延缓
磁通变化的速度，以达到延时的目的。在继电器的静铁
芯 4 上，有一个铜或铝制的阻尼套（短路线圈）。当线
圈 6 断电时，阻尼套中产生感应电流，这个电流使铁芯
中的磁通衰减变得缓慢，所以断电后继电器的衔铁
（动铁芯）3 不能立刻释放，而是经过一定时间才释放。
这种继电器在线圈通电后，其延时闭合（常闭）触点
瞬时断开，延时断开（常开）触点瞬时闭合；线圈断电后，其延时闭合的触点延时闭合，
延时断开触点则延时断开。这种继电器仅在断电释放时才有明显的延时作用。

　　改变衔铁上非磁性垫片的厚度或调节螺母改变微调弹簧的压力，就可以调整继电器的
延时时间。

　　目前新研制的时间继电器为 JT18 系列。

### 10.1.3.5　电阻器

　　电阻器是由电阻元件、换接设备及其他零件组合而成的一种电器。它串接在桥式起重
机的绕线转子异步电动机的转子电路中，作用是调速和限制启、制动电流。

#### A　电阻元件

　　桥式起重机上用的电阻元件按材料来分有铸铁电阻元件（ZT 型）、康铜电阻元件
（ZB 型）和铁铬铝电阻元件（ZY 型、ZD 型）三类。

　　（1）铸铁电阻元件。铸铁电阻元件具有不怕酸、碱浸蚀，价格低廉，发热时间常数
大，短时间的过载温度上升较慢等优点。其缺点是质地较脆，容易断裂，电阻温度系数
大。铸铁电阻元件已逐渐被淘汰，由铁铬铝电阻元件所代替。

　　（2）康铜电阻元件。用康铜或新康铜丝制成的电阻元件如图 10-7 所示。在钢质底板
的两侧粘上瓷槽，将康铜丝绕在瓷槽上，即制成康铜电阻元件。在桥式起重机上常用的电
阻丝规格是直径 1~2mm，较大容量的电阻元件采用双股并绕。这种电阻元件的优点是比
较坚固、耐冲击，缺点是电流容量小、价格较贵，只适宜用在电流小、电阻大的情况下。

　　（3）铁铬铝电阻元件。铁铬铝电阻元件
如图 10-8 所示。圆筒形铁铬铝电阻元件的中
心有一个钢质骨架，组成几个扇形支撑面，
螺旋形的铁铬铝合金带通过绝缘瓷槽固定在
扇形支撑面上，螺旋带的两端焊有铜片以便
与其他元件相连接，元件中间抽头也靠铜片
引出。

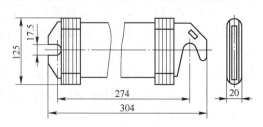

图 10-7　康铜电阻元件

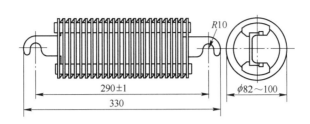

图 10-8 铁铬铝电阻元件

铁铬铝电阻元件除制成圆筒形外，还有制成波浪形的，将铁铬铝合金带弯成许多 U 字形栅格即成。

铁铬铝也是较好的电阻材料，它具有良好的防氧化性和耐高温、耐振动、散热条件较好的特性。除铬以外，铁和铝都是较普通的材料。目前铁铬铝已代替铸铁应用在大中型电动机的电阻器上。

B 电阻器型号

桥式起重机上常使用 ZX2、ZX9、ZX10、ZX12、ZX15 等系列电阻器。与 ZX9、ZX10 电阻器相比，ZX12 电阻器结构简单、质量轻、性能可靠、产生寄生电感量小、无自激振动噪声、元件抽头方便。为与 YZR 系列电动机匹配，目前还生产了 R 系列电阻器，如 RZ5、RK5、RT5 等型号。R 系列电阻器的产品型号含义如下：

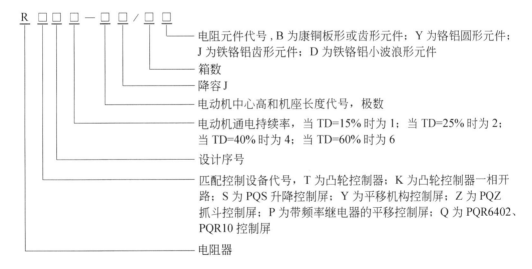

10.1.3.6 保护箱

全部机构由凸轮控制器操作的小型桥式起重机，以及一部分机构由凸轮控制器操作而另一部分机构由主令控制器操作的中型桥式起重机，广泛采用保护箱。

保护箱由刀开关、接触器、过电流继电器等组成，用于控制和保护桥式起重机，实现电动机的过载保护和短路保护，以及失压、零位、安全、限位等保护。保护箱主电路原理如图 10-9 所示。保护箱控制电路原理如图 10-10 所示。

信号灯 HL 指示电源接通。紧急开关 SE 作事故情况、紧急情况停电与正常情况下分断电源用。按钮 SB 作正常情况下接通电源用。舱口门、横梁门、安全开关（$SQ_1$、$SQ_2$、

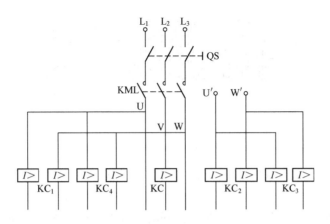

图 10-9　保护箱中的控制电路

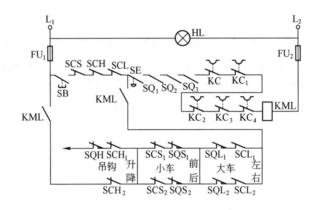

图 10-10　保护箱中控制电路原理

$SQ_3$）中任何一个打开，桥式起重机均不能工作。当某个机构的电动机过载或短路时，过电流继电器 KC、$KC_1$ ~ $KC_4$ 中的一个动作其触点使线路接触器 KML 线圈断电，从而切断总电源。小车、起升和大车机构的控制器分别为 SCS、SCH、SCL，只有当各控制器手柄位于零位时，才能接通 KML，实现零位保护。

SQH、$SQS_1$、$SQS_2$、$SQL_1$、$SQL_2$ 分别为起升、小车和大车行程限位开关。例如当小车机构向前运行时，向前方向限位开关 $SQL_1$ 和控制器辅助触点接入线路，而向后运行的控制器辅助触点断开。当小车机构运行至向前极限位置时，相应的限位开关 $SQL_1$ 断开，使线路接触器 KML 断电释放，整个桥式起重机停止工作。此后，必须将全部控制器置于零位，重新送电后，机构才能向后方向运行。一般起升机构装一套上升限位开关，吊运液体金属的起升机构装有两套上升限位开关。有下限要求的起升机构装有下降限位开关。

### 10.1.3.7　电流引入装置

#### A　供电方式

桥式起重机的小车与大车之间和大车与厂房之间，由于搬运物料的需要，必须有相对运动。因此，应采用移动式供电装置。移动式供电装置可以分为硬滑线供电和软滑线供电两种方式。大车供电是由固定在车间的角钢滑触线和安装在桥式起重机上的集电砣所组成；小车供电滑线目前几乎全部采用电缆。

选用硬滑线或软电缆时，应注意两个问题：一是电压损失，二是发热。对硬滑线，由于阻抗大，电压损失是主要的，在满足电压损失要求的情况下，发热往往是允许的。对软电缆而言，满足电压损失要求时，还一定要校验发热情况。因为过热会加速绝缘老化，降低电缆的使用寿命。

关于桥式起重机电压损失规定，当交流电源供电时，通过尖峰电流时，自供电变压器

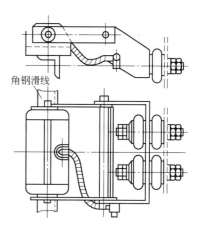

图 10-11　大车导电器

的低压母线至桥式起重机任何一台电动机端子的电压损失不应超过额定电压的 15%。对一般用途的桥式起重机（抓斗式、吊钩式），额定起重量为 32t 及以下的，其内部压降为 5%；额定起重量为 32t 以上至 160t 的，其内部压降为 4%。车间干线和配电线路电压损失为 3% ~ 5%，主滑线电压损失为 5% ~ 6%。

B　大车导电器

大车导电器（见图 10-11）由集电砣、支板、瓷瓶、小轴、支架及引入导线等元件组成。从引入电流的容量来分，大车导电器有 100A、300A、600A 等几种。

大车导电器的特点是上下、左右位移调整量较大。由于集电砣较重，压在车间供电的滑触线上，使之产生较大的正压力。由于滑触线上灰尘较多，移动时容易在集电砣下产生火花，因此在重要的场合或供电电流较大时，宜采用双集电砣。

C　小车导电装置

目前，除个别桥式起重机用角钢式圆钢滑触线为小车供电外，几乎全部采用软电缆供电。采用电缆供电的优点是减轻了导电装置的重量，消除了裸露的带电体，防止工作人员触电，软电缆直接和用电设备连接，还大大提高了供电的可靠性。

软电缆供电装置由于导电部件不同，目前有异型钢轨道小车导电装置、工字钢轨道小车导电装置以及电缆拖车等几种方式。

（1）工字钢轨道的电缆导电装置。如图 10-12 所示，它由工字钢、挡头、滑轮小车、接线盒、钢丝绳等组成。电缆滑车之间的间距为 3.5m，电缆根数大于 5 根，电缆最多有

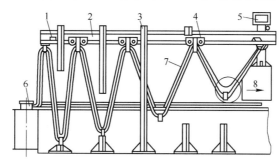

图 10-12　工字钢轨道电缆导电装置

1—挡头；2—工字钢；3—支柱；4—滑轮小车；5，6—接线盒；7—钢丝绳；8—小车

效总芯数为 26～30。工字钢的上翼缘由支柱上的角钢来固定，滑轮小车跨在工字钢上，随起重机小车而移动。当滑轮小车全部退回至极限位置时，由滑轮小车两端的挡头相互顶住，使它们有次序地排成一列，避免电缆拥挤压折。

（2）异型钢轨道的电缆导电装置。由于异型钢（□63×63、□40×40）较工字钢轻，目前桥式起重机多采用这种导电装置。

（3）滚动式电缆拖车导电装置。上述两种导电装置属于悬挂式，在受热辐射影响较大或经常受侧向作用力的使用场所缺点较明显。这种情况下应采用滚动式电缆拖车导电装置（见图 10-13）。电缆从跨度中部走台上的接线盒接出来，分为两半后分别从下面沿电缆拖车移动的方向左右分开，经过有槽的电缆卷筒转到电缆拖车上面，再经过托辊从两路汇合到小车上的接线盒。小车移动时，就带动电缆拖车在轨道上运行。这种供电装置较前两种节省电缆，且能减小热辐射的影响。

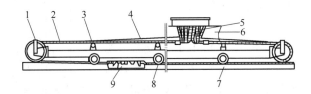

图 10-13　电缆拖车导电装置
1—电缆卷筒；2—电缆；3—托辊；4—钢丝绳；5—小车上接线盒；
6—小车；7—电缆车轨道；8—车轮；9—走台上接线盒

（4）小车供电卷筒。小车供电卷筒主要是给电磁桥式起重机电磁吸盘供电用的，要求和起升机构同步，防止工作时电缆和钢丝绳相互碰撞或摩擦。

安装在滑车或拖车上的电缆，固定前应消除电缆扭曲的应力，并按电缆直径大小依次排列整齐，直径较小的在固定前应用软橡胶板包扎，确保每根电缆都能被夹紧。当电缆拉开到极限位置时，相邻两滑车之间电缆的夹角应不大于 120°。滑车之间为防止电缆受拉伸，装有牵引绳。牵引绳的长度应比电缆稍短。安装在电缆拖车上的电缆，其长度应留有适当的余量。拖车运行时，使牵引钢丝绳受力，避免电缆受拉伸。在电缆拖车运行的范围内，拖车下面应垫有 8～10mm 厚的石棉板，使之隔热；走台或主梁盖板部位，应有防雨水积聚的措施。拖车滚轮的半径，应大于电缆外径的 5～6 倍。

## 10.2　桥式起重机的电路及其分析

通用桥式起重机、冶金桥式起重机及龙门式桥式起重机，在结构上和取物装置等方面有所不同，在电气线路上也有所不同，但最基本的线路都是由照明信号电路、主电路和控制电路三部分组成。

### 10.2.1　照明信号电路

照明电路是桥式起重机电气线路的一部分，它是由桥上照明、桥下照明和驾驶室照明等几部分组成的。

10.2.1.1 照明信号电路的作用

桥上照明供操作者和维修人员检查和修理设备用；桥下照明供操作者观察桥下工作情况和桥下工作者捆绑物品时用；驾驶室照明包括电铃和信号灯等，供操作者与地面工作人员联系或发出危险信号用。

10.2.1.2 照明信号电路的工作原理

桥式起重机的照明电路如图 10-14 所示。它的电源由变压器 T 供给，变压器原绕组经熔断器 $FU_1$ 和刀开关 SA 接在保护箱内电源刀开关的下面，原绕组电压为 380V，两个副绕组的电压分别为 36V 和 220V。36V 是供电铃 HA 和信号灯 HL 等用的；220V 是供照明灯 $EL_1$、$EL_2$、$EL_3$ 用的。电铃、信号灯、照明灯分别由手动开关 $S_1$、$S_2$、$S_3$ 控制，使用时合上开关即可。插座 $XS_1$、$XS_2$、$XS_3$ 供电风扇等用。

在变压器原、副绕组侧安装熔断器 $FU_1$、$FU_2$，作短路保护用。

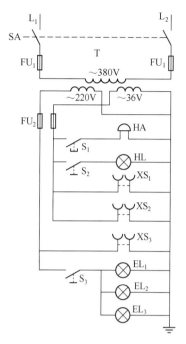

图 10-14 桥式起重机照明电路

## 10.2.2 主电路

主电路在桥式起重机上的主要作用是驱动电动机工作，它由电动机绕组和电动机外接电路两部分组成。外接电路由外接定子和外接转子电路组成，简称定子电路和转子电路。

由于电动机定子电流、转子电流都比较大，因此定子电路与转子电路统称为主电路，其控制方式是由电动机容量、操作频率、工作繁重程度、工作机构数量等多种因素决定的，一般有三种控制类型：由凸轮控制器控制；电动机定子电路由接触器控制，而转子电路由凸轮控制器控制；电动机定、转子电路均由接触器控制等。

## 10.2.3 控制电路

桥式起重机控制（联锁保护）电路的作用是：

（1）电动机短路和过载保护。绕线转子异步电动机采用过电流继电器保护。瞬动的过电流继电器只能保护短路，反时限特性的过电流继电器不单有短路保护，还有过载保护作用。

（2）失压保护。用主令控制器控制的机构，一般在控制屏加零电压继电器作失压保护；凸轮控制器控制的机构，用保护箱中的线路接触器作失压保护。

（3）控制器零位保护。控制器零位保护是为了避免接通电源后，由于手动复位的凸轮控制器不在零位使电动机自行运转而使桥式起重机产生危险动作。

（4）行程保护。行程保护主要是限制电动机所带动的机构越位，以保证机构运行到终点之前，立即断电停车，起行程保护作用。

（5）舱口门开关与端梁门开关。当舱口门（或端梁门）打开时，主电路不能送电；已送电的主电路当舱口门（或端梁门）打开时，能自动切断电源，防止司机或检修人员上车触电。

　　（6）紧急开关。紧急开关是为保护生产人员的安全，在紧急情况下可迅速断开总电源的开关。

　　下面以 5t 桥式起重机的控制电路为例进行简单陈述。如图 10-15 所示，控制电路由保护电路（包括零位触点、串联电路）、大车电路、小车电路和升降电路等五部分组成。保护电路由启动按钮 SB，大车用凸轮控制器零位触点（动断）SCL、小车用凸轮控制器零位触点（动断）SCS，升降机构用凸轮控制器零位触点（动断）SCH，紧急开关 SE，舱口门及端梁门开关 SQ$_1$、SQ$_2$、SQ$_3$，各过电流继电器触点（动断）KC、KC$_2$、KC$_3$、KC$_1$，接触器 KM 线圈等组成。大车电路由凸轮控制器 SCL$_1$、SCL$_2$ 两个联锁触点及 SQL$_1$、SQL$_2$ 两个限位开关触点等组成。升降电路由凸轮控制器 SCH$_1$、SCH$_2$ 两个联锁触点及 SQH 上升限位开关触点等组成。

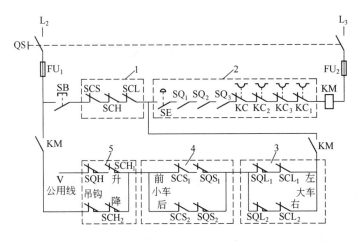

图 10-15　5t 桥式起重机的控制电路

1—零位触点；2—串联电路；3—大车电路；4—小车电路；5—升降电路

　　合上刀开关 QS，控制电路与电源接通，当大、小车及升降用凸轮控制器的手柄置于零位，紧急开关 SE 及舱口门、端梁门的行程开关 SQ$_1$、SQ$_2$、SQ$_3$ 处于闭合状态时，按下启动按钮 SB，电源 L$_2$→熔断器 FU$_1$→启动按钮 SB→各凸轮控制器零位触点 SCS、SCH、SCL→紧急开关 SE→舱口门、端梁门与全开关 SQ$_1$、SQ$_2$、SQ$_3$→各过电流继电器触点（动断）KC、KC$_2$、KC$_3$、KC$_1$→接触器 KM 线圈得电吸合，其主触头 KM 闭合，各机构接通电源；辅助触点 KM 闭合实现自锁，启动按钮 SB 及 SCS、SCH、SCL 零位触点不再起作用。大车电路、小车电路、升降电路串联接入接触器 KM 线圈电路。这时各机构并不动作。

　　当大、小车凸轮控制器的手柄处于零位，将升降机构凸轮控制器的手柄置于上升位置时，控制电路由公用线 V 经 SQH、SCH$_1$→SCS$_1$、SQS$_1$（或 SCS$_2$、SQS$_2$）→SQL$_1$、SCL$_1$（或 SQL$_2$、SCL$_2$）→KM 触点→SE→SQ$_1$、SQ$_2$、SQ$_3$→KC、KC$_2$、KC$_3$、KC$_1$→接触器 KM 线圈形成闭合回路，KM 仍保持吸合状态（由于 SCH$_2$ 已断开，KM 触点闭合，KM 不从 L$_2$ 得电）。由凸轮控制器 SCH 控制升降机构电动机以某一速度往上升方向转动，吊钩上升。

　　当大车凸轮控制器手柄置于向左、小车凸轮控制器手柄置于向前、升降机构凸轮控制器手柄置于上升位置时，由公用线 V 经 SQH、SCH$_1$→SCS$_1$、SQS$_1$→SQL$_1$、SCL$_1$→SE→SQ$_1$、SQ$_2$、SQ$_3$→KC、KC$_2$、KC$_3$、KC$_1$→接触器 KM 线圈，形成闭合回路，SCL、SCS 与

SCH 分别控制相应机构的电动机，大车、小车与吊钩按控制器手柄操纵的方向运行。

当大车向右、小车向后、吊钩下降时，工作原理与上述过程相类似，由 KM→SCH$_2$→SCS$_2$、SQS$_2$→SQL$_2$、SCL$_2$ 等电器元件形成闭合回路，SCL、SCS 与 SCH 分别控制相应机构的电动机、大车、小车与吊钩按控制器手柄操纵的方向运行。

从图 10-15 可以看出，当机构向某方向运动时，其相应的行程开关即接入控制电路，在机构运动至行程终点时，行程开关即断开，接触器 KM 断开释放，也就实现了行程保护的目的。这时应将各控制器手柄扳回零位，按动启动按钮 SB，使主电路重新送电。将机构向相反方向开动，桥式起重机方可继续工作。

起重电磁铁是桥式起重机用来搬运钢、铁等导磁性材料的一种取物装置，利用其线圈通电产生的磁场（充磁），将导磁性材料吸附在电磁铁的下端，借助桥式起重机运往指定地点。起重电磁铁的控制电路在正常供电时能吸附物料；断电后电磁铁线圈被放电电阻短接，电压降低到 1000V 以下；当电磁铁释放物料时，反向供电给电磁铁线圈使其消磁，以达到尽快释放物料，提高劳动生产率的目的。

起重电磁铁 CKB 型控制屏电路，如图 10-16 所示。其工作原理是：合上刀开关 QS、主令开关 SM，励磁接触器 KME 得电吸合，其常开主触点 KME$_1$、KME$_2$ 闭合，辅助触点 KME$_4$ 闭合、KME$_3$ 断开。起重电磁铁 YH 线圈通电（5→7→8→6），电磁铁吸重；KME$_3$ 断开放电回路；KME$_4$ 闭合，指示灯 HL 亮。

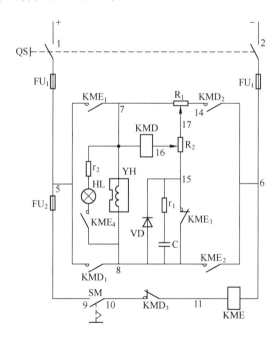

图 10-16 起重电磁铁 CKB 型控制屏电路

打开主令开关 SM 后，励磁接触器 KME 断电释放，KME$_1$、KME$_2$、KME$_4$ 断开，电源不再向起重电磁铁提供励磁电流。起重电磁铁 YH 线圈的自感电势（8 +，7 −）经 8→15→16→17→7 及 8→15→16→7 形成闭合回路进行放电，当电阻 R$_2$（16 +、17 −）与电阻 R$_1$（17 +、7 −）电压等于反向消磁接触器 KMD 的动作电压时，KMD 便吸合，其触头

$KMD_1$、$KMD_2$ 闭合，电源向起重电磁铁 YH 线圈反向通电 + →5→8→7→17→14→6→ - ，电磁铁开始去磁，去磁电流使 $R_1$ 电压（7 + 、17 - ）与 YH 自感电势放电 $R_1$（17 + 、7 - ）相反，使 KMD 电压下降，一直到 KMD 释放，$KMD_1$、$KMD_2$ 触点断开。电磁铁 YH 自感电势经 7→16→17→8 再次放电，去磁过程结束。

 **复习思考题**

10-1　常用桥式起重机的调速方式有几种？

10-2　桥式起重机一般选用什么型号的电动机，为什么？

10-3　控制器的作用是什么，常用的有哪几种类型？

10-4　接触器的作用是什么，简述其工作原理。

10-5　桥式起重机常用继电器有几种？

10-6　电阻器的作用是什么？

10-7　保护箱的作用是什么？

10-8　简述桥式起重机的供电方式。

10-9　桥式起重机的基本电路有哪些？

# 11 桥式起重机的操作

## 11.1 司索与起重作业方案

起重司索与指挥是起重作业的重要组成部分。它包括对起重物体的有效捆扎、与起重机挂钩以及指挥等环节，即通过指挥人员、司机和司索人员的密切配合而完成的一个有效的起重作业循环。司索作业中最关键的环节包括吊点的选择和物体的绑扎方式。

### 11.1.1 吊点的选择

吊运各种物体时，为避免物体的倾斜、翻倒、变形损坏，应根据物体的形状特点、重心位置，正确选择起吊点，使物体在吊运过程中有足够的稳定性，以免发生事故。

（1）试吊法选择吊点。在一般吊装工作中，多数起重作业并不需用计算法来准确计算物体的重心位置，而是估计物体重心位置，采用低位试吊的方法来逐步找到重心，确定吊点的绑扎位置。

（2）有起吊耳环物体吊点的选择。对于有起吊耳环的物体，其耳环的位置及耳环强度是经过计算确定的，因此在吊装过程中，应使用耳环作为连接物体的吊点。在吊装前应检查耳环是否完好，必要时可加保护性辅助吊索。

（3）长形物体吊点的选择。对于长形物体，若采用竖吊，则吊点应在重心之上。用一个吊点时，吊点位置应在距离起吊端 $0.3l$（$l$ 为物体长度）处，起吊时，吊钩应向长形物体下支承点方向移动，以保持吊点垂直，避免形成拖拽，产生碰撞；如采用两个吊点时，吊点距物体两端的距离为 $0.2l$ 处；采用三个吊点时，其中两端的吊点距两端的距离为 $0.13l$，而中间吊点的位置应在物体中心。在吊运长形刚性物体时应注意，由于物体变形小或允许变形小，采用多吊点时，必须使各吊索受力尽可能均匀，避免发生物体和吊索的损坏。

（4）方形物体吊点的选择。吊装方形物体一般采用四个吊点，四个吊点位置应选择在四边对称的位置上。

（5）机械设备安装平衡辅助吊点。在机械设备安装精度要求较高时，为了保证安全顺利地装配，可采用辅助吊点配合简易吊具调节机件所需位置的吊装法。通常多采用环链手拉葫芦来调节机体的位置。

（6）物体翻转吊运的选择。物体翻转常见的方法有兜翻，将吊点选择在物体重心之下，或将吊点选择在物体重心一侧，物体兜翻时应根据需要加护绳，护绳的长度应略长于物体不稳定状态时的长度，同时应指挥吊车，使吊钩顺翻倒方向移动，避免物体倾倒后的碰撞冲击。

### 11.1.2 吊装物体的绑扎

为了保证物体在吊装过程中稳妥，吊装之前应根据物体的质量、外形特点、精密程度、安装要求、吊装方案，合理选择绑扎方法及吊索具。绑扎的方法很多，应选择已规范的绑扎方法。各种形状物体的绑扎方法及绑扎安全要求前文已经叙述，在此不再赘述。

### 11.1.3　起重作业方案

#### 11.1.3.1　确定起重方案的依据

起重作业的方案是依据一定的基本参数来确定的。具体实施方法和技术措施主要依据如下：

（1）被吊运重物的重量。一般情况下可依据重物说明书、标牌、货物单来确定，或根据材质和物体几何形状用计算的方法来确定。

（2）被吊运物品的重心位置及绑扎。确定物体的重心不但要了解物体的外部形状尺寸，也要了解其内部结构。了解重物的形状、体积、结构的目的是要确定其重心位置，正确地选择吊点及绑扎方法，保证重物不受损坏和吊运安全。

（3）起重作业现场的环境。现场环境对确定起重作业方案和吊装作业安全有直接影响。现场环境是指作业地点进出道路是否畅通，地面土质坚硬程度，吊装设备、厂房的高低宽窄尺寸，地面和空间是否有障碍物，吊运司索指挥人员是否有安全的工作位置，现场是否达到规定的亮度。

#### 11.1.3.2　起重方案的组成

起重方案由三个方面组成：

（1）起重物体的总体描述。起重物体的重量是根据什么条件确定的；在简图上标示物体重心位置，并说明采用什么方法来确定的；说明所吊物体的几何形状。

（2）作业现场的布置。重物吊运路线及吊运指定位置和重物降落点；标出司索指挥人员的安全位置。

（3）吊点及绑扎方法及起重设备的配备。说明吊点是依据什么选择的，为什么要采用此种绑扎方法，桥式起重机的额定起重量与吊运物重量有多少余量，并说明起升高度和运行的范围。

#### 11.1.3.3　起重方案的确定

起重工作是一项技术性强、危险性大，需多工种人员互相配合、互相协调、精心组织、统一指挥的特殊工种作业，所以必须对作业现场的环境、重物吊运路线及吊运指定位置和起重物重量、重心、重物状况、重物降落点、起重物吊点是否平衡、配备桥式起重机是否满足需要等进行分析计算，正确制订起重方案，达到安全起吊和就位的目的。

## 11.2　桥式起重机的基本操作

利用桥式起重机来从事各种搬运、装卸、装配等工作，是通过司机对桥式起重机的具体操作和控制来实现的。桥式起重机能否始终保持安全、合理、正常、高效率地工作，取决于桥式起重机设备本身有无良好的技术状态和司机的实际操作技术水平这两大主要因素。因此，作为桥式起重机司机，不仅要掌握桥式起重机的基本构造、特点、作用及工作原理，而且还必须努力掌握基本操作要领和基本操作技术。

### 11.2.1　桥式起重机司机操作的基本要求

桥式起重机司机操作的基本要求是：稳、准、快、安全及合理。这也是桥式起重机司机的基本功。

（1）稳。稳是指在操作过程中，吊钩或吊物停在所需要的位置时，不产生摇摆或晃动。为此必须做到起车稳、运行稳、停车稳。这是保证桥式起重机安全运转、不发生事故的先决条件，也是对桥式起重机司机的基本要求，是一个合格司机必须具备的操作技能。

（2）准。准是指在稳的基础上，正确地把取物装置（如吊钩）准确地停于所需要的位置。即当桥式起重机在起吊物件时，通过适当地调整大、小车的位置，使吊钩能准确地置于被起吊物料重心的正上方。当桥式起重机在放落物料时，也要通过适当地调整大、小车的位置，把物料准确地落在所需位置上。这是加快桥式起重机吊运速度、提高生产效率的关键操作程序。

（3）快。快是指在稳、准的基础上，使各运行机构协调地配合工作。选择最近的吊运距离，用最短的时间完成一次吊运。同时，桥式起重机司机要经常检查、维护和保养自用桥式起重机，及时发现隐患，消除潜伏的事故因素，尽快排除故障，以便减少停机次数和缩短停机时间，提高生产效率。

（4）安全操作技术要求。桥式起重机的正常工作除要求稳、准、快以外，更重要的是安全。桥式起重机司机在高空与地面人员密切配合，通过钢丝绳和吊钩远距离控制被吊物料的起、落、停止和运行。在工作过程中，如指挥信号不清、缺乏经验、考虑不周到、地面人员捆绑方法不恰当、操作不熟练、方法不正确、精力不集中等，都可能导致事故发生。桥式起重机发生事故直接威胁到桥式起重机活动范围内各种作业人员和设备的安全，因此应经常进行安全教育，遵守安全操作技术要求。

1）安全教育。对桥式起重机司机进行安全生产教育，是保证桥式起重机安全运行的有效措施之一。安全教育要灵活多样，要随时随地进行。

2）安全操作基本要求。为确保桥式起重机工作安全可靠，要求桥式起重机司机在日常操纵桥式起重机的过程中，必须认真做到以下几点：

①桥式起重机司机必须认真遵守各有关部门和本企业制定的桥式起重机作业的规章制度，如桥式起重机司机安全技术操作规程、起重机械安全管理制度等。

②坚持桥式起重机定期检查的制度，通过日检、周检、月检、季度检、半年检，及早发现问题、排除隐患，防止桥式起重机作业时发生事故。这是确保桥式起重机安全运转的重要措施。

③司机应对桥式起重机精心保养，按时润滑，使桥式起重机始终保持良好的技术状态。修理部门应按计划对桥式起重机进行大修、中修，确保桥式起重机安全投入生产。

④开车前要发出音响信号，同时观察附近设备和人员情况，确认无误时，方可开车。开车后，必须精力集中，全神贯注地投入工作。在工作中不允许吸烟、看报、做与桥式起重机作业无关的事情。

⑤桥式起重机司机必须严格按照《起重吊运指挥信号》（GB 5082—1985）中规定的手势、旗语等信号开车。指挥人员未发出信号和有关人员未离开危险区之前不准开车，信号不清不能开车。多人干活时，司机应服从专人指挥，操作中，任何人发出停车信号都必须立即停车。

⑥地面指挥人员发出的信号与司机预见不一致时，司机应发出讯问信号，在确认指挥信号与指挥意图一致时才能开车。为避免误解，不接受用喊话的方式进行指挥。

⑦正常情况下，大车不应打反车。为避免发生重大事故需要打反车时，控制器只能放在反方向的第一级。

⑧吊运时要稳起稳落，不允许突然把物料吊起来或突然把物料落下去；吊运时要保持钢丝绳垂直，翻转时不允许大于5°的斜拉斜吊，更不允许用小车牵引地面车辆。

⑨吊运时，被吊物件的高度要高于地面设备半米以上。被吊物不能从人头上和重要设备上通过。如果被吊物件上站人，或有浮放物件，司机必须拒绝吊运。

⑩被吊物件的重量大于桥式起重机额定负荷的50%时，不允许三个机构同时开动。

⑪不能在运行时进行维护工作；也不能在运行时用限位开关作停车手段。

⑫两个钩的桥式起重机在主、副钩换用时，当两个钩达到相同高度之后，必须单独开动。不工作时吊钩必须升到接近极限位置的高度，不允许两个钩同时吊两个工作物件。

⑬在运行中，发现桥式起重机有异常现象必须立即停车检查，排除故障。未找出故障的原因，不能开车。

⑭桥式起重机的起升机构制动器突然失效时，司机要沉着冷静，根据具体情况采取适当的有效措施。如果周围环境不允许将被吊物件直接落下，可以反复起吊，并开动大小车选择好地点把被吊物落下，不要任其自由坠落。

⑮电磁式桥式起重机工作时，桥式起重机的工作范围内不允许有人。

⑯驾驶室中有两个或两人以上时，离开驾驶室的人必须与司机打招呼，不允许擅自下车。

### 11.2.2　大、小车运行机构的操作

桥式起重机司机应了解所用桥式起重机的种类、技术性能、主要结构（如吊钩、钢丝绳、联轴器、制动器、电动机、控制器、接触器等机械和电器部件）及电路（组成、特点、作用和工作原理）。了解和掌握这些的目的是为了合理使用和操作桥式起重机。

#### 11.2.2.1　大、小车运行机构的操作方法

大、小车运行的启动、调速、换向、制动，都是由操纵控制器手柄（手轮）来实现的。

控制器中间位置标着零，即为0挡，它表明这是不工作的停止挡。然后由0开始，其左右各有五挡。如将手柄推离0挡，大车（或小车）就启动运行，并且不论是大车还是小车，其运行速度，随着远离零位的挡次逐渐加快，即第5挡的速度最快。从驾驶室操纵控制器的位置来看，大车是左右运行，小车是前后运行。当手柄推向左边1~5挡时，大车就向左（或小车向前）运行；当手柄推向右边1~5挡时，大车向右（或小车向后）运行。

#### 11.2.2.2　操作要领

（1）大、小车运行机构，要平稳地启动和加速。为了启动平稳、运行平稳，以减少冲击，避免被吊物件的摇摆，要逐挡推动控制器手柄，而且，每挡必须停留3s以上。一般大车和小车从0挡加速到额定速度（第5挡）时，时间应在15~20s内，严禁从0挡快速推至5挡。

（2）平稳、准确停车，要求停车前逐挡回0，使车速逐渐减慢，然后靠制动滑行停车。为使桥式起重机准确停在某位置，司机应掌握大、小车在各挡停车后滑行的距离，这

样，可在预定停车位置前的某一点处确定断电滑行，这样既准确又节电。为使桥式起重机平稳制动，司机应在停车前再短暂送电跟车一次或两次，使桥式起重机平稳停下来。

（3）大、小车运行过程中，要根据运行距离的长短，选择适当的运行速度。长距离吊运，一般选用逐级推至第 5 挡的快速运行，以提高生产效率。中距离吊运，一般选用第 2、3 挡的速度运行，以避免由于采用高速运行时行车过量，或因紧急刹车而引起的摇摆。短距离吊运，一般采用第 1 挡和断续送电的行车方法，以减少反复启动和制动。

**11.2.2.3　大、小车运行机构的操作安全技术**

（1）桥式起重机大、小车运行机构必须安装制动器，制动器失调或失效时，不准开车。

（2）大、小车必须装有能吸收车体动能的弹簧式或液压式缓冲器，大、小车的行程终端必须装有防止其掉轨的止挡器。

（3）大、小车都必须装有行程终端的限位开关，以确保桥式起重机大、小车运行到行程终端时先行断电，滑行碰撞止挡器，防止硬性碰撞。

（4）龙门起重机、装卸桥等露天工作的桥式起重机，必须安装防风装置。

（5）操作时，大、小车的启动、制动不要过快过猛。禁止快速从 0 扳到第 5 挡或从第 5 挡扳回 0 位。避免因快速启动、制动而引起的吊运摇摆，以致造成事故。

（6）禁止用开反车的方式停车（为防止事故的发生而临时采用打反车停车的例外）。

（7）改变大、小车的运行方向时，应在桥式起重机运行停止后，再把控制器手柄扳至反向。

（8）尽量避免反复启动。反复启动使接电次数增多，会使桥式起重机增大疲劳程度，对各种电器设备和机构部件都很不利，会加速设备的损坏。

以上是用凸轮控制器操作大、小车运行机构的方法，它适用于中、小型桥式起重机。对于较大型的桥式起重机采用主令控制器控制大、小车运行机构的操作方法与凸轮控制器的操作方法基本相同，但配合 PQY 控制屏的主令控制器为：3—0—3 挡操作。

## 11.2.3　起升机构的操作

桥式起重机的起升机构是核心机构，其工作好坏是桥式起重机能否安全运转的关键。

**11.2.3.1　桥式起重机起升机构的操作方法**

凸轮控制器中间位置为 0 挡，即停止挡，在其左右各有 5 个挡位。将手柄推离 0 挡，起升机构就启动运行。当手柄向右推时，起升机构就向上运行；当手柄向左推时，起升机构就向下运行。

*A　起升操作*

起升操作可分为轻载起升、中载起升和重载起升三种。

（1）轻载起升（起重量 $G \leqslant 0.4G_n$）：从 0 挡向右（起升方向）逐级推挡，直至第 5 挡，每挡必须停留 1s 以上，从静止加速到额定速度（第 5 挡），一般需要经过 5s 以上。当吊物被提升到预定高度时，应将手柄逐级扳回零位。同理，每挡也要停留 1s 以上，使电动机逐渐减速，最后制动停车。

（2）中载起升 [ $G \approx (0.5 \sim 0.6)G_n$ ]：启动、缓慢加速，当将手柄推到起升方向第 1 挡时，停留 2s 左右，再逐级加速，每挡再停留 1s 左右，直至第 5 挡。而制动时，应先将手柄逐级扳回到零位，每挡停留 1s 左右，电动机逐渐减速，直至最后制动停车。

（3）重载起升（$G \geq 0.7G_n$）：将手柄推到起升方向第 1 挡时，由于负载转矩大于该挡电动机的起升转矩，所以电动机不能启动运转，应该迅速将手柄推到第 2 挡，把物件逐渐吊起。物件吊起后再逐级加速，且至第 5 挡。如果手柄推到第 2 挡后，电动机仍不启动，就意味着被吊物件已超过额定起重量，这时要马上停止吊。另外，如果将物件提升到预定高度时，应将手柄逐挡扳回零位，在第 2 挡停留时间应稍长些，以减少冲击；但在第 1 挡不能停留，要迅速扳回零位，否则重物会下滑。

B　下降操作

下降操作与上升时各挡位置速度的逐级加快正好相反，下降手柄 1~5 挡的速度逐级减慢。其操作可分为轻载下降、中载下降和重载下降三种。

（1）轻载下降（$G \leq 0.4G_n$）：将手柄推到下降第 1 挡，这时被吊物件以大约 1.5 倍的额定起升速度下降。这对于长距离的物件下降是最为合理的操作挡位，可以加快起重吊运速度，提高工作效率。

（2）中载下降[$G \approx (0.5 ~ 0.6)G_n$]：将手柄推到下降第 3 挡比较合适，不应以下降第 1 挡的速度高速下降，以免发生事故。这样操作，既能保证安全，又能达到提高工作效率的目的。

（3）重载下降（$G \geq 0.7G_n$）：将手柄推到下降第 5 挡时，以最慢速度下降。当被吊物到达应停位置时应迅速将手柄由第 5 挡扳回零位，中间不要停顿，以避免下降速度加快及制动过猛。重载下降的操作还应注意以下几点：

1）不能将手柄置于下降方向第 1 挡，因为这时被吊物下降速度可高达额定起升速度的两倍以上。这无疑是极其危险的，不仅电动机要发生故障，而且由于下降速度过快，质量大的被吊物体会产生很大的动能，造成刹不住车的严重溜钩事故。

2）长距离的重载下降，禁止采用反接制动方式下降，即手柄置于上升方向第 1 挡。这时电动机启动转矩小于吊物的负载转矩，重物拖带着电动机逆转，电动机转子电流很大，不但不经济，而且有可能烧毁电动机，所以在这种场合不能采用这种操作方法。

11.2.3.2　起升机构的操作要领及安全技术

桥式起重机的起升机构操作的好坏，是保证桥式起重机工作安全的关键。因此，桥式起重机司机不仅要掌握好起升机构的操作要领，而且还要掌握它的安全技术。

（1）吊钩找正。每次吊运物品时，要把钩头对准被吊物品的重心，或正确估计被吊物件的质量和重心，然后将吊钩调至适当的位置。

1）吊钩左右找正：要根据钩头吊挂物品后钢丝绳的左、右偏斜情况来向左、右移动大车，使钩头对准物件的重心。

2）吊钩的前后找正：因为吊钩和钢丝绳在司机的前方，钢丝绳的偏斜情况不太容易看出，所以钩头吊挂物件后要缓慢提升，然后再根据吊物前后两侧绳扣的松紧不同，前后方向移动小车，使前后两侧绳扣松紧一致，即吊钩前后找正。

（2）平稳起吊。当钢丝绳拉直后，应先检查吊物、吊具和周围环境，再进行起吊。起吊过程应先用低速把物件吊起，当被吊物件脱离周围的障碍物后，再将手柄逐挡推到最快挡，使物件以最快的速度提升。禁止快速推挡、突然启动，避免吊物碰撞周围人员和设备以及拉断钢丝绳，造成人身或设备事故。

（3）吊物的吊运。一般的起升高度在其吊运范围内，以高出地面最高障碍物半米为宜，然后开小车移至吊运通道再沿吊运通道吊运，不得从地面人员和设备上空通过，防止发生意外事故。当吊物需要通过地面人员所站位置的上空时，要发出信号，待地面人员躲开后方可通行。

在工作中不允许把各限位开关当作停止按钮来切断电源，更不允许在电动机运转时（带负荷时）拉下闸刀，切断电源。

（4）物件的停放。当物件吊运到应停放的位置时，应对正预定停点后下降。下降时要根据吊物距离落点的高度来选择合适的下降速度。而且在吊物降至接近地面时，要继续开动起升机构慢慢降落至地面，不要过快、过猛。当吊物放置地面后，不要马上落绳脱钩，必须在证实吊物放稳且经地面指挥人员发出落绳脱钩信号后，方可落绳脱钩。

## 11.2.4 稳钩操作

稳钩是实际操作的基本技能之一，是完成每一个吊运工作循环中必不可少的工作环节。所谓稳钩，是指桥式起重机司机在吊运过程中，把由于各种原因引起摇摆的吊钩或被吊物件稳住。为很好地掌握稳钩操作技能，提高稳钩操作的技术水平，迅速消除摇摆，首先要了解吊钩或吊物产生摇摆的各种影响因素及吊物的平衡原理，然后采取相应的操作方法，把处于摇摆状态下的吊钩稳住。

### 11.2.4.1 产生摇摆的原因分析

桥式起重机的大/小车运行机构、起升机构，由于启动或制动过快过猛、起吊时吊钩距吊物重心较远、操作不当或地面工作人员捆绑物件位置偏斜、钢丝绳过长且不相等等原因，都将产生摇摆和抖动。

吊物静止地处在垂直位置时，即平衡位置的受力情况如图 11-1 所示。此时吊物只受本身的重力 $G$ 和钢丝绳对吊物的拉力 $F$ 作用，这两个力大小相等、方向相反，作用在一条垂线上，所以吊物处在平衡状态，不产生摇摆。从理论上讲，如果桥式起重机大/小车启动、运行之中都能保持吊物本身的重力和钢丝绳对吊物的拉力大小相等、方向相反，就没有摇摆产生。但在实际操作中，因物体运动而产生的惯性，使吊物在大、小车刚一启动的瞬间，不能保持静止状态下的平衡而必然产生摇摆。尤其是大、小车启动过快、过猛时，这种摇摆更为明显。

在大车或小车启动瞬间，吊物具有惯性，力图保持其原来的状态，而当大车或小车移动时，吊物不在吊钩与小车吊点 $O$（固定滑轮组的中心位置）的垂直连线 $OQ$ 上，如图 11-2 所示。

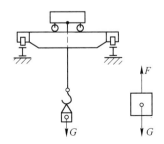

图 11-1  吊物平衡时的受力情况

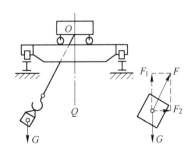

图 11-2  吊物不平衡时的受力情况

此时吊物受重力 $G$ 和钢丝绳的拉力 $F$ 两个力，但这两个力大小不等，而且不在一条直线上。重力 $G$ 垂直向下，拉力 $F$ 沿钢丝绳方向。$F$ 可分解成垂直分力 $F_1$ 和水平分力 $F_2$。$F_1$ 与 $G$ 平衡，而 $F_2$ 使吊物以 $O$ 点为圆心，以 $OQ$ 为半径来回摇摆。

另外，突然或快速制动也产生摇摆，其产生的原因与摇摆情况与上述情况完全相同。吊物摇摆本身隐藏着极大的不安全因素，不仅容易碰撞周围人员及设备，而且吊物由于摇摆而可能造成散落，其危害是可想而知的。再有吊物摇摆还直接影响起吊工作质量和生产效率，因为它不能准确、及时地投落在预定地点上。因此，桥式起重机司机在操作中应避免产生吊物摇摆的现象。为此，在起吊时要找正吊钩位置，启动、制动要平稳，逐级提高或减慢运行速度，不能过快、过猛，绳扣长短要适当，两侧绳扣分支要相等，捆绑位置要正确。一旦产生摇摆，司机还应熟练掌握稳钩的方法，及时消除摇摆。

### 11.2.4.2　稳钩的基本方法

在操作桥式起重机的工作中，稳钩的方法基本有八种：前后摇摆的稳钩、左右摇摆的稳钩、起车稳钩、原地稳钩、运行稳钩、停车稳钩、稳抖动钩和稳圆弧钩等。

（1）前后摇摆的稳钩。吊物前后方向的摇摆即沿小车轨道的方向来回摇摆。稳这种摇摆的方法是启动小车向吊物的摇摆方向跟车。如果跟车及时、适量，一次跟车即可消除摇摆。如果一次跟车未能完全消除摇摆，可按上述方法往回跟车一次，直到完全消除摇摆为止。

（2）左右摇摆的稳钩。吊物左右摇摆即沿大车轨道的方向来回摇摆。稳这种摇摆的方法是启动大车沿吊物摆动的方向跟车，如图 11-3(a) 所示。当吊物接近最大摆动幅度（吊物摆动到这一幅度即将往回摆动）时，停止跟车，这样正好使吊物处在垂直位置，如图 11-3(b) 所示。跟车速度和跟车距离应根据启动跟车时吊物的摇摆位置及吊物摇摆幅度的大小来决定。同理，如一次跟车未完全消除摇摆，可向回跟车一次。如果跟车速度、跟车距离选择合适，一般 1~2 次跟车即可将吊物稳住。

（3）起车稳钩。起车稳钩是保证运行时平衡的关键。当大车或小车启动时，尤其是突然启动和快速推挡时，车体已向前运行一段距离 $S$，吊物是通过挠性的钢丝绳与车体连接，它由于惯性作用而滞后于车体一段距离 $S$，因此使吊物相对离开了原来稳定的平衡位置 $OQ$ 垂线而产生摇摆，如图 11-4 所示。

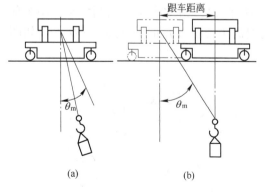

图 11-3　左右摇摆稳钩

（a）向前跟车；（b）停止跟车

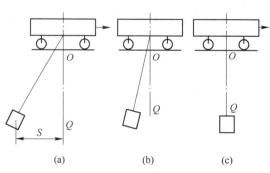

图 11-4　起车稳钩

（a）起车；（b）停车；（c）二次起车

吊物越重、起车越快，摇摆得越严重。因此，在大车或小车启动时应逐渐加速，力求平稳，从而使吊物摇摆减小。另外，在吊物质量较大、起车又较快时，应在启动开车吊物滞后于车体时，及时扳转大车或小车手柄回零位使之制动，待吊物向前摇摆并越过吊物与车体的相对平衡位置垂线 $OQ$ 时，马上再启动向前跟车。如果跟车时机掌握得好、车速选择适当，就可以使车体与吊物处于 $OQ$ 垂线位置上而无相对运动，即以相同速度运行，从而可消除起车时的吊物摇摆。

（4）原地稳钩。若大车或小车的车体已经到达了预定停车地点，但因操作不当、车速过快、制动太猛，吊物并没有停下来，而是做前后或左右摇摆，在这种情况下开始落钩卸放吊物是极不妥的，此时卸放吊物不仅吊物落点不准确，而且也极不安全，容易造成事故。对于这种情况桥式起重机司机应进行原地稳钩的操作，如图 11-5 所示。

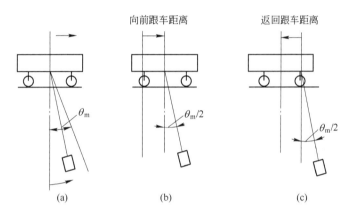

图 11-5　原地稳钩
（a）起车；（b）向前跟车；（c）返回跟车

当吊物向前（或左）摆动时，启动小车（或大车）向前（或左）跟车到吊物最大摆幅的一半，待吊物向回摇摆时再启动大车（或小车）向回跟车，这一点是原地稳钩操作的关键点。根据车体制动状况，恰当地掌握好吊物摇摆的角度，通过来回跟车，一般 1～2 次即可将吊物稳定在应停放的位置。这种原地稳钩操作对缩短一个吊运工作循环时间，提高桥式起重机的工作效率，有着很重要的实际意义。

（5）运行稳钩。在运行中吊物向前摇摆时，应顺着吊物的摇摆方向加大控制器的挡位，使车速加快，运行机构跟上吊钩的摆动。当吊物向回摆动时，应减小控制器的挡位，使车速减小，吊物跟上车体的运行角度，以减小吊物的回摆幅度。

在运行中，通过几次反复加速、减速、跟车，就可以使吊物与运行机构同时平稳地运行。

（6）停车稳钩。尽管在启动和运行时吊物很平稳，但如果停车时掌握不好停车的方法，往往就会产生停车时的吊物摇摆。这时需要桥式起重机司机采用停车稳钩的方法来消除吊物摇摆，如图 11-6 所示。

在吊物平稳运行时，吊物与车体二者间相对速度为零，以相同速度运动。当即将到达吊物预停位置停车制动时，车体因机械制动而在短距离内停止，但以挠性钢丝绳与车体相连接的吊物，因惯性作用将仍然以停车前的初速度向前运动，从而产生了吊物以吊点 $O$ 为

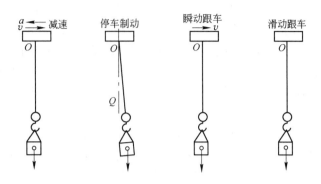

图 11-6　停车稳钩

圆心，以吊点至吊物重心之间的距离为半径，以垂线 $OQ$ 为对称轴的前后（或左右）摇摆运动。消除这种摇摆的方法是：在桥式起重机距离预定停车位置之前的一段距离内，将控制器手柄逐挡扳回零位，在桥式起重机逐渐减速的同时，适当地制动 1~2 次，在吊物向前进方向摇摆时立即以低速挡瞬动跟车 1~2 次，即可将吊物平稳地停在预停地点。

（7）稳抖动钩。在桥式起重机的吊运过程中，经常会遇到抖动钩。抖动钩表现为吊物以大幅度前后摆动，而吊钩以小角度在吊物一个摆角之内抖动几次。产生抖动的原因为：吊物件的钢丝绳长短不一；吊物重心偏；操作时吊钩没有对正吊物的重心。上述情况，有时很难避免，例如：受现有吊物件的钢丝绳的限制，对复杂重物的重心估计不准，起吊时过快、过猛等，势必会造成抖动钩。稳这种抖动钩难度较大。稳抖动钩的方法是：当吊物向前方慢速大幅度摆动，而吊钩以小角度快速抖动时，在吊钩抖动的方向与吊物大幅度摆动的方向相同时，快速跟钩，即快速将控制器手柄推回零位。当吊物向回摆时，在吊钩小角度向回抖动时，向回快速跟钩，快速将控制器手柄推回零位。这样，每往返跟钩一次，抖动的摆角就减小许多。如果上述跟车操作顺序掌握得熟练，操作得当，则一般只需 2~3 次，即可将钩稳住。

（8）稳圆弧钩。在吊运或启动时，因操作不当或某些外界因素的作用，都将使吊物产生弧形曲线运动，即圆弧钩。稳圆弧钩的操作方法是：采用大、小车的综合运动跟车，即沿吊物运动方向，根据吊物运动曲线弧度状况，操纵大、小车控制手柄，改变控制器速度挡位，使小车产生相应的曲线运动，即可把圆弧状的吊物摇摆消除。

总之，以上稳钩的几种方法是最基本的方法。桥式起重机经常是由静止到高速运动，又由快速运动到制动停止，因此，吊物因惯性存在而产生摇摆是客观存在的，而且吊物摇摆的情况又是千变万化的。因此，采用哪一种方式稳钩，要根据具体情况，综合采用稳钩方法。另外，桥式起重机司机应在掌握稳钩操作技术的基础上，进一步掌握好大、小车制动滑行距离，这对稳钩操作有着十分重要的意义。

### 11.2.5　翻转操作

在生产中，由于加工工艺和装配工艺的需要，桥式起重机司机在工作中还经常遇到把物件翻转 90°或 180°的操作。最常见的翻转形式有两种：一种是地面翻转，另一种是空中翻转。地面翻转一般是用单钩进行，空中翻转要用双钩配合进行。

11.2.5.1　地面翻转

（1）兜翻。兜翻又称兜底翻。兜翻操作适用于不怕碰撞的铸锻毛坯件。其翻转操作要领是：

1）被翻转的物件兜挂方法要正确，绳索应兜挂在被翻转物件的底部或下部。一般死圈扣的锁点放在被翻转物件远离重心的下部，如图11-7（a）所示。绳索兜底部的如图11-7（b）所示。

2）扣系牢后，推动起升控制器手柄，使吊钩逐步提升。在物件以 $A$ 点为支点逐渐倾斜的同时，要校正大车（或小车）的位置，以保证吊钩与钢丝绳时刻处于垂直状态，如图11-7（c）所示。

3）当被翻转物件倾斜到一定程度，其重心 $G$ 超过地面支承点 $A$ 时，物件的重力倾翻力矩使物件自行翻转，这时应迅速将控制器手柄扳至下降第1挡，让吊钩以最快的下降速度落钩。如这时吊钩继续提升，就会造成物件的抖动和对车体的冲击，这样不仅翻转工作受阻，而且也很危险，所以必须及时快速落钩。

对有些机加工件采用兜翻方式翻转时，为了防止碰撞，可加挂副绳，如图11-8所示。

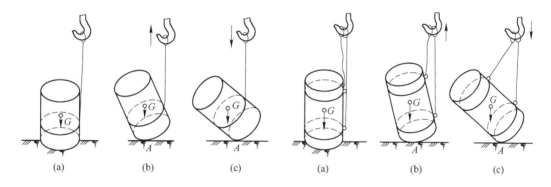

图11-7　兜翻操作　　　　　　　　图11-8　加挂副绳的兜翻

这条副绳缚在被翻物件的上部，长度要适当，在物体翻转前，副绳处于松弛状态。当吊钩提升物件逐渐倾斜时，副绳的松弛程度逐渐减小。当物件重心 $G$ 超过地面的支承点 $A$，且物件可以自行翻转时，副绳恰好刚刚拉紧受力，继续提升，即可将被翻转物件略微提高，使其离开地面。然后再进行落钩，当吊物下角部位与地面接触后，继续落钩，使物件逐渐翻转落地。

（2）游翻。游翻对于不怕碰撞的盘状、扁形工件尤为适合。其操作要领是：根据被翻物件的尺寸大小和形状，先把已吊挂稳妥的被翻物件提升至稍离地面时，快速开动大车或小车，人为地使吊物开始游摆至最大摆角的瞬间，立即开动起升机构，以最快的下降速度将物件快速降落。当被翻转物件的下角部位与地面接触后（见图11-9），吊钩继续下降，物件在重力矩的作用下自行倾倒，在钢丝绳的松弛度足够时，即停止下降，同时向回迅速开动大

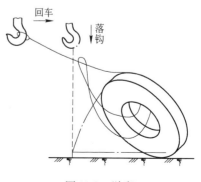

图11-9　游翻

车或小车，用以调整车体位置，以达到当被翻物件翻转完成后，钢丝绳处于铅垂位置。游翻操作时要防止物件与周围设备碰撞，要掌握好翻转时机，动作要快、要准。

（3）带翻。对于某些怕碰撞的物件，如已加工好的齿轮、液压操纵板等精密件，一般都采用带翻操作来完成，如图 11-10 所示。

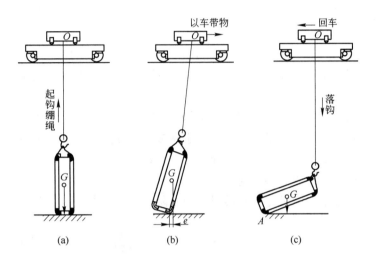

图 11-10  带翻操作

（a）起钩绷绳；（b）开车带物；（c）落钩翻转

带翻的具体操作方法是：首先把被翻转的物件吊离地面，再立着慢慢降落，降到被翻物件与地面刚刚接触时，迅速开动大车或小车，通过倾斜绷紧的钢丝绳的水平分力，使物件以支点 A 为中心做倾翻运动。当吊物重心 G 超过支点 A 时，物件在重力矩作用下，就会自行倾倒。在被翻物体自行倾倒时，要顺势开动起升机构落钩并控制其下降速度，落钩时要使吊钩保持垂直。

带翻操作实际是利用运行机构的斜拉操作方法进行翻活。翻活时进行这样的斜拉是正常操作，是工艺过程所必需的，也是允许的。但翻活时斜拉的角度不宜过大，如果角度过大，则不能进行带翻操作。遇到这种情况可以在被翻物体的下面垫上枕木，以改变被吊物的重心。如这种方法也不能使斜拉的角度减小，则必须采取其他的措施。

值得注意的是：带翻操作，被翻转的物件必须是扁形或盘形物件，吊起后的重心位置必须较高，底部基面较窄。另外在操作过程中，要使吊钩保持垂直，在带翻拉紧钢丝绳成一定角度以后，不允许起升卷扬，以免钢丝绳乱绕在卷筒上或从卷筒上脱落而绕在转轴上绞断钢丝绳。再有，物件翻转时，车体的横向运动和吊钩的迅速下降等彼此要配合协调。

11.2.5.2  物件的空中翻转

在生产作业中，由于某种生产工艺的要求，需要把某种物件在空中翻转 90°或 180°，以便完成某种工艺过程。在这种情况下，通常采用具有主、副两套起升机构的桥式起重机来实现这种工艺过程。作为桥式起重机司机，必须根据不同的物件状况，合理地选择空中翻转方案。正确地选择吊点，熟练地掌握空中翻转的操作技能，才能安全顺利地完成物件的翻转工作。

（1）物件翻转 90°的操作方法。钢包的翻转就是物件翻转 90°的一个实例。其操作方

法是：用具有主、副两套起升机构的桥式起重机来完成钢包翻转
的任务。一般是将主钩挂在钢包的上部吊点上，用来担负钢包的
吊运。副钩挂在下部吊点上，用来使钢包倾翻，如图 11-11 所示。
起吊时，两钩同时提升并开动大、小车把钢包运至浇注位置。在
浇注时，两钩同时下降，将钢包降到适于浇注的合适高度时，再
慢速提升副钩，使钢包底部逐渐上升，同时，主钩继续下降并调
整小车的位置，以确保在钢包翻转的同时，使钢包的浇嘴时刻对
准浇口，并使倒出的钢液准确地注入浇口，在浇注过程中，主、
副钩都应采用慢速挡，缓慢地倾倒钢液，以防钢液冲坏砂模。

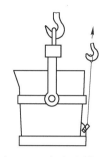

图 11-11　钢包翻转 90°

　　（2）物件翻转 180°的操作方法。在很多情况下，如工艺安装、机件加工或设备检修，
需要把工件翻转 180°，其操作方法如图 11-12 所示。用两套较长的吊索，同挂于图 11-12
（a）中的 $B$ 点，吊索 1 绕过物件的底部后，系挂在主钩上，而吊索工则直接系挂在副钩上。
系挂妥当之后，两钩同时提升，使物件离开地面 0.3～0.5m，然后停止副钩而继续提升主
钩，此时工件将在空中绕 $B$ 端逐渐向上翻转。为使 $B$ 点始终保持距离地面 0.3～0.5m 的
距离，在主钩逐渐提升的同时，继续降落副钩。在主、副钩缓慢而平稳地协调动作下，即
可将物件翻转 90°，如图 11-12（b）所示。

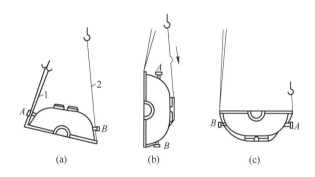

(a)　　　　　　　(b)　　　　　　(c)

图 11-12　物件翻转 180°

　　当物件翻转 90°后，副钩继续慢速下降，主钩继续上升，以防止物件触碰地面。经过
这样连续动作，物件上部则依靠在副钩的吊索上，随着副钩的下降，物件的 $A$ 端就绕 $B$ 端
顺时针方向转动，物件即安全地翻转 180°，如图 11-12（c）所示。

　　上面介绍了几种翻转物件的操作方法，在各种物件的翻转过程中，有如下几点应该
注意：

　　（1）根据被翻转物件的形状、质量、结构特点及对翻转程度的要求，结合现场起重设
备的起重能力等具体条件，确定安全、合理的翻转吊运方案。

　　（2）正确估计被翻转物件的质量及重心位置，正确选择物件的系挂吊点。这是确保物
件翻转工艺过程安全而顺利完成的关键。

　　（3）根据确定的物件翻转方案，正确地捆绑被翻转的物件，选择适当的吊点。

　　（4）操作方法、操作程序必须熟练，各机构配合必须协调。

　　为确保物件翻转操作的安全可靠，在进行物件翻转的操作过程中还应注意以下几点：

　　（1）物件翻转时不能危及下面作业人员的安全；

（2）翻转时不能造成对桥式起重机的冲击和振动；

（3）不准碰撞翻转区域内的其他设备和物件；

（4）不能碰撞被翻转的物件，特别是精密物件。

### 11.2.6　几种特殊作业的操作

#### 11.2.6.1　两台桥式起重机共同吊运同一物件的操作

在实际生产过程中，有时会遇到被吊物件的质量超过现场桥式起重机的额定起重量的情况，或者被吊物件过长、桥式起重机吊运不稳、被吊物件变形等实际问题。遇上述情况，在条件许可、方法得当、加强现场指挥、确保安全的情况下，可以采取两台桥式起重机协同吊运的方案。两台桥式起重机协同吊运同一物件时，首先要满足两台桥式起重机的额定起重量之和必须大于被吊运物件的质量这一最基本的条件。如果在吊运时，采用平衡梁的吊运方法，其要求如下：

$$G_物 + G_梁 \leqslant G_1 + G_2$$

式中　$G_物$——被吊物件的质量，t；

　　　　$G_梁$——平衡梁的质量，t；

　$G_1$，$G_2$——两台桥式起重机的额定起重量，t。

平衡梁是把被吊运物件的质量合理地分配给两台桥式起重机的承载构件，因此，它必须满足强度和刚度条件，以确保吊运工作的安全可靠。

为了确保安全，在两台桥式起重机协同吊运同一物件的时候，必须遵守以下规则：

（1）必须在有关部门领导下，由设备、生产及安全技术等有关人员参加，共同制定吊运方案和吊运工艺。

（2）在起吊工艺确定之后，必须统一桥式起重机司机与地面指挥的联系信号和手势。整个吊运作业必须由专人指挥。各种作业人员的分工应明确，各负其责，并指派安全检查监督人员进行现场安全检查工作。

（3）除对两台桥式起重机的机械、电气和金属结构进行全面仔细的检查外，特别要对起升机构的吊钩、钢丝绳及制动器等进行重点检查，有缺陷的机具不得使用。

（4）两台桥式起重机正式吊运前应先起吊平衡梁进行协调性试车，即同时开动两台桥式起重机的相同机构，测量两台桥式起重机工作速度的差异，预先确定各自的工作挡位，力求达到两台桥式起重机同速或接近同速；若两台桥式起重机的工作速度差异较大，可预先确定断续工作的协调方案，以防正式吊运时发生不协调动作而造成事故。

（5）在正式吊运前，两台桥式起重机的司机要同时开动起升机构慢速起吊，当被吊运物件离开地面约 200mm 后，下降制动，以检查起升机构制动器工作的可靠性。在确认没有问题后，才能正式起吊。

（6）两台桥式起重机在吊运过程中，只允许同时开动相同机构，不准同时开动两种机构，以防止动作失调而发生事故，而且都要以各机构最慢挡速度工作，以此来调节两个相应机构速度不等的差异。严禁突然快速启动和快速开车。

（7）为保证两台桥式起重机能协调工作，桥式起重机司机在操作过程中要时刻注视被吊运物件的平衡状况，时刻注意地面指挥人员发出的信号，时刻调整机构的工作速度，以确保平衡梁或被吊运物件始终保持水平的平衡状态。这是吊运工作安全无误的关键。

（8）在两台桥式起重机各机构启动和制动时，要力求平稳，不允许突然启动和制动，以避免由于加速时间过短而产生过大的惯性力对桥式起重机造成的冲击。

**11.2.6.2　特殊情况下的吊运**

在某些大型厂矿的车间里，有些设备比较高大，这给某些吊运工作带来困难，吊运时，吊物要绕行或相应要提高些。而更困难的是被吊物件与桥式起重机司机的视线之间常常有高大的设备相隔。在这种情况下，要安排两个指挥人员传递指挥信号。在被吊物件附近的第一指挥员发出第一动作信号时，由第一指挥员与司机之间的第二指挥人员传递信号给司机。这样来保证指挥信号的准确传达，避免发生误动作。

另外，有时需要在司机室侧面移动物件或设备，这时司机在起吊时，不仅要注视着被起吊的物件，还要看清物件的吊运路线及落放点，这种情况下，可采用下面的吊运工艺路线：先将物件起吊并开动小车直至吊运通道，再开动大车沿吊运通道将吊物运至物件落放点的正前方，然后再开动小车把吊物运至落放位置并下降。

**11.2.6.3　大型、精密设备的吊运和安装**

在生产过程中，还经常遇到大型、精密设备的吊运和安装，如轧辊的吊运安装等。这些工艺过程通常是用桥式起重机作为主要装配机械来完成的。为了保证大型物件的顺利吊装及精密安装的质量，完成特殊工艺的要求，桥式起重机司机必须掌握吊运和安装的要领，同时注意大型物件和精密设备的吊运和安装的关键，即选择好吊点。

**A　大型物件的吊装方法**

（1）用绳扣调节平衡的吊装方法。在很多机械设备的拆卸、安装过程中，对各种较大的轴水平吊装时，一般采用等长和不等长的绳扣吊运。图 11-13 所示为用两根等长的绳扣吊运较大的轴。这种方法应用很普遍，其方法也简单易行。图 11-14 所示为用两根不等长的绳扣吊运较大的轴。其吊运方法是：将短绳扣套在大轴的一端，再把长绳扣的一端挂于吊钩上，长绳扣的另一端绕过大轴的另一端后，在钩上绕几圈，再从短绳扣的两个绳套中穿过，然后挂于吊钩上，再利用绕在吊钩上面的钢丝绳的圈数多少来调节大轴的水平度。

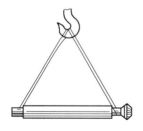
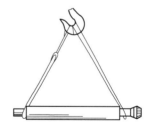

图 11-13　等长绳扣吊装示意图　　　　　　图 11-14　不等长绳扣吊装示意图

对于形状复杂的物件，在吊运前，必须对物件的形状进行详细分析。首先要找出其物件的重心，然后根据重心位置的不同，选择适当的系绳扣的位置，并系妥，以保持被吊物件的平衡，如图 11-15 所示。选择好吊点后，要进行试吊。试吊达不到要求，可落下重新调节绳扣吊点，直到调节合适为止。

（2）用手动葫芦调节平稳的吊装方法。在一些装配工作中，常要吊装大而长的机件。这种情况可采用调整机件水平位置的方法。

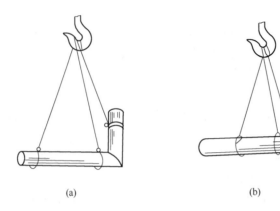

图 11-15　管道的吊装示意图
（a）用绳扣调节受力点作垂直吊装；（b）用绳扣调节受力点作水平吊装

（3）用平衡梁的吊装方法。大型精密设备，如大型电动机的转子、发动机轴等大型精密件，在吊装时，既要保持平衡，又要保证机件不被绳索损坏，一般可采用平衡梁进行吊运。

吊运方法是先将平衡梁用钢丝绳钩挂在吊钩上，然后再将被吊物件用钢丝绳在找好重物中心的条件下，挂于平衡梁的小钩上，经试吊后，即可吊运。

平衡梁的吊装方法有很多优点：

1）它能承受由于绳索倾斜而产生的水平力，减小设备起吊时所承受的压力。

2）它能改善吊耳的受力情况，使设备不致发生危险变形。

3）它可以缩短吊索长度，减少捆绑时间，提高生产效率。

由此可见，这种方法简单方便，安全可靠。但因大型物件的形状不同，所以在吊运时采用的平衡梁结构形式也是多样的，要根据物件的具体形状选择不同的、合适的平衡梁。

B　精密设备的吊装

为保证精密设备的吊运和安装的工作质量，很好地完成特殊的工艺要求，确保安全可靠，桥式起重机司机必须掌握以下几项要领：

（1）桥式起重机司机工作时必须明确与地面指挥人员的联系信号，保证不发生误动作，确保精密机件的安装质量。

（2）桥式起重机司机在操纵桥式起重机时必须技术熟练，使桥式起重机工作平稳，不产生冲击、振动，每次动作准确无误。

（3）桥式起重机司机必须熟练地掌握点动开车技术，既能断续微动各机构，从而满足生产工艺对慢速微动作的需要，还要确保不对桥式起重机机构和桥架产生振动和冲击。

总之，桥式起重机司机对各种精密机件的起吊与安装的操作方法都要做到心中有数，对各运行机构的动作均应十分准确，严防图快而忽视操作质量，要以精细、平稳、准确的工作方式来完成每一次吊运与安装工作。

 **复习思考题**

11-1　起重机大、小车运行机构的操作要领有哪些？

11-2 起升机构的操作要领有哪些?

11-3 稳钩操作有几种?

11-4 如何消除吊物游摆?

11-5 物件翻转操作如何实现?

11-6 简述兜翻、游翻的方法。

11-7 两台起重机共同吊运同一物件的基本条件是什么?吊点如何确定?

11-8 简述大型、形状复杂物件的吊装方法。

# 12 起重伤害事故

## 12.1 起重伤害事故的分析、处理和预防

### 12.1.1 起重伤害事故的构成与处理

起重伤害事故是指起重机械在作业过程中所引起的伤害事故。按照《企业职工伤亡事故分类》（GB 6441—1986）的规定，起重伤害事故是按专业分类的，造成事故的起因物、致害物是起重机械及其吊具与辅具。

#### 12.1.1.1 起重伤害事故的构成

起重伤害事故在工业发达国家中，约占全部产业部门事故总数的20%。我国随着起重机械使用数量的增多，起重伤害事故占全部工业企业伤亡事故的比例也呈逐年上升的趋势，近年已达15%左右。宏观分析起重伤害事故的构成，可以概括为三种情况。

（1）机械伤害类。根据有关资料统计，造成伤害事故的起重机械主要集中在桥（门）式起重机、流动起重机、升降机、塔式起重机、简易起重机、电梯等6类设备。其中桥式、流动式起重机发生事故几率最高。

（2）直接伤害类。造成起重伤害事故的直接原因（或伤害类型），主要有吊物坠落、挤压碰撞、触电、高处坠落和机体倾翻5类，分别占全部起重伤害事故总数的比例约为34%、30%、10%、8%、5%，5项合计约占87%。

在吊物坠落造成的事故中，因吊索具缺陷（如钢丝绳、脱钩等）导致事故的频数最高，约占41%；其次是吊运时捆绑方法不妥，约占24%；再次是超载造成吊物坠落，约占8%。

在挤压碰撞造成的事故中，人在起重机与结构（构筑）物之间或在两机之间作业时，因机体运行、回转挤压导致的事故频率最高，约占44%；其次是吊物或吊具在吊运过程中摆动碰撞造成事故，约占25%；再次是吊运后的物件摆放不稳倾倒砸人，约占19%。

触电事故绝大多数发生在流动式起重机上，且多发生在起重臂外伸、变幅和回转过程中。此外，塔式起重机和电动葫芦的触电事故也较多。

起重机械作业中的高处坠落事故，主要发生在吊笼坠落、检修或作业时跨机体等过程中。

起重机整机倾翻造成的死亡事故虽然不多，但造成的经济损失和影响较大。这类事故多发生在流动式起重机、塔式起重机、抱杆、门架等设备上。

（3）发生事故的行业。起重伤害事故主要集中在建筑、冶金、机械和交通运输四大行业，占全部起重死亡人数的比例分别约为31%、20%、12%、7%。

#### 12.1.1.2 事故等级划分

依据中华人民共和国国务院令第493号《生产安全事故报告和调查处理条例》（2007年）、国家安全监管总局关于修改《〈生产安全事故报告和调查处理条例〉罚款处罚暂行

规定》部分条款的决定、《国家安全监管总局印发关于生产安全事故调查处理中有关问题规定的通知》（安监总政法〔2013〕115号）等文件精神，根据生产安全事故造成的人员伤亡或者直接经济损失情况，事故一般分为以下4个等级：

（1）特别重大事故，是指造成30人以上死亡，或者100人以上重伤（包括急性工业中毒，下同），或者1亿元以上直接经济损失的事故；

（2）重大事故，是指造成10人以上30人以下死亡，或者50人以上100人以下重伤，或者5000万元以上1亿元以下直接经济损失的事故；

（3）较大事故，是指造成3人以上10人以下死亡，或者10人以上50人以下重伤，或者1000万元以上5000万元以下直接经济损失的事故；

（4）一般事故，是指造成3人以下死亡，或者10人以下重伤，或者1000万元以下直接经济损失的事故。

在确定事故等级时，按照死亡人数、重伤人数（含急性工业中毒，下同）、直接经济损失三者中最高级别确定事故等级；因事故造成的失踪人员，自事故发生之日起30日后（交通事故、火灾事故自事故发生之日起7日后），按照死亡人员进行统计，并重新确定事故等级。

**12.1.1.3　起重伤害事故的处理**

起重伤害事故的处理，一般可分为事故现场处理、事故概况报告、事故详细调查、事故原因分析、事故处理结案等五个阶段。

（1）事故现场处理。发生起重伤害事故后，所有单位必须尽一切可能组织抢救受伤人员和国家财产，采取有效措施制止事故蔓延扩大，并应认真保护事故现场。凡可能与事故有关的物体、痕迹、状态等，均不得人为地破坏，以便事故调查人员勘察现场和分析事故原因。如果抢救受伤者需要移动现场某些物体，必须做好标志、照相和详细记录。如无特殊原因，事故现场的处理必须经劳动部门和检察院同意。

（2）事故概况报告。在处理现场的同时，负伤者或最先发现事故的人，必须立即报告有关领导，并转报安全技术部门和厂领导。厂长接到事故报告后，除轻伤事故外，应立即将事故概况上报，根据中华人民共和国国务院令第493号《生产安全事故报告和调查处理条例》的规定：

1）特别重大事故、重大事故逐级上报至国务院安全生产监督管理部门和负有安全生产监督管理职责的有关部门；

2）较大事故逐级上报至省、自治区、直辖市人民政府安全生产监督管理部门和负有安全生产监督管理职责的有关部门；

3）一般事故上报至设区的市级人民政府安全生产监督管理部门和负有安全生产监督管理职责的有关部门。

必要时，安全生产监督管理部门和负有安全生产监督管理职责的有关部门可以越级上报事故情况。

安全生产监督管理部门和负有安全生产监督管理职责的有关部门逐级上报事故情况，每级上报的时间不得超过2h。

报告事故应当包括下列内容：

1）事故发生单位概况；

2）事故发生的时间、地点以及事故现场情况；

3）事故的简要经过；

4）事故已经造成或者可能造成的伤亡人数（包括下落不明的人数）和初步估计的直接经济损失；

5）已经采取的措施；

6）其他应当报告的情况。

（3）事故详情调查。事故发生后，特别重大事故由国务院或者国务院授权有关部门组织事故调查组进行调查。

重大事故、较大事故、一般事故分别由事故发生地省级人民政府、设区的市级人民政府、县级人民政府负责调查。省级人民政府、设区的市级人民政府、县级人民政府可以直接组织事故调查组进行调查，也可以授权或者委托有关部门组织事故调查组进行调查。

未造成人员伤亡的一般事故，县级人民政府也可以委托事故发生单位组织事故调查组进行调查。

根据事故的具体情况，事故调查组由有关人民政府、安全生产监督管理部门、负有安全生产监督管理职责的有关部门、监察机关、公安机关以及工会派人组成，并应当邀请人民检察院派人参加。

事故调查组可以聘请有关专家参与调查。事故调查组成员应当具有事故调查所需要的知识和专长，并与所调查的事故没有直接利害关系。

调查起重伤害事故一般应按下列程序进行：

1）勘察现场，搜集物证。现场物证包括破损零部件、碎片、残留物、致害物、起重设备及被吊物等。在物证上应加贴标签，注明位置和管理者姓名，并做好现场详细记录。所有物证都应保持原样，不得冲洗擦拭、挪动。

2）搜集与事故有关的事实资料。

①与事故有关的自然情况。包括发生事故的单位、地点、时间；受害人和肇事者姓名、性别、工种、工龄、技术状况、安全培训等基本情况；出事当天受害人和肇事者的日程安排和以往事故记录等。

②与事故发生有关联的事实资料。包括了解伤亡人数、伤害部位、伤害性质、伤害程度和医疗部门对伤亡情况的诊断报告；事故发生前或作业前起重设备、吊索具、被吊物、安全防护装置（设施）的性能和质量状况（可从作业前检查记录索取）；破损零部件或被吊物的材质，必要时应进行理化试验；有关起重设备、被吊构件的设计、工艺方面的技术文件和吊装施工方案，工作指令和规章制度方面的资料及现场执行情况；有关环境方面的情况，如风力、照明、温度、道路等作业条件；个人防护措施状况，如安全帽、安全带、防滑（绝缘）鞋、绝缘手套的佩戴情况，并应注意检查其有效性、质量和使用范围等；出事前受害人和肇事者的健康情况。

3）搜集证人材料。事故发生后要尽快找被调查者谈话。趁见证人对事故经过记忆犹新时及时取得全面、准确的资料。为使资料真实，询问证人应单独进行，并且不应要求证人发表对事故起因的见解，而只要求其如实陈述事故发生前和事故发生时的情况。

4）进行现场摄像和绘制事故图（现场示意图、流程图、受害位置图等）。

5）分析确定导致事故的起因物、与被害人直接接触并造成伤害的致害物。例如，吊运钢板时，钢丝绳破断，钢板落下发生砸死作业人员的事故，其起因物是钢丝绳，与被害人直接接触并造成危害的致害物是钢板。

6）召开事故原因分析会，找出事故直接和间接原因，以便确定事故责任者。

7）提交事故调查报告书。事故调查组应当自事故发生之日起，在规定的时限内提交事故调查报告（特别重大事故、重大事故自事故发生之日起一般不超过 60 日；较大事故、一般事故自事故发生之日起一般不得超过 30 日）；特殊情况下，经负责事故调查的人民政府批准，可以延长提交事故调查报告的期限，但最长不得超过 30 日。

事故调查报告应当包括下列内容：

①事故发生单位概况；

②事故发生经过和事故救援情况；

③事故造成的人员伤亡和直接经济损失；

④事故发生的原因和事故性质；

⑤事故责任的认定以及对事故责任者的处理建议；

⑥事故防范和整改措施。

事故调查报告应当附具有关证据材料。事故调查组成员应当在事故调查报告上签名。事故调查报告报送负责事故调查的人民政府后，事故调查工作即告结束。事故调查的有关资料应当归档保存。

（4）事故原因分析。起重伤害事故分析的目的是查找出导致事故的一系列基本功能失常和最终形成的前因后果，从而判断事故性质（是否为偶发事故），确定预防同类事故的有效措施。起重伤害事故分析的步骤是：

1）整理和阅读调查材料，弄清受伤害的部位、性质和起因物、致害物、致害方式、不安全状态、不安全行为等基本情况。

2）根据掌握的调查材料，进行具体深入的原因分析。应从直接原因入手，逐步深入到间接原因，从而清楚该起重伤害事故的全部原因。

3）进行事故的责任分析。确定事故中的直接责任者和领导责任者，再根据二者在事故形成过程中的作用确定主要责任者，并根据事故后果和责任者情节的轻重提出处理意见。

分析起重伤害事故《企业职工伤亡事故调查分析规则》（GB 6442—1986）推荐采用事故树（FTA）分析法，起重伤害事故树的"事件"内容一般包括下列几个方面：

1）作业人员操作、维修的失误或违章。

2）起重设备设计、制造、安装、修理所遗留缺陷。

3）作业环境（或吊装系统与土建等系统之间的关系）的不利影响。

4）由吊装方案或施工组织设计的错误指导引起的失误。

5）飓风、地震等自然现象。

6）发生的事故（顶上事件，或称不希望事件）。

（5）事故处理结案。对事故原因及责任分析清楚后，按有关法律规定进行严肃处理。

1）追究有关领导的责任。领导的责任包括：

①规章制度和安全操作规程不健全，使职工无章可循。

②未对职工进行安全技术培训，职工未取得合格证，即令上岗作业。

③起重设备未进行定期检修，未经安全检验合格，或设备存在缺陷仍允许使用。

④明知设备在不安全环境中作业，而不采取防护措施。

2）追究肇事者或有关人员的责任。肇事者或有关人员的责任包括：

①违章指挥，违章作业，玩忽职守。

②发现紧急情况未报告，未采取紧急措施。

③不服从管理，违反劳动纪律，擅离职守或擅自开动设备。

事故处理结案后，应将全部结案材料结案归档，并按规定上报。

### 12.1.2　起重伤害事故的原因与预防

#### 12.1.2.1　起重伤害事故的原因

通过对起重事故的统计分析，可以看出起重伤害事故的原因，大体上有以下几种：

（1）思想方面的原因。

1）领导思想上不够重视，认为起重只是装装卸卸的问题，没有大不了的技术，因而安排一些文化水平不高的同志去担任司机工作，或安排一些责任心差的同志去应付起重工作。殊不知要当好一个司机，需要掌握力学、电磁学等基础知识；要操纵好起重机还必须维护保养好起重设备，同时应具有强烈的责任感。领导平时对起重工作不关心、不过问，直至发生了事故，头脑才有点清醒。

2）司机本身思想上的问题，认为操纵起重机不难，把自己放在这个岗位上是大材小用，心里感到委屈，因而不好好学习，导致工作中经常毛手毛脚，给工作带来损失。

（2）设备方面的问题。

1）设备部门不重视起重设备的完好性，平时没有认真督促司机去检查设备及索具是否完好，导致使用时发生问题。

2）起重设备上缺乏必要的防护装置，使一些转动零件裸露，当人员经过转动零件时，思想上不重视，结果是衣服等被转动零件卷住，造成伤亡。

（3）不遵守规章制度违章蛮干。

1）明明起吊物件的重量已经超过额定起重量，但为了争得工时，仍然拼命地去干，结果往往发生事故。

2）起吊物件距起重机较远时，不是按规定去吊，而是斜吊，使钢丝绳受力大大超过允许的数值，致使钢丝绳断裂，弹伤他人或自己。

3）在吊运物件移动时，不走规定的线路，而让起吊物件从人员的头顶上经过，一不小心物件突然坠落，使下面人员来不及避让，造成伤亡事故。

4）在起吊物件上载人，结果在起吊物件升至空中后，人不慎滑落或者因控制开关失灵或发生故障，导致钢丝绳断裂，人从高空坠落。

5）车辆移动时，未将把杆放下，结果造成把杆碰触高压电线，使人员触电。

6）不按规定办事，在使用轮胎式起重机时，未使用支腿，造成翻车事故。

7）得知有大风警报后，未采取防爬措施，风来时，塔式起重机或门座式起重机被大风吹翻。

8）未配备限位器、防冲撞装置、起重量限制器等必需的安全防护装置。无法避免偶然事故的发生。

（4）健康欠佳或情绪不稳。

1）有点小病，甚至很不舒服，但舍不得奖金，勉强出勤，及至上岗，身体支持不住，头脑昏昏沉沉，视线模模糊糊，手中没有劲，是怎样发生事故的，自己也不清楚。

2）情绪不稳，挨了批评或与他人发生过争执，或者离家前吵过嘴，脑子里想着这些事，心中愤愤不平，分散了精力，思想不集中，容易发生事故。

（5）组织纪律松懈。班组长安排任务时，与他人嘻嘻哈哈，要完成哪些工作和如何安全地完成这些工作，一点都没有听进去，操作时马马虎虎，自作主张，往往铸成大错。

（6）不听从指挥员指挥。不听从指挥信号，有时为了快吊，在指挥员尚未发出起吊信号时，就开动起升机构及其他机构，结果是起重工的手指被钢丝绳压住造成骨折。也有的单位不使用国家标准所规定的统一指挥信号，新到任的司机上岗后，往往不能理解指挥信号而造成误操作，导致事故发生。

#### 12. 1. 2. 2　起重伤害事故的预防

预防起重伤害事故必须做到以下几点：

（1）领导重视。领导重视是预防起重伤害事故最根本的一条。领导应经常深入生产现场，观察本单位起重吊运的特点，据以制订相应的规章制度。所订制度应以管理开始，包括对起重机逐台建立登记卡、维护保养和定期检修的技术数据的记录以及人员的培训，直到使用时的安全操作规程、吊车使用记录、交接班登记等。建立和健全规章制度是一个方面，另一方面是督促各级有关人员认真贯彻执行制度，切实做到奖罚分明。对于那些长期以来勤勤恳恳、脚踏实地工作，且无事故在十年以上的起重机司机应给予一定的精神和物质奖励。对一贯吊儿郎当、工作不负责任的起重机司机要加强平时的教育，对不听劝阻、屡教屡犯的则应进行惩诫，不负责任又造成重大事故的还应严肃处理，必要时依法惩处。

（2）司机稳定。千万不要经常地调动司机。培养一名司机是很不容易的。司机能熟练掌握所操纵的起重机及其性能更是不容易的。优秀的起重机司机是在长期勤勤恳恳工作和努力学习的条件下培养起来的。他们在有起重作业时，谨慎操作；在没有起重作业时就保养和检查起重机的零部件，确保起重任务的完成；在起重机修理时，协助修理人员一起工作并把好修理质量关。他们对自己所操纵的起重机性能了如指掌。因此，不在迫不得已的情况下，不要调动司机的工作，也不要调换到另一台起重机上去工作。

（3）掌握统一的指挥信号。不论是哪个行业，也不管是起重机司机还是起重指挥人员都应该认真学习《起重吊运指挥信号》（GB 5082—1985）。要按这一文件中的手势信号、旗语信号或者音响信号进行指挥。对司机来说，只听指挥员的指挥是最根本的。旁人指挥往往是信号不准确或者是指挥不当，因此千万不要去理睬他，否则容易发生事故，只有当起重吊运中出现危险时，方可听从其他指挥。在这种情况下，看到危险状态的人群一定会在脸上或情绪上表现出焦急的姿态，此时司机应根据众人的眼睛所集中的地点去寻找和探索危险点及其原因，并运用自己的操作技术和毅力去制止事故的发生或尽量减少事故的损失。

（4）遵章守纪。对于起重机司机而言，必须遵守一切规章制度，操作中思想要高度集中，眼睛要跟随吊物的移动并观察周围的情况，即刻做出如何进行操作的判断。因为稍有疏忽，就有可能发生人命关天的事故。为了保证头脑清醒地进行工作，要求做到：

1）要有充分的睡眠时间，使得身体的疲劳能够得到恢复。

2）上班前 4h 内不能喝酒，特别不能酗酒，以避免上班后酒性发作，造成事故。

3）遵守安全操作规程，做到在下列几种情况下不吊：

①超过额定负荷。

②指挥信号不明或在光线暗淡看不清周围的情况下。

③吊索、附件捆绑不牢或带有棱角缺口的物件在未加衬垫防止绳索被切措施前。

④歪拉、斜挂或工作物在地下埋设，情况未搞清之前。

⑤对易燃、易爆等危险物品尚未采取安全防护措施之前。

⑥被吊物件上有人站立或放有易滚动的货物时。

⑦非起重指挥人员指挥或起重指挥人员不在场时。

必须牢记，我们必须很好地遵守纪律和规章制度。如因违反规章制度而造成不良后果并导致重大事故发生的，将按情节轻重，给予经济制裁及行政处分，直至追究法律责任。

（5）做好设备保养并检查主要零部件。要熟悉起重机司机的岗位责任制。起重机司机除了起重操纵外，还必须保养好起重机，即经常地进行清洁和润滑工作，检查易损零部件的磨损情况，确定是否需要更换，发现起重机有故障时及时联系修理人员修好，不能带病操作。只有起重机及其安全装置处于完好的技术状态下，才可能避免发生事故。

## 12.2　起重机事故类型及典型事故案例分析

### 12.2.1　起重机事故类型

起重机事故可以分为失落事故、挤伤事故、坠落事故、触电事故和机体毁坏事故等。

#### 12.2.1.1　失落事故

起重机失落事故是指起重作业中，吊载、吊具等重物从空中坠落所造成的人身伤亡和设备毁坏的事故。失落事故是起重机械事故中最常见的，也是较为严重的。常见的失落事故有以下几种类型：

（1）脱绳事故。脱绳事故是指重物从捆绑的吊装绳索中脱落溃散发生的伤亡毁坏事故。

造成脱绳事故的主要原因是：重物的捆绑方法与要领不当，造成重物滑脱；吊装重心选择不当造成偏载起吊，或因吊装中心不稳造成重物脱落；吊载遭到碰撞、冲击、振动等而摇摆不定，造成重物失落等。

（2）脱钩事故。脱钩事故是指重物、吊装绳或专用吊具从吊钩钩口脱出而引起的重物失落事故。

造成脱钩事故的主要原因是：吊钩缺少护钩装置；护钩保护装置机能失效；吊装方法不当及吊钩钩口变形引起开口过大等。

（3）断绳事故。造成起升绳破断的主要原因多为：超载起吊拉断钢丝绳；起升限位开关失灵造成过卷拉断钢丝绳；斜吊、斜拉造成乱绳挤伤切断钢丝绳；钢丝绳因长期使用又缺乏维护保养造成疲劳变形、磨损损伤等达到或超过报废标准但仍然使用。

造成吊装绳破断的主要原因多为：吊装角度太大（＞120°），使吊装绳抗拉强度超过极限值而拉断；吊装钢丝绳品种规格选择不当，或仍使用已达到报废标准的钢丝绳捆绑吊装重物造成吊装绳破断；吊装绳与重物之间接触处无垫片等保护措施，造成棱角割断钢丝绳而出现吊装绳破断事故。

（4）吊钩破断事故。吊钩破断事故是指吊钩断裂造成的重物失落事故。

造成吊钩破断事故原因多为：吊钩材质有缺陷；吊钩因长期磨损断面减小已达到报废极限标准却仍然使用；经常超载使用，造成疲劳破坏以致断裂破坏。

起重机械失落事故主要是发生在起升机构取物缠绕系统中，除了脱绳、脱钩、断绳和断钩外，每根起升钢丝绳两端的固定也十分重要，如钢丝绳在卷筒上的极限安全圈是否能保证在2圈以上，是否有下降限位保护，钢丝绳在卷筒装置上的压板固定及楔块固定结构是否安全合理。另外钢丝绳脱槽（脱离卷筒绳槽）或脱轮（脱离滑轮）事故也会发生失落事故。

#### 12.2.1.2　挤伤事故

挤伤事故是指在起重作业中，作业人员被挤压在两个物体之间所造成的挤伤、压伤、击伤等人身伤亡事故。

造成挤伤事故的主要原因是起重作业现场缺少安全监督指挥管理人员、现场从事吊装作业和其他作业人员缺乏安全意识、野蛮操作等。发生挤伤事故多为吊装作业人员和检修维护人员。

挤伤事故多发生在以下作业条件之下：

（1）吊具或吊载与地面物体间的挤伤事故。车间、仓库等室内场所，地面作业人员处于大型吊具或吊臂与机器设备、土建墙壁、牛腿立柱等障碍物之间的狭窄场所，在进行吊装、挂绑司索、指挥、操作或其他作业时，由于指挥失误或操作人员误操作等，使作业人员躲闪不及被挤在大型吊具（吊载）与各种障碍物之间造成挤伤事故，或者由于吊装司索不合理，造成吊载（物）剧烈摆动冲撞作业人员致伤。

（2）升降设备的挤伤事故。电梯、升降货梯、建筑升降机等的维修人员或操作人员，不遵守操作规程，发生被挤压在轿厢、吊笼与井壁、井架之间造成挤伤的事故也时有发生。

（3）机体与建筑物间的挤伤事故。这类事故多发生在高空从事桥式类型起重机维护检修人员中。维护检修人员被挤压在起重机端梁与支承承轨梁的立柱或墙壁之间，或在高空承轨梁侧通道通过时被运行的起重机撞击击伤。

（4）机体旋转击伤事故。这类事故多发生在野外作业的汽车起重机、轮胎起重机和履带起重机等作业中。此类起重机旋转时配重部分将吊装司索人员、指挥人员和其他作业人员撞伤，或把上述人员挤压在起重机配重与建筑物等障碍物之间而致伤。

（5）翻转作业中的撞伤事故。从事吊装司索、翻转、倒车等作业时，由于吊装方法不合理、装卡不牢、捆绑不当、吊具选择不合理、重物倾斜下坠、吊装选位不佳、指挥及操作人员站位不好、司机误操作等原因造成吊装失稳、吊载摆动冲击等均会造成翻转作业中的砸、撞、碰、击、挤、压等各种伤亡事故。这种类型事故在挤压事故中尤为突出。

#### 12.2.1.3　坠落事故

坠落事故主要是指从事起重作业的人员，从起重机机体等高空处发生向下坠落至地面的摔伤事故。

常见的坠落事故有以下几类：

（1）从机体上滑落摔伤事故。这类事故多发生在高空的起重机上进行维护、检修作业中。检修作业人员缺乏安全意识，抱着侥幸心理不穿戴安全带，由于脚下滑动、障碍物绊倒或起重机突然启动造成晃动，使作业人员失稳从高空坠落于地面而摔伤。

（2）机体撞击坠落事故。这类事故多发生在检修作业中，因缺乏严格的现场安全监督制度，检修人员遭到其他作业的起重机端梁或悬臂撞击，从高空坠落摔伤。

（3）轿厢坠落摔伤事故。这类事故多发生在载客电梯、货梯或建筑升降机升降运转中，起升钢丝绳破断，钢丝绳固定端脱落，造成乘客及操作者随轿厢、货箱一起坠落而造成人身伤亡事故。

（4）维修工具零部件坠落砸伤事故。在高空起重机上从事检修作业中，常常因不小心，使维修更换的零部件或维护检修工具从起重机机体上滑落，造成砸伤地面作业人员和机器设备等事故。

（5）振动坠落事故。这类事故不经常发生。起重机个别零部件因安装连接不牢，如螺栓未能按要求拧入一定的深度，螺母锁紧装置失效，或因年久失修个别连接环节松动，当起重机一旦遇到冲击或振动时，就会出现因连接松动造成某一零部件从机体脱落，进而坠落造成砸伤地面作业人员或砸伤机器设备的事故。

（6）制动下滑坠落事故。这类事故产生的主要原因是起升机构的制动器性能失效。这多为制动器制动环或制动衬料磨损严重而未能及时调整或更换造成刹车失灵，或制动轴断裂造成重物急速下滑成为自由落体坠落于地面，砸伤地面作业人员或机器设备。

坠落事故形式较多，如近些年多发生在吊笼、简易客货梯的坠落事故。

12.2.1.4　触电事故

触电事故是指从事起重操作和检修作业人员，由于触电遭到电击所发生的伤亡事故。

触电事故按作业场合不同可分为以下两大类：

（1）室内作业的触电事故。室内起重机的动力电源是电击事故的根源，遭受触电电击伤害者多为操作人员和电气检修作业人员。产生触电的原因，从人的因素分析多为缺乏起重机基本安全操作规程知识，缺乏起重机基本电气控制原理知识，缺乏起重机电气安全检查要领，不重视必要的安全保护措施，如不穿绝缘鞋不带试电笔进行电气检修等；从起重机自身的电气设备角度看，多为起重机电气系统及周围相应环境缺乏必要的触电安全保护。

（2）室外作业的触电事故。随着土木建筑工程的发展，在室外施工现场从事起重运输作业的流动式起重机，如随车起重机、汽车起重机、轮胎起重机和履带起重机越来越多。虽然这些起重机的动力源非电力，但出现触电事故并不见得少。这主要是因为在作业现场往往有裸露的高压输电线，而现场安全指挥监督混乱，常有流动式起重机的悬臂或起升钢丝绳摆动触及高压线使机体连电，进而造成操作人员或吊装司索人员间接被高压电线中的高压电击伤。

防触电安全措施如下：

（1）保证安全电压。为保证人体触电时不致造成严重伤害与伤亡，触电的安全电压必须在50V以下。目前起重机应采用低压安全操作，常采用的安全低压操作电压为36V或42V。

（2）保证绝缘的可靠性。起重机电气系统虽有绝缘保护措施，但是环境温度、湿度、化学腐蚀、机械损伤以及电压变化等的影响都会使绝缘材料电阻值减小，或者出现绝缘材料老化击穿造成漏电，因此必须经常用摇表（兆欧表）测量检查各种绝缘环节的可靠性。

（3）加强屏护保护。对起重机不可避免的一些裸露电器，如馈电的裸露滑触线等，必须设有一定的护栏、护网等屏护设施以防触电。

（4）严格保证配电最小安全净距。起重机电气的设计与施工必须规定出保证配电安全的合理距离。

（5）保证接地与接零的可靠性。电气设备一旦漏电，起重机的金属部分都会存在一定电压，作业人员若触及起重机金属部分就可能发生触电事故。如果接地和接零措施安全可靠，就可以防止这类触电事故。

（6）加强漏电触电保护。除了起重机电气系统中采用电压型漏电保护装置、零序电流型漏电保护装置和泄漏电流型漏电保护装置来防止漏电之外，还应设有绝缘站台（司机室采用木制或橡胶地板），并且作业人员应穿戴绝缘鞋等进行操作与检修。

### 12.2.1.5　机体毁坏事故

机体毁坏事故是指起重机因超载失稳等产生机体断裂、倾翻造成机体严重损坏及人身伤亡的事故。

常见机体毁坏事故有以下几种类型：

（1）断臂事故。各种类型的悬臂起重机，由于悬臂设计不合理、制造装配有缺陷以及长期使用已存在疲劳破坏隐患，一旦超载起吊就有可能造成断臂或悬臂严重变形等机毁事故。

（2）倾翻事故。倾翻事故是流动式起重机的常见事故。流动式起重机倾翻事故大多是由起重机作业前支承不当，如野外作业场地支承基础松软、起重机支腿未能全部伸出、起重量限制器或力矩限制器等安全装置动作失灵、悬臂伸长与规定起重量不符、超载起吊等。

（3）机体摔伤事故。在室外作业的门式起重机、门座式起重机、塔式起重机等，由于无防风夹轨器，无车轮止垫或无固定锚链等，或者上述安全设施机能失效，当遇到强风吹击时往往会造成起重机被大风吹跑、吹倒，甚至从栈桥上翻落造成严重的机体摔毁事故。

（4）相互撞毁事故。在同一跨中的多台桥式起重机由于相互之间无缓冲碰撞保护措施，或缓冲碰撞保护设施毁坏失效，发生起重机相互碰撞致伤。还有在野外作业的多台悬臂起重机群中，悬臂旋转作业中也难免相互撞击而出现碰撞事故。

## 12.2.2　典型事故案例分析

【案例 12-1】　无联锁保护跨车走险道，司机被车挤碰坠落身亡。

事故经过：

某厂运输车间一台 5t 桥式起重机司机室内有何某和倪某两位司机。何某在地面指挥员张某指挥下进行作业。倪某到接中班时，在起重机大车运行状态下，从司机舱口门登到桥架上，并经过端梁栏杆门跨入距地面 18.5m 高的厂房走道，准备走向另一台起重机的司机室。就在倪某跨入走道之时，该起重机已行至厂房立柱处，倪某被挤压在端梁与立柱间只有 130mm 间隙的狭缝中，进而又被行进中的起重机挂出而从高空坠落摔亡。

事故原因分析:

（1）该车属于缺少安全保护装置的"病车"，根本就不准使用，无舱口门开关和端梁开关保护装置，致使悲剧发生。

（2）司机倪某不按规定下车，为图省事跨越起重机栏杆走空中走道，本身就是严重违规行为，何况是跨越正在运行中的起重机栏杆，不但是严重违规，而且更增大了危险性。这是这次事故的直接原因。

（3）司机何某亦属于违规操作，在有人跨车的情况下仍不停车，致使倪某坠落身亡，负有不可推卸的责任。

事故教训与防范措施:

（1）起重机必须具备齐全的安全保护装置，安全装置不全或有失效者不准使用。

（2）司机必须严格遵守安全操作规程。

**【案例 12-2】　走台板锈蚀，操作工坠落身亡。**

事故经过:

2003 年 5 月 14 日，山东某机械厂压容分厂锻工班双梁桥式起重机发生一起操作工坠落死亡的事故。当日，设备管理员、电工、操作工 3 人在起重机厂检查、维护设备:电工在司机室，设备管理员在调整小车的制动器，操作工在给小车供电滑线的行走轮加润滑油。当设备管理员调整好小车制动器，准备让操作工操作小车试验一下效果时，却不见操作工平某，司机室的电工这才发现平某已坠落在地上。事后观察到平某是从小车滑线侧走台板穿过后坠落的，此处的走台板已锈蚀严重。

事故原因分析:

（1）检查和维修保养不到位，该起重机作业环境较差，起重机上的尘土较多，平时清扫不及时，掩盖了钢板的锈蚀程度。分析锈蚀的主要原因是平时该起重机停放处的屋顶漏雨，造成钢板锈蚀严重，早就应该进行全面检查和防腐处理。

（2）员工的安全职责未分清，操作人员在没有维修资质的前提下是不能维修、保养特种设备的。

（3）该厂为老国有企业，受经济效益的影响，对设备维护保养投入的资金较少。

事故教训与防范措施:

（1）起重机各个部位都要进行全面检查和防腐处理。

（2）维修、保养特种设备必须具有相关资质，维修、保养必须严格遵守安全操作规程。

（3）树立安全第一的意识，要保证设备维护保养的经费投入。

**【案例 12-3】　登机调车未施保护，他人上车操作车动人坠亡。**

事故经过:

某厂桥式起重机司机尤某在帮助临车司机调车完毕后，由轨道直接跨入其车桥架上，既未打开端梁栏杆门，亦未掀开司机室舱口门，竟坐在 5t 副钩卷筒上调整制动器，此时其徒弟兰某在下面人员要求下上车作业，在未鸣铃情况下贸然合闸启动并下降副钩，尤某猝不及防被卷入主、副卷筒之间并被挤出坠地摔亡。

事故原因分析:

（1）尤某不按规定下、上起重机，而直接走轨道跨越端梁栏杆到桥架上，属于严重违规行为。

（2）在调整前，应打开端梁栏杆门及司机室舱口门，使控制回路处于分断状态，防止他人登机操作威胁自己安全，尤某缺乏自我保护意识，不打开上述两个门开关，在保护柜刀闸处也未挂示警牌，使自己置于危险境界中，此乃事故发生的主因。

（3）徒弟兰某登机开车前不鸣铃示警，属于违反安全操作规程的行为，使尤某失去了及时躲避的宝贵时间，车动时猝不及防而坠亡。

事故教训与防范措施：

（1）司机应通过登机梯、登机平台上车，而不应走轨道跨越栏杆上车。

（2）在桥架上调修或检查时，必须打开舱口门和端梁门开关并于保护柜刀开关处悬挂警示牌，实现各种安全保护，使自己安全工作。

（3）司机必须遵守安全操作规程，开车前应先鸣铃示警，防止有意外事故发生。

**【案例 12-4】 违规操作起重机，副钩冲顶坠落伤人。**

事故经过：

1993 年 5 月某拖拉机厂铸钢工段一 10t/3t 桥式起重机司机张某，在浇注钢水的工艺过程中，开动大车和降落 10t 主钩去吊钢包的同时，恐副钩碍事而又提升 3t 副钩，三个机构同时动作，在主钩即将吊挂钢包之际，副钩已提升至顶，张某顾及不周，限位又失效，遂发生吊钩冲顶拉断钢丝绳坠落事故，将正在下面挂钩的造型工姚某砸伤。

事故原因分析：

（1）司机张某同时操纵三个机构运转，违反司机安全操作规程，是事故发生的直接原因。

（2）该车未经有关安全和设备主管部门审批，竟违反《起重机安全规程》中有关规定，擅自对起重机械和电气部分做改动，安装一台 3t 电动葫芦作副钩，此次事故就发生在这台 3t 葫芦上。

（3）电动葫芦主回路电源应接于起重机保护柜中主接触器的输出端，这样可受起重机控制回路控制，而其为省事却忽略安全，单独用一个铁壳开关引出独立电源，不受起重机主接触器控制，违反了起重机的有关安全规定。

**【案例 12-5】 吊臂坠落，砸死砸伤地面人员。**

事故经过：

2004 年 12 月 8 日，一个体户租用一台轮胎起重机在某海港渔船停泊点吊装扇贝时，轮胎起重机的吊臂钢丝绳突然断裂，吊臂坠落，砸向正在渔船上吊装的作业人员，造成 3 人当场死亡，1 人抢救无效死亡。

事故原因分析：

（1）该轮胎起重机未按规定进行定期检验。

（2）日常检查不细，钢丝绳严重磨损的隐患未能及时发现并消除。

（3）超载吊装，致使磨损严重的钢丝绳断裂，造成吊臂坠落。

（4）违规作业。《汽车起重机、轮胎起重机安全规程》明确规定，起重作业时起重臂下严禁站人。在起重臂下作业，更是不允许的。

**【案例 12-6】 违规检查正在运行的起重机，造成机毁人亡。**

事故经过：

2003 年 3 月 17 日，某混凝土制品厂使用一台 10t 门座起重机为搅拌机上料，在抓斗起升中，司机陆某发现有异常声响。在未停机、抓斗继续提升的状态下，司机竟然撤离操作台到左侧平台去观察异响情况、查找原因。不料此时臂架却突然仰起、幅度变小且向后倾转，进而使臂架扭曲最终折断坠落，断臂正砸在陆某的头部，其经抢救无效死亡。

事故原因分析：

（1）违规作业，《起重机安全规程》明确规定：起重机工作时，不得检查和维修，特别是离开操作位置是严重违规行为。

（2）安装防护装置安装不全，缺少松绳停止器、上升限位器、钢丝绳防脱槽等安全装置，属"带病"工作。

（3）日常检查和维修保养制度不健全，未能及时发现并消除事故隐患。

**【案例 12-7】　自制吊钩断裂，料斗坠落伤人。**

事故经过：

1997 年 6 月 15 日下午 2 时，在某住宅小区东外坡道外侧室外粉饰工地上，瓦工余某在工地 10 号楼北立面第二跑道斜梁外高度为 2.5m 的脚手架上粉刷。搅拌机械工许某将料斗钢丝绳挂在塔吊本身吊钩下加挂的一组四个副钩的其中一个上，副钩于 1996 年 7 月用 $\phi$18mm 的螺纹钢制作，四个小钩是用来吊小车用的。塔吊将料斗吊起，越过 10 号楼，当料斗运行至东外坡道上空（离地高度 21.5m）准备下降时，挂斗的副钩突然断裂，料斗坠落，料斗的上半部砸在余某的背部，导致余某向前倾倒，余某的颈部被脚手架靠墙的立杆插入，后经抢救无效死亡。

事故原因分析：

（1）直接原因。违反了《塔式起重机安全规程》（GB 5144—94）的有关规定（现行国标为 GB 5144—2006）。如：吊钩的设计、计算与选择不符合 GB/T 10051.1 的规定，错误地使用螺纹钢制作吊钩；又如《塔式起重机安全规程》规定用 20 倍放大镜观察吊钩表面。有裂纹及破口的吊钩应予报废。从断毁的吊钩截面可见，有 2/5 的截面早已有裂缝，使用前未做检查。

（2）间接原因。施工队领导对安全生产管理不善，安全教育不够，自身安全知识贫乏，塔吊工学员及司机无证上岗操作等，是造成这次事故的间接原因。

事故教训及防范措施：

（1）起重运输作业必须认真贯彻执行安全操作规程的有关规定。

（2）塔吊起重机使用应遵守《塔式起重机安全规程》（GB 5144）的有关规定。使用塔吊配置的吊钩应随时检查有无开裂等损伤。工地所选用的吊钩，其设计与制作必须符合 GB/T 10051.1 的有关规定。

（3）工地不准自行加工制作起重吊钩，如原有吊钩不满足使用要求，应购置标准吊钩，或请专业人员按国家规范规程的有关规定设计制作满足使用要求的吊钩（吊具）。

**【案例 12-8】　起重机钢丝绳断裂，钢包倾落、钢水喷溅致人死亡。**

事故经过：

2004 年 3 月 24 日 1 时 30 分，某制钢有限公司发生一起桥式起重机钢丝绳断裂事故，造成 1 人死亡。1 时 20 分左右，在某制钢有限公司的炼钢车间，装有 6t 钢水的钢包由桥式起重机主钩吊送，到达模具的上空，准备向模具进行浇注，当排模工调整好钢包的位置刚要离开时，桥式起重机主钩上最右侧的钢丝绳突然断裂，钢包倾斜坠落，钢水喷到排模工身上，致其身亡。

事故原因分析：

（1）起重机主钩钢丝绳选型不当，经查，该起重机 2004 年 2 月重新启用后自行更换的钢丝绳不符合《起重机械安全规程》第 2.2.8 条"吊运熔化或炽热金属的钢丝绳，应采用石棉芯等耐高温的钢丝绳"要求，其绳芯为非耐高温物质。运行过程中绳芯润滑性能失效，导致钢丝磨损加剧，内外层钢丝磨损严重超标，绳径减小，承载能力显著下降。

（2）检查维护不到位。由于运行条件恶劣，钢丝绳长期承受钢水的热辐射，其表面干燥无油，捻距增长，弹性消失，抗拉强度降低。

（3）起重机投入使用前未经检验单位验收检验。

（4）起重机操作人员未经安全技术培训，无证上岗。

（5）无起重机安全管理制度，起重机无原始技术资料，无安全检查记录，重大维修未报质量技术监督部门备案。

事故教训及防范措施：

（1）特种设备使用前要经过验收检验。

（2）要有特种设备日常检查维护制度。

（3）使用正确型号的钢丝绳。

**【案例 12-9】　电气系统设计缺陷、制动器制动力矩不足，吊运钢包倾覆酿祸。**

事故经过：

2007 年 4 月 18 日 7 时 53 分，某特殊钢有限公司炼钢车间一台 60t 钢包在吊运过程中倾覆，钢水涌向一个工作间，造成正在开班前会的 32 人死亡、6 人重伤，直接经济损失866.2 万元。

事故原因分析：

（1）直接原因。某特殊钢有限公司炼钢车间吊运钢包的起重机主钩在开始下降作业时，由于下降接触器控制回路中的一个联锁常闭辅助触点锈蚀断开，下降接触器不能被接通，致使驱动电动机失电；由于电气系统设计缺陷，制动器未能自动抱闸，导致钢包失控下坠；主令控制器回零后，制动器制动力矩严重不足，未能有效阻止钢包继续失控下坠，钢包撞击浇注台车后落地倾覆，钢水涌向被错误选定为班前会地点的工具间。

（2）事故间接原因。

1）某特殊钢有限公司炼钢车间无正规工艺设计，未按要求选用冶金铸造专用起重机，违规在真空炉平台下方修建工具间并用于召开班前会，起重机安全管理混乱，起重机司机无特种作业人员证，车间作业现场混乱，制定的应急预案操作性不强。

2）起重机器修造厂不具备生产 80t 通用桥式起重机的资质，超许可范围制造。

3）特种设备监督检验所在该事故起重机制造监督检验、安装验收检验工作中未严格按照有关安全技术规范的规定进行检验。

4）安全评价单位在事故起重机等特种设备技术资料不全、冶炼生产线及辅助设施存在重大安全隐患的情况下，出具了安全现状基本符合国家有关规范、标准和规定要求的结论。

5）质量技术监督局在对该公司的现场检查工作中未认真履行特种设备监察职责，监管不力。

事故教训及防范措施：

（1）进一步督促企业落实特种设备安全管理的主体责任。各级质监部门要有针对性地进行法制宣传教育，提高生产使用单位遵纪守法的自觉性。要加大现场安全监察力度，认真检查各项安全管理制度的落实情况，查找特种设备在生产、使用、维护、检修、操作等方面存在的问题，特别注重维护检修情况、隐患排查情况、遵守操作规程作业情况、安全保护装置情况等方面的检查。要督促企业完善应急预案，并有针对性地开展应急预案的演练。

（2）进一步加大特种设备安全监察工作力度。认真查找安全监察工作存在的问题及薄弱环节，在源头上把住准入关，在使用前把住安装关，在使用中把住操作关，在使用后把住定检关，坚决打击违法生产、使用的行为。

**【案例 12-10】  龙门起重机倒塌，致死致伤多人，造成重大经济损失。**

事故经过：

2001 年 7 月 17 日上午 8 时许，由某单位承担安装的 600t×170m 龙门起重机在吊装主梁过程中发生倒塌事故，造成 36 人死亡，3 人受伤，事故造成经济损失约 1 亿元，直接经济损失 8000 多万元。

2001 年 7 月 17 日早 7 时，施工人员按施工现场指挥张某的布置，通过陆侧（远离黄浦江一侧）和江侧（靠近黄浦江一侧）卷扬机先后调整刚性腿的两对内、外两侧缆风绳，现场测量员通过经纬仪监测刚性腿顶部的基准靶标志，并通过对讲机指挥两侧卷扬机操作工进行放缆作业。放缆时，先放松陆侧内缆风绳，当刚性腿出现外偏时，通过调松陆侧外缆风绳减小外侧拉力进行修偏，直至恢复至原状态。通过 10 余次放松及调整后，陆侧内缆风绳处于完全松弛状态。此后，又使用相同方法和相近的次数，将江侧内缆风绳放松调整为完全松弛状态。约 7 时 55 分，当地面人员正要通知上面工作人员推移江侧内缆风绳时，测量员发现基准标志逐渐外移，并逸出经纬仪观察范围，同时还有现场人员也发现刚性腿不断地在向外侧倾斜，直到刚性腿倾覆，主梁被拉动横向平移并坠落，另一端的塔架也随之倾倒。

事故原因分析：

（1）刚性腿在缆风绳调整过程中受力失衡是事故的直接原因。在吊装主梁过程中，由于违规指挥、操作，在未采取任何安全保障措施情况下，放松了内侧缆风绳，致使刚性腿向外侧倾倒，并依次拉动主梁、塔架向同一侧倾坠、垮塌。

（2）施工作业中违规指挥是事故的主要原因。现场指挥张某在发生主梁上小车碰到缆风绳需要更改施工方案时，违反吊装工程方案中关于"在施工过程中，任何人不得随意改变施工方案的作业要求。如有特殊情况进行调整必须通过一定的程序以保证整个施工过程安全"的规定，未按程序编制修改书面作业指令和逐级报批，在未采取任何安全保障措施的情况下，下令放松刚性腿内侧的两根缆风绳，导致事故发生。

（3）吊装工程方案不完善、审批把关不严是事故的重要原因。吊装工程方案中提供的施工阶段结构倾覆稳定验算资料不规范、不齐全；对沪东厂 600t 龙门起重机刚性腿的设计特点，特别是刚性腿顶部外倾 710mm 后的结构稳定性没有予以充分的重视；对主梁提升到 47.6m 时，主梁上小车碰刚性腿内侧缆风绳这一可以预见的问题未予考虑，对此情况下如何保持刚性腿稳定的这一关键施工过程更无定量的控制要求和操作要领。

吊装工程方案及作业指导书编制后，虽经规定程序进行了审核和批准，但有关人员及单位均未发现存在的上述问题，使得吊装工程方案和作业指导书在重要环节上失去了指导作用。

（4）施工现场缺乏统一严格的管理，安全措施不落实是事故伤亡扩大的原因。

1）施工现场组织协调不力。在吊装工程中，施工现场甲、乙、丙三方立体交叉作业，但没有及时形成统一、有效的组织协调机构对现场进行严格管理。在主梁提升前7月10日仓促成立的"600t龙门起重机提升组织体系"由于机构职责不明、分工不清，并没有起到施工现场总体的调度及协调作用，致使施工各方不能相互有效沟通。乙方在决定更改施工方案，决定放松缆风绳后，未正式告知现场施工各方采取相应的安全措施，甲方也未明确将7月17日的作业具体情况告知乙方，导致23名在刚性腿内作业的职工死亡。

2）安全措施不具体、不落实。6月28日由工程各方参加的"确保主梁、柔性腿吊装安全"专题安全工作会议，在制定有关安全措施时没有针对吊装施工的具体情况由各方进行充分研究并提出全面、系统的安全措施，有关安全要求中既没有对各单位在现场必要人员作出明确规定，也没有关于现场人员如何进行统一协调管理的条款。施工各方均未制定相应程序及指定具体人员对会上提出的有关规定进行具体落实。例如，为吊装工程制定的工作牌制度就基本没有落实。

综上所述，这起特大事故是一起由于吊装施工方案不完善，吊装过程中违规指挥、操作，并缺乏统一严格的现场管理而导致的特别重大责任事故。

事故教训及防范措施：

（1）工程施工必须坚持科学的态度，严格按照规章制度办事，坚决杜绝有章不循、违章指挥、凭经验办事和侥幸心理。此次事故的主要原因是现场施工违规指挥所致，而施工单位在制定、审批吊装方案和实施过程中都未对沪东厂600t龙门起重机刚性腿的设计特点给予充分的重视，只凭以往在大吨位门吊施工中曾采用过的放松缆风绳的"经验"处理这次缆风绳的干涉问题。对未采取任何安全保障措施就完全放松刚性腿内侧缆风绳的做法，现场有关人员均未提出异议，致使现场指挥人员的违规指挥得不到及时纠正。此次事故的教训证明，安全规章制度是长期实践经验的总结，是用鲜血和生命换来的，在实际工作中，必须进一步完善安全生产的规章制度，并坚决贯彻执行，以改变那种纪律松弛、管理不严、有章不循的情况。不按科学态度和规定的程序办事，有法不依、有章不循，想当然、凭经验、靠侥幸是安全生产的大敌。

今后在进行起重吊装等危险性较大的工程施工时，应当明确禁止其他与吊装工程无关的交叉作业，无关人员不得进入现场，以确保施工安全。

（2）必须落实建设项目各方的安全责任，强化建设工程中外来施工队伍和劳动力的管理。这次事故的最大教训是"以包代管"。为此，在工程的承包中，要坚决杜绝以包代管、包而不管的现象。首先是严格市场的准入制度，对承包单位必须进行严格的资质审查。在多单位承包的工程中，发包单位应当对安全生产工作进行统一协调管理。在工程合同的有关内容中必须对业主及施工各方的安全责任做出明确的规定，并建立相应的管理和制约机制，以保证其在实际中得到落实。

在建设工程中目前大量使用外来劳动力，增加了安全管理的难度。为此，一定要重视对外来施工队伍及临时用工的安全管理和培训教育，必须坚持严格的审批程序；必须坚持先培训后上岗的制度，对特种作业人员要严格培训考核、发证，做到持证上岗。

此外，中央管理企业在进行重大施工之前，应主动向所在地安全生产监督管理机构备案，各级安全生产监督管理机构应当加强监督检查。

（3）要重视和规范高等院校参加工程施工时的安全管理，使产、学、研相结合走上健康发展的轨道。在高等院校科技成果向产业化转移过程中，高等院校以多种形式参加工程项目技术咨询、服务或直接承接工程的现象越来越多。但从这次调查发现的问题来看，高等院校教职员工介入工程时一般都存在工程管理及现场施工管理经验不足，不能全面掌握有关安全规定，施工风险意识、自我保护意识差等问题，一旦发生事故，善后处理难度最大，极易成为引发社会不稳定的因素。有关部门应加强对高等院校所属单位承接工程的资质审核，在安全管理方面加强培训；高等院校要对参加工程的单位加强领导，加强安全方面的培训和管理，要求其按照有关工程管理及安全生产的法规和规章制订完善的安全规章制度，并实行严格管理，以确保施工安全。

 **复习思考题**

12-1　起重伤害事故处理的五阶段是什么？

12-2　起重伤害事故发生的原因有哪些？

12-3　简述起重伤害事故的预防要点。

12-4　起重伤害事故的类型有哪些？

# 13 桥式起重机的常见故障

桥式起重机的启动、制动、转向等动作极为频繁，在工作过程中经常受到冲击和振动，因此，经常会出现各种机械、电气等方面的故障。

## 13.1 常见机械故障

### 13.1.1 主梁下挠

桥式起重机的主梁结构必须具有足够的强度、刚度及稳定性，这是保证各运行机构正常工作的首要条件。因此，一般在桥式起重机主梁的设计、制造中规定要有一定的上拱度。其目的是减少桥式起重机在额定的负载作用下所产生的下挠度，使小车轨道有最小的倾斜度，从而减少小车在运行时的附加阻力和自动滑移。一般上拱度为跨度的1/1000。桥式起重机在使用一段时间后，主梁的上拱度逐渐减小。随着使用时间的不断延长，主梁就由上拱度逐渐过渡到下挠。所谓下挠，就是主梁的向下弯曲程度。主梁产生下挠有两种情况：一种是弹性变形，一种是永久变形。前者要及时进行修复，后者就不仅是下挠修复问题了，而是要立即进行加固修复。（新）双梁桥式起重机允许挠度值见表13-1和表13-2。

表 13-1 新双梁桥式起重机的允许挠度                                  mm

| 国家名称 | 新双梁桥式起重机的允许挠度 | 国家名称 | 新双梁桥式起重机的允许挠度 |
| --- | --- | --- | --- |
| 中 国 | ≤$L_k/700$ | 英 国 | ≤$L_k/900$ |
| 前苏联 | ≤$L_k/700$ | 美 国 | $L_k/800 \sim L_k/960$ |
| 日 本 | ≤$L_k/800$ | | |

注：$L_k$ 为大车标准跨度值。

表 13-2 双梁桥式起重机应修的挠度                                  mm

| 跨度 $L_k$/m | 10.5 | 13.5 | 16.5 | 19.5 | 22.5 | 25.5 | 28.5 | 31.5 |
| --- | --- | --- | --- | --- | --- | --- | --- | --- |
| 满载 $1.5L_k/1000$ | 15.75 | 20.25 | 24.75 | 29.25 | 33.75 | 38.25 | 42.75 | 47.25 |
| 空载 $0.66L_k/1000$ | 7 | 9 | 11 | 13 | 15 | 17 | 19 | 21 |

我国还规定：单梁桥式起重机主梁的允许挠度 $f \leqslant L_k/500$mm；手动单梁桥式起重机主梁的允许挠度 $f \leqslant L_k/400$mm。

#### 13.1.1.1 主梁产生下挠的原因

（1）制造时下料不准，焊接不当。按规定腹板下料的形状应与主梁的拱度要求一致。不能把腹板下成直料，再靠烘烤或焊接来使主梁产生上拱形状，这种工艺加工，其方法虽简单，但在使用时很快会使上拱消失而产生下挠。

（2）高温对主梁的影响。一般设计桥式起重机时是按常温情况考虑的。因此经常在高温情况下工作的桥式起重机，其金属材料的屈服点会下降和产生温度应力，从而使主梁产生下挠。

（3）维修和使用不合理。主梁一般不允许气割和气焊，因为这对主梁影响很大。另外，使用上的不合理，如不按操作技术规程操作，随意改变桥式起重机的工作类型、拉拽重物、拔地脚螺钉、超负荷使用等都会出现主梁下挠的情况。

**13.1.1.2  主梁下挠对桥式起重机使用性能的影响**

（1）对大车的影响。主梁下挠将会使大车运行机构的传动轴支架随结构一起下移，使传动轴的同心度、齿轮联轴器的连接状况变坏，增大阻力，严重时就会发生切轴现象。

（2）对小车的影响。很明显，主梁的下挠直接影响小车启动、运行、制动的控制。小车由两端往中间运行时会产生下滑的现象，再由中间往两端运行时又会产生爬坡的现象，而且小车不能准确地停在轨道的任一位置上。这样对于装配、浇注等要求准确的重要工作就无法进行。

（3）对金属结构的影响。当主梁产生严重下挠，已经永远变形时，箱形的主梁下盖板和腹板下缘的拉应力已达到屈服点，有的甚至会在下盖板和腹板上出现裂纹。这时如不加固修复，继续工作，变形将越来越大，疲劳裂纹逐步发展扩大，以致使主梁破坏。

**13.1.1.3  下挠度的测量**

（1）拉钢丝法。用一根直径为 0.5mm 的钢丝，通过测拱器和撑杆，用 15kg 重锤把钢丝拉紧即可测量。测拱器是一副小滑轮架，撑杆一般取高度为 130～150mm 的等高物，其作用是使钢丝两端距上盖板为等距离。如果两个测拱器调整得一样高时，不用撑杆也可以。

图 13-1 所示为测量主梁下挠的示意图。

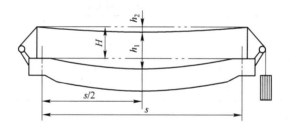

图 13-1  测量主梁下挠的示意图

测量钢丝与上盖板间距离时，可用立式游标卡尺。

主梁跨中从水平线计算的下挠值：

$$\Delta_{\text{下}} = (h_1 + h_2) - H \tag{13-1}$$

式中  $H$——撑杆高度，mm；

$h_1$——钢丝与上盖板的距离，mm；

$h_2$——钢丝垂度，见表 13-3，mm。

表 13-3  直径为 0.5mm 钢丝的垂度

| 跨度/m | 10.5 | 13.5 | 16.5 | 19.5 | 22.5 | 25.5 | 28.5 | 31.5 |
|--------|------|------|------|------|------|------|------|------|
| 垂度/mm | 1.5 | 2.5 | 3.5 | 4.5 | 6 | 8 | 10 | 12 |

（2）连通器测量。将盛有带色水的水桶放置在桥架跨中的适当位置上，水桶底部用软

管与测量管相连，然后沿主梁移动带有刻度的测量管测得主梁各测点上的水位高度，各测点的读数与跨端的读数差便是各测点的挠度值。

（3）水平仪测量。测量时将水平仪架设在地面适当位置上，可以直接测出主梁各点的挠度。

### 13.1.1.4 主梁下挠的修复

一般修复主梁下挠有三种方法：火焰矫正法、预应力法、电焊法。火焰矫正法是对金属的变形部位进行加热，利用金属加热后所具有的压缩塑性变形性质，达到矫正金属变形的目的。预应力法是在两端焊上两个支承座，穿上拉筋，然后再旋转拉筋上的螺母，使拉筋受拉而使主梁产生上拱。电焊法是采用多台电焊机，用大电流在两根主梁下部从两侧往中间焊接槽钢或角钢，利用加热、冷却的原理迫使主梁上拱。

以上三种方法各有特点。火焰矫正法的优点是可以矫正桥架结构等各种各样的复杂变形，而且灵活性很强；但它在矫正主梁下挠时，需要将桥式起重机落到地面上，或立桅杆才能进行修复，这样，不仅修复工期较长，而且也影响其他工作的正常进行。预应力法的优点是方法简单易行，上拱量容易检查、测量和控制；但它有局限性，即较复杂的桥架变形不易矫正。电焊法的特点是：对焊接工艺要求较严，焊接电流和焊接速度要基本一致。由于这种方法修理的质量不容易保证，而且焊接过程中也不容易及时测量，所以这种方法一般不常用。

## 13.1.2 小车行走不平和打滑

### 13.1.2.1 小车行走不平

小车行走不平，也称三条腿，即一个车轮悬空或轮压很小，使小车运行时，车体振动。产生这种现象的原因有小车本身和轨道两方面的问题。

（1）小车本身的问题。小车的四个车轮中，有一个车轮直径过小，造成小车行走不平；小车架自身的形状不符合技术要求，使用时间长使小车变形；车轮的安装位置不符合技术要求；小车车体对角线上的两个车轮直径误差过大，使小车运行时"三条腿"。

（2）轨道的问题。小车运行的轨道不平，局部有凹陷或波浪形。这使小车运行到凹陷或波浪形时，小车车轮便有一个悬空或轮压很小，从而出现了小车"三条腿"行走的现象。另外，小车轨道接头的上下左右有偏差。一般这个偏差规定在1mm以内。如果超出所规定的范围也会出现小车行走不平的情况。再有，如果小车本身就存在行走不平的因素，轨道也存在着不平的因素，那么小车行走则更加不平。

### 13.1.2.2 打滑

小车车轮有时打滑，不能正常运行，这种情况危害很大，尤其是在大型、精密设备吊运和安装的工作时，甚至无法保证顺利进行。产生小车车轮打滑的主要原因是：

（1）启动小车时过猛，或轨道上有油污、冰霜等。

（2）同一截面内两轨道的标高差过大或车轮出现椭圆现象，都能使小车车轮打滑。

（3）轮压不等，当某一主动轮与轨道之间有间隙，在启动时一轮已前进，而另一轮则在原地空转，即小车车轮打滑；两主动轮的轮压基本相等，但比较小，所以摩擦力也小，因此，启动时也会造成车轮打滑；主动轮和轨道之间虽没有间隙，两主动轮的轮压却相差很大，或两主动轮和轨道的接触面相差很大时，在启动的瞬间会造成车轮打滑。

13.1.2.3　小车行走不平和打滑检查及修理的方法

检查、修理小车行走不平和打滑的方法很多，一般可利用车轮高低不平和轮压不等的检查来查出其问题的所在处。再根据不同的情况，采取不同的修理措施，如小车轨道的局部修理，小车不在同一水平线上的修理，以便及时排除小车行走不平或打滑的故障。

A　小车行走不平和打滑的检查方法

（1）车轮高低不平的检查。这种检查有两种方法。一种是跑合面高低不平的检查；一种是局部车轮高低不平的检查。前一种检查方法是将小车慢速移动，观察其轮子的滚动面与轨道面之间是否有间隙。检查时，可用塞尺插入车轮踏面与轨道之间进行测量。后一种检查方法是在有间隙的地方，用塞尺测轮踏面与轨道之间间隙的大小，然后再根据间隙大小选用不同厚度的钢板垫在走轮与轨道之间，将小车慢慢移动，使同一轨道上另一车轮压在钢板上。如果移动前进的走轮与轨道之间无间隙时，则说明加垫铁的这段轨道较低，若有间隙时，则说明这段轨道没问题，不用垫高。

（2）轮压不等的检查。这种检查有两种情况。一种是小车移动时，一车轮打滑，另一车轮不打滑。这种情况很容易判断出打滑的一边轮压较小。另一种情况是两主动轮同时打滑。这种情况很难直接判断哪一个车轮的轮压小。此时，可以在打滑地段，将两根直径相等的铅丝放在轨道表面上，小车开到铅丝处并压过去，然后取出铅丝用卡尺测量其厚度。显然，厚的说明轮压小，薄的说明轮压大。还有一种方法：在任一根轨道上打滑地段均匀地撒上细砂子，再把小车开到此处，往返几次，如果还在打滑，则说明这个主动轮没问题，而是另外一条轨道上的主动轮轮压小。

B　小车行走不平和打滑的修理

（1）小车车轮不在同一水平线上的修理。这方面的问题，无论毛病出在哪一个车轮上，修理时，都尽量不修主动轮，而修被动轮。因为两个主动轮的轴一般是同心的，所以动主动轮就影响轴的同心度，给修理带来新的麻烦。因此，要以主动轮为基准去移动被动轮。

对小车车轮不在同一水平线上，即不等高的限度有规定：主动轮必须与轨道接触，从动轮允许有不等高现象存在，但车轮与轨道的间隙最大不超过 1mm，连续长度不许超过 1m。

（2）小车轨道的局部修理。这种修理主要是对轨道的相对标高和直线性进行修理。首先应确定修理的地段和修理的缺陷。然后铲除修理部位上轨道的焊缝或压板来进行调整和修理。调整时要注意轨道与上盖板之间应采用点固焊焊牢。轨道上有小部分凹陷时，应在轨道下边加力顶直的办法来恢复平直。在加力时，为了防止轨道变形，需要在弯曲部分附近加临时压板压紧后再顶。轨道在极短的距离内有凹陷现象时，要想调平是很困难的，所以应采用补焊的办法来找平。

### 13.1.3　大车啃道

大车走轮啃道是目前桥式起重机普遍存在的问题。一般讲，桥式起重机在正常工作时，大车的轮缘与轨道侧面应保持一定的间隙。若大车在运行中其轮缘与轨道侧面没有间隙，则就会产生挤压和摩擦等现象。严重时，大车轨道侧面上有一条明显的磨损痕，甚至表面带有毛刺，轮缘内侧有明显的一块块光亮的斑痕。桥式起重机行走时，发出磨损的切削声，开车或停车时，车身有摇摆现象。以上这些现象称为大车啃道。

在正常情况下中级工作类型的桥式起重机，一般大车车轮使用的寿命在十年左右，而经常啃道的大车车轮的使用寿命仅为正常工作的大车车轮的五分之一。所以，检查和排除大车啃道故障，对保证人身与设备的安全、桥式起重机的正常运行、延长桥式起重机的使用寿命、提高生产效率，具有很大的意义。产生大车啃道的原因很多，其主要原因如下：

（1）车轮的加工不符合技术要求。在分别驱动时，车轮加工不符合要求就会引起两端车轮运转速度的差别，以致整个车体倾斜而造成车轮啃道。

（2）车轮歪斜。这种情况是大车车轮啃道的主要原因。一般是由于车轮装配质量不好、精度有偏差和使用过程中车架变形等所致。再有车轮踏面中心线不平行于轨道中心线也会产生啃道。由于车轮是一个刚性结构，它的行走方向永远向着踏面中心线的方向，所以，当车轮沿轨道走一定距离后，轮缘便与轨道侧面摩擦而产生啃道。

（3）主动车轮的直径不等。由于车轮直径不等，两个主动轮的线速度不等，或其中一个车轮的传动系统有卡住现象，使车体扭斜形成啃道。产生两个主动轮直径不等的原因有两个：首先是加工精度不好，造成两主动轮直径尺寸不相等；其次是车轮表面淬火硬度不均，使用一段时间后，两主动轮的磨损不均匀，使车轮直径不等。

（4）轨道方面的问题。轨道由于安装调整、保养不好，或基础不匀而下沉，都容易使车轮产生啃道的现象。

（5）传动系统的啮合间隙不等。传动系统的啮合间隙不等是由于使用过程中不均匀的磨损，使减速器齿轮、联轴节齿轮的啮合间隙不匀，在起步或停车时有先后，使车体扭斜而啃道。

桥式起重机的大车车轮啃道的修理方法并不复杂，只要搞清楚原因即可排除。例如车轮安装不合技术要求，发生水平方向倾斜或桥式起重机与轨道跨距不符，发生啃道现象，对此可采取调整车轮，使其符合技术要求或调整桥式起重机和轨道的跨距，使二者均符合技术标准。若两端齿轮减速器和齿轮联轴器磨损不匀，一侧较大，启动、制动时两端不同步，车身扭摆，可检查传动系统的各部分零件，更换损坏件，消除过大的磨损间隙。

### 13.1.4 制动器不灵

在生产实践中，桥式起重机常常因制动器抱不紧而发生溜钩现象。即桥式起重机手柄已扳回零位停止升或降时，重物仍下滑，而且下滑的距离很大，超过规定的允许值（一般允许值为 $v/100$，其中 $v$ 为额定起升速度）。更严重的是重物有时一直溜到地面，当然这种情况是相当危险的。而还有一种情况是制动器张不开，使得起升机构升降受阻，不能吊运额定起重量。

（1）制动器抱不紧。制动器抱不紧的原因有：

1）制动器工作频繁，使用时间较长，其销轴、销孔、制动瓦衬等磨损严重，致使制动时制动臂及其瓦块产生位置变化，导致制动力矩发生脉动变化。主弹簧调整不当，制动力矩变小，从而导致溜钩。

2）主弹簧材质差或热处理不合要求，弹簧已疲劳、失效、从而导致溜钩。

3）制动器的制动轮外圆与孔中心线不同心，径向跳动超过技术标准。

4）制动器的制动瓦衬与制动轮间隙不均，单面接触、制动力矩减小。

5）长行程制动器的重锤下面增加了支持物，使制动力矩减小。

排除制动器抱不紧、溜钩等故障的措施是：

　　1）磨损严重的制动器闸架及松闸器，应及时更换，排除卡塞物。

　　2）制动器的制动轮工作表面或制动瓦衬，要常用煤油或汽油清洗干净，去掉油污。

　　3）制动器的制动轮外圆与孔的中心线不同心时，要修整制动轮或更换制动轮。

　　4）调节相应顶丝和副弹簧，以使制动瓦与制动轮间隙均匀。

　　5）制动器的安装精度差时，必须重新安装。排除增加的支持物，使之增加制动力矩。

　　（2）制动器张不开。制动器张不开的原因有：

　　1）电磁铁线圈断路，磁铁不吸合，制动器打不开，电动机运转声音发闷。

　　2）制动推杆弯曲，不与动磁铁相接触，所以，动磁铁闭合时，推不开制动臂。

　　3）制动器传动机件有卡死、不转动之处，不触及推杆，所以制动器打不开。

　　排除制动器张不开故障的方法：

　　1）更换线圈或接通接线。

　　2）更换推杆或将原推杆调直。

　　3）消除卡死部位故障，使转动灵活。

## 13.2　常见电气故障

　　电气设备是桥式起重机上比较复杂的部分，它在频繁启动、制动、冲击、振动和摆动的条件下工作，很容易发生故障。尤其是在高温、多尘、潮湿的冶金企业环境中工作的桥式起重机，更容易发生故障。实践证明，电气设备发生故障，不但会造成停车而影响生产，而且还可能发生事故。因此掌握常见的电气故障产生的原因及排除方法有着很重要的实际意义。

### 13.2.1　接触器的常见故障

　　（1）动、静触点烧接在一起。其原因有以下几种可能：

　　1）电源电压过低，铁芯在启动后吸不严，动触点接触压力不够。

　　2）动、静触点歪扭，接触不良；或触点烧损严重，使用时间过长，使超程过小。

　　3）三个主触点不同时接触。当一对触点刚接触时，其余两对动触点和其相应的静触点之间的距离不应大于 0.5mm。

　　4）可动部分被卡住或动作不灵活，动触点或它的弹簧碰到灭弧罩。

　　5）控制线路的连接导线接头松动，使电路时断时通。

　　6）紧固螺钉松动或其他部分螺钉松动，使触点接触不良。

　　（2）线圈断电后动铁芯掉不下来。其原因可能有以下几种：

　　1）接触器安装不正确（倾斜大于5°）。

　　2）E型铁芯的中间极面处的气隙，在接触器长期使用后变小。铁芯在剩磁作用下掉不下来，这时可用锉刀将气隙适当加大。

　　3）磁铁释放时的作用力太小，如触点的超程太小。这种情况可在接触器的适当部位加上平衡重锤。

　　4）电磁铁的极面上有油污或线圈过热后，渗出浸渍绝缘漆。

　　5）硅钢片质量不好，剩磁过大。

　　6）紧固动铁芯支架的螺钉松动、动铁芯铆钉松动或转轴及轴孔磨损使主触点超程过小，释放时反作用力不够。所以应经常检查紧固件，并应定期在转轴部分加润滑脂。

（3）接触器工作时有噪声。接触器正常工作时的响声类似变压器的声音。如果噪声很大，则说明接触器出了故障。这种情况要检查：

1）触点上的压力是否合适。

2）电源电压是否过低。

3）静铁芯和动铁芯的极面是否紧密接触，是否有积垢。

4）E 型铁芯的中间极面是否保留有不小于 0.2mm 的间隙。

5）固定磁铁的螺钉是否松动。

6）转轴及轴孔的配合是否合乎要求。

检查接触器时应断开电源，然后推动接触器的活动部分，检查其动作的灵活性。动触点不允许与灭弧罩相碰，而动铁芯不应与线圈相碰。对触点上的压力应保证有一定的超程。电磁铁的极面必须清洁，不能有油污。

### 13.2.2 控制器的常见故障

控制器是保证桥式起重机各机构安全工作的重要部件之一。它主要控制相应电动机的启动、运转、改变方向、制动等过程。所以，控制器的各对触点开闭非常频繁，尤其是控制器内的定子回路触点等经常因动静触点间的压力不适而不能接触，或出现触点磨损与烧伤、控制器合上后电动机不转、转子电路中有断线处等故障发生。

控制器的常见故障有：

（1）控制器的手柄在工作中发生卡滞，还常伴有冲击。其原因是：定位机构发生故障；触点被卡滞或烧伤黏连等。

（2）触点磨损或烧伤。产生这种现象的原因是：触点使用时间过长而老化；触点压力不足或脏污使触点接触不良；控制器过载等。

（3）控制器合上后，过电流继电器动作。产生这种现象的原因是：过电流继电器的整定值不符合要求，或者是定子线路中某处接地。同时，还可能是机械部分某环节有卡住现象。

（4）控制器合上后，电动机只能一个方向运转。这种情况，故障可能发生在：控制器中定子电路或终端开关电路的接触点与铜片未相接；终端开关发生故障；配线发生故障。

（5）控制器合上后，电动机不转。其原因可能有以下几点：三相电源，一相断电，电动机发出不正常的声响；线路中没有电压；控制器的接触点与铜片未相接；转子电路中有断线处。

控制器故障的排除方法如下：

（1）控制器的检查。

1）每班工作前应仔细检查控制器各对触点工作表面状况和接触状况。对于残留在工作表面上的珠状残渣要用细锉锉掉。修整后的触点，要在触点全长内保持紧密接触，接触面不应小于触点宽度的四分之三。

2）动静触点之间的压力要调整适当，保证接触良好。动静触点在闭合时应具有不小于 2mm 的超程，分断时的开距不少于 17mm。

3）控制器的触点报废标准为：静触点磨损量达 1.5mm、动触点磨损量达 3mm 时，应该报废。

（2）触点压力的调整。以 KTJ1 系列控制器触点调整为例（见图 13-2），当触点烧灼到一定程度时，动静触点的升距和超程就会发生变化而影响触头间的接触，因此必须及时调整。其调整方法为：动触点 5 是用固定销 7 固定在杠杆支架 10 上的，当增加或减小复位弹簧 14 的压力时，就可增大或减小动静触点间的压力。因此在胶木支架 13 的凹座中适当增加垫片，就可增大触点间的压力。

（3）触点的更换。按照控制器的触点报废标准确认为报废时，应立即更换。拆卸及其更换的方法举例如下：

如图 13-2 所示，将固定销 7 旋转 90°后，即可把带有软接线 9 的动触点 5 取下；卸下螺栓 8，可更换动触点 5；卸去螺栓 3，可更换静触点 4。

如图 13-3 所示，卸下螺母 16，可将螺栓 7 连同动触点 1 整套地从胶木架 5 中取出；卸下弹簧压板 4 可取出动触点 6，进行更换；卸下螺栓 10 和螺栓 7，可更换静触点。

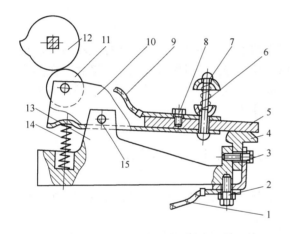

图 13-2　KTJ1 系列控制器触点结构图
1，9—软接线；2，3，8—螺栓；4—静触点；5—动触点；
6—弹簧；7—固定销；10—杠杆支架；11—滚轮；
12—凸轮；13—胶木支架；14—复位弹簧；15—销轴

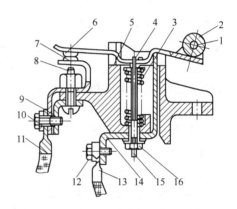

图 13-3　KT10 系列凸轮控制器触点结构图
1—轴；2—滚轮；3—弹簧；4—弹簧压板；
5—胶木架；6—动触点；7，10，12，15—螺栓；
8—静触点；9—弯板；11，13—软接线；
14—支板；16—螺母

### 13.2.3　控制回路的常见故障

（1）桥式起重机不能启动。桥式起重机不能启动的故障及产生的原因有：

1）合上保护箱的刀开关，控制回路的熔断器熔断，从而桥式起重机不能启动。产生这种情况的原因是控制回路中相互连接的导线或某电器元件短路或接地。

2）按下启动按钮，接触器吸合，但手离开按钮，接触器释放。这种现象一般也称掉闸。其原因如图 13-4 所示，当接触器线圈 KM 得电后，它的常开触点 KM 闭合，并自锁，使零位保护电路①和串联回路②导通，这说明这部分电路工作正常。手离开按钮，接触器就释放（即掉闸）的原因可能由于自锁没锁上，或大、小车运行机构和起升控制回路中存在短路现象。其检查的方法同前面所述一样，拉下刀开关，推合接触器，用万用表按电路的连接顺序，一段段检查。

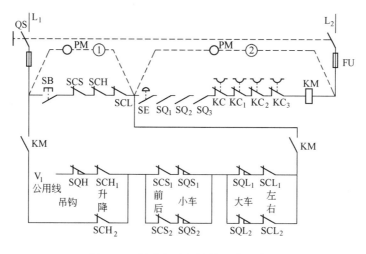

图 13-4　桥式起重机控制回路电路图

3）按下启动按钮，接触器吸合后，控制电路的熔断器烧断，从而使桥式起重机不能启动。这种情况的原因是大小车、升降电路或串联回路有接地之处，或者是接触器的常开触点、线圈有接地之处。

4）按下启动按钮，接触器不吸合，使桥式起重机不能启动。这种情况的原因可能是在主滑线与滑块之间接触不良或保护箱的刀开关有问题。或者检查图 13-4 所示的控制回路中的熔断器 FU、启动按钮 SB 和零位保护电路①，看这段电路是否有断路；串联回路②是否有不导电之处。检查的方法也是用万用表按图中①、②线路，一段段测量，查出断路和不导电之处，及时排除。

（2）起升机构上升时（吊钩—上升），接触器就释放。其原因如下：

1）上升限位开关的触点接触不好。

2）滑线和滑块接触点接触不好。

这种情况，可用万用表检查图 13-4 中吊钩上升部分的电路，看是否有触点接触不良和断路的地方。

（3）起升机构下降时（吊钩—下降），接触器就释放。吊钩下降时，控制回路的工作原理如图 13-4 所示。如果其他机构工作正常，即图 13-4 中①、②号电路工作正常；大、小车的各种控制电路也均正常，那么故障一定是在图 13-4 中的吊钩升降部分。排除的方法：可用万用表电阻挡或试灯查找接触器的联锁触点 KM、熔断器 FU 的连接导线和升降控制器下降方向的联锁触点 SCH$_2$。这两点任何一个部位未闭合，都能出现吊钩下降时接触器掉闸的现象。

（4）按下启动按钮，接触器吸合，但一扳动手轮，过电流继电器就动作。其原因有以下几点：

1）电动机超负荷或定子线路有接地或短路的地方。

2）接触器联锁触点的弹簧压力不足或接触不好。

3）控制机构中某一部位被卡滞或操作太快。

4）过电流继电器的整定值小或触点接触不好。

（5）控制器手柄处在工作位置时，电动机不旋转。其原因有以下几点：

1）控制器里相对应的触点未接触上。

2）转子电路开路，电刷器械中有接触不良处。

3）电源未接通或三相电源中有一相断路。

（6）桥式起重机在运行中，偶尔出现掉闸现象。这种情况一般发生在：小车运行到某个位置，起升机构在起吊物件时出现掉闸现象，但在其他位置上都正常，没有这种现象。其故障一般是小车集电砣与小车滑线接触不良，或有绝缘物相隔而致。其排除方法是：拉下保护箱的刀开关，调整小车滑线或消除滑线上的锈渍等绝缘物。

（7）大小车只能向一个方向开动。这种情况一般有两种可能：一种可能是另一个方向的限位开关触点接触不良，另一种可能是因控制器里的另一个方向上的控制触点接触不良。

（8）大车运行时接触器掉闸。产生这种现象，可能与以下四个方面有关。

1）主滑线与滑块之间接触不良。

2）大车轨道不平，使车体振动而造成有关触点脱落。

3）控制电路中的接触器触点压力不足，而使之接触不上。

4）大车向任一方向开动时，接触器都掉闸。这种情况一般是因保护箱内的大车过电流继电器动作所引起的。再有，因保护大车电动机的过电流继电器所调电流的整定值偏小，所以大车电动机启动时，过电流继电器的常闭触点断开，使保护箱接触器释放。出现这种情况时，必须按技术要求来调整过电流继电器的整定值。

（9）桥式起重机在启动和运行时，接触器发出劈叭声响，这是接触器动、静磁铁的铁芯极面吸合时的撞击声。这种情况的原因一般为：回路中电流强度有波动，电流大时，动、静磁铁吸合，电流小时，磁铁吸力小而使动、静铁芯极面出现间隙，发出劈叭声响。

（10）桥式起重机在工作中接触器有时吸合，有时断开。其原因是接触器线圈的供电线路中有断续接触或接触不良之处，如联锁触点压力不足、接线螺钉松动、熔断器的熔丝松动等。

（11）当断电时接触器不释放。其原因是控制电路某处有接地、短路或接触器触点黏联等情况。

（12）行程开关断开后，电动机仍未断电，其原因是连接行程开关的电路中有短路或接错的地方。

### 13.2.4　主回路的常见故障

桥式起重机的主回路又称为动力线路，由桥式起重机各机构电动机的定子外接电路和转子外接电路等组成。因此，主回路的故障主要是由于缺相、相间短路、对地短路和转子开路等因素所致。

（1）定子回路的故障。定子回路中常见的故障一般有断路和短路两种。短路故障较容易发现，常表现为有弧光崩炸现象，但断路故障不容易发现，而且也比较复杂。

（2）转子回路的故障。转子回路中的故障一般为短路和断路。

1）短路。

①合上刀开关，按下启动按钮，接触器吸合，手轮没有扳转，制动电磁铁就跟随吸

合，使制动器松闸，造成重物下落等事故。其原因是由于电磁铁线圈的绝缘被破坏，从而造成接地短路。

②接触器的触点因粘连等原因不能迅速脱开，造成电弧短路。

③保护箱刀开关合上后，接触器就发出嗡嗡的响声。这是由接触器线圈的绝缘损坏所造成的接地短路引起的。

④控制屏内的可逆接触器，如果机械联锁装置的误差很大或者失去作用，也将造成相间短路。

⑤控制屏里的可逆接触器，因先吸合的触点释放动作慢，所以产生的电弧还没消失，另一个接触器就吸合，或者产生的电弧与前者没有消失的电弧碰在一起，形成电弧短路。

⑥控制屏里的可逆接触器的联锁装置失调，以致电动机换相时，一个接触器没释放，另一个接触器就吸合，从而造成相间短路。

⑦因接触器的三对触点烧伤严重而使接触器在断电释放后产生很大的弧光，由此而引起电弧短路。

⑧如果接触器的三个动触点在吸合时有先有后，此时如点动操作速度过快，也会造成电弧短路。

2）断路。断路故障往往能引起电动机转子温度升高，并在额定负载下不能平稳启动和工作，而且还常常有剧烈振动等现象。其产生的原因有：

①电动机转子绕组的引出线端与滑环相连接的钢焊片处断裂或开焊。

②电阻器内元件之间的连接处有松动的现象，或者是电阻元件本身有断裂处。

③滑线与滑块之间接触不良，或者是滑块损坏。

④控制器连接的导线发生断路或在转子电路里有断路和接触不良的地方。

⑤电刷架的弹簧压力不够，电刷架和引出线端的接线螺钉松动，或电刷架和电刷配合过紧等都能造成电刷与滑环接触不良。

## 13.3 常见起升机构故障

起升机构是桥式起重机的重要传动机构，它能否安全运转，关系到整台桥式起重机的安全生产。因此掌握起升机构的常见故障及排除方法是十分必要的。

有些桥式起重机运转多年后，起升电动机发生启动困难的情况，即不能起吊额定负载，甚至一半额定负载也不能顺利起吊。造成这种情况有如下几种原因：

（1）起升机构制动器调整不当。桥式起重机不能吊起额定负载，其原因不是起升电动机额定功率不足的问题，而是由于其机构制动器调整不当所致。当起升机构工作时，制动器未完全松开，使起升电动机在制动器闸瓦附加制动力矩作用下运转，增加了电动机的运转阻力，致使电动机工作困难。制动器失调之处通常有如下几点：

1）制动器主弹簧调得太紧，张力太大，而使得制动器打不开，造成桥式起重机带制动负载运转。

2）制动器的制动瓦与制动轮两侧间隙调整不均。短行程制动器失调如图13-5所示。由于顶臂螺栓3拧得过紧，把制动臂2推向左边，致使制动瓦块1紧靠在制动轮上，松闸时，由于顶臂螺栓3已顶死，制动瓦块1脱不开制动轮而使起升阻力增大。

长行程制动器闸瓦与制动轮两侧间隙失调如图13-6所示。由于顶臂螺栓2与杠杆臂1

间隙太大，致使当磁铁吸合时，推杆 4 可将左制动臂 7 推至远离制动轮的位置，而不能靠三角板 6 反推右制动臂 5，所以起升松闸过程中，制动瓦块 3 始终接触并压贴在制动轮上，致使起升电动机在制动负荷作用下运转，从而使电动机发热，运转困难。

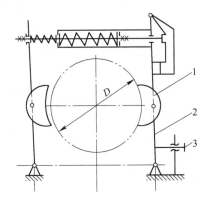

图 13-5　短行程制动器失调示意图

1—制动瓦块；2—制动臂；3—顶臂螺栓

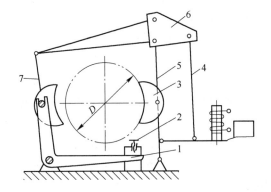

图 13-6　长行程制动器失调示意图

1—杠杆臂；2—顶臂螺栓；3—制动瓦块；4—推杆；

5—右制动臂；6—三角板；7—左制动臂

3）制动电磁铁动铁芯行程太小，如图 13-7 所示。当线圈通电吸合时，动铁芯 1 只能把左、右制动臂稍微推开，制动瓦块仍与制动轮相摩擦，从而增大了机构运转阻力。

4）短行程制动器副弹簧失效或疲劳，刚度差而弹力小，松闸时推不开制动臂 4，而使制动瓦块 5 仍贴压在制动轮上运转。

（2）起升机构传动部件安装精度超差。

1）起升电动机轴线与减速器输入轴线不同心，存在垂直方向偏差和水平方向偏差，此偏差已超出该处连接件——齿轮联轴器所能补偿的范围。当机构运转时，就会给电动机增加运行阻力。

2）卷筒轴线与减速器输出轴线不同心。

3）制动器安装精度差，如图 13-8 所示。制动器闸架中心高与制动轮不同心，相差

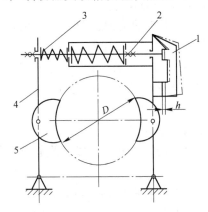

图 13-7　衔铁行程过小示意图

1—动铁芯；2—制动螺杆；3—副弹簧；

4—制动臂；5—制动瓦块

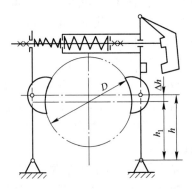

图 13-8　制动器与制动轮不同心

$\Delta h$。当松闸时，制动瓦的下边缘仍然与制动轮有摩擦，使起升阻力增大，增加起重电动机功率损失。

（3）电气传动系统故障。

1）电动机由于长期运转，绕组导线老化，转子绕组与其引线间开焊、滑环与电刷接触不良，从而造成三相转子绕组开路，电动机转矩减小。

2）电阻丝烧断同样会造成转子回路处于分断状态，使电动机不能产生额定转矩。

## 13. 4 其他故障

在桥式起重机中还有其他一些常见的故障，如吊钩、钢丝绳、联轴器、卷筒、减速器、滑轮、电动机、交流接触器和继电器等。

### 13. 4. 1 吊钩的常见故障

（1）钩口危险断面磨损。这种情况应引起足够重视，否则磨损严重时强度减弱，易折断。其排除方法：磨损量超过危险断面的10%时，要更换。对吊运钢水的吊钩，磨损量超过危险断面5%时，就要更换新钩。

（2）钩口部位有变形。钩口部位有变形一般是由于使用时间较长，且长期过载，使吊钩疲劳所致。这种情况应立即更换。

（3）钩头表面出现裂纹。如发现裂纹，应立即停止使用，必须更换。

### 13. 4. 2 钢丝绳的常见故障

（1）钢丝绳迅速磨损。其迅速磨损的原因为滑轮或卷筒的直径相对于这种钢丝绳太小，或是卷筒上绳槽的槽距太小。遇这种情况应该换较软的钢丝绳、标准直径的钢丝绳或更换卷筒。

（2）钢丝绳经常破裂、断股、断丝。其产生的原因是钢丝绳上有脏物或缺少润滑油，或上升限位器的挡板安装不正确。排除的方法为：清洗钢丝绳上的脏物；对钢丝绳进行润滑；调整挡板等。对在一个捻距内断丝数超过总数的10%、钢丝绳径向磨损40%时，应立即更换钢丝绳。

### 13. 4. 3 联轴器的常见故障

（1）联轴器的连接螺栓孔磨损。这种情况使桥式起重机启动时联轴器及其轴产生跳动，严重时螺栓被切断，发生吊物坠落的危险局面。排除的方法为：重新扩孔配螺栓，或补焊后再钻铰孔，但必须更换起升机构的联轴器。

（2）齿轮套键槽磨损。这种情况不能传递转矩，以致吊物坠落。排除方法为：起升机构的齿轮套要更换，运行机构的齿轮套可在与其相距90°处重新插键槽，配键后继续使用。

### 13. 4. 4 减速器的常见故障

（1）减速器在架上振动。其产生振动的原因是固定螺栓松动、输入与输出轴和电动机轴不同心或支架刚性差。其排除方法为：紧固减速器的固定螺栓；调整减速器传动轴的同轴度；加固支架，使刚性增大。

（2）减速器的壳体及安装轴承处发热。其产生发热的原因有轴承滚珠损坏，或保持架破碎；轮齿磨损；缺少润滑油等。其排除方法为：若是轴承滚珠损坏，则要更换轴承；轮齿磨损严重时也要更换新齿轮；润滑不足，应注意润滑。

### 13.4.5　卷筒的常见故障

（1）卷筒出现裂纹或轴、键磨损。出现这种情况，一般是超期使用而产生疲劳所致，或安装得不合理使卷筒的轴键磨损。对超期使用的卷筒应停止使用，对轴、键磨损的卷筒应进行检修或更换。

（2）卷筒绳槽磨损、钢丝绳跳槽。其产生原因是卷筒强度减弱，钢丝绳缠绕混乱。排除的方法为：当卷筒臂厚磨损达原厚度的20%以上时应更换卷筒，重新缠绕钢丝绳。

### 13.4.6　滑轮的常见故障

（1）滑轮心轴磨损。这种情况常常是因轴上定位件松动而使心轴损坏。排除方法为：紧固滑轮心轴上的定位件，另外需加强润滑。

（2）滑轮槽磨损不均匀。这有两种可能，一是安装不合要求，二是绳与轮接触不均匀。这就要求对其进行重新安装或修补，磨损一般超过3mm时，要更换。

（3）滑轮轮缘损坏。其主要原因是使用不当、上升下降极限位置调定不准确、钢丝绳摩擦等。轮缘破损，必须更换滑轮。

### 13.4.7　电动机的常见故障

（1）整个电动机均匀发热。整个电动机均匀发热，一是由于电动机工作在低压下，二是由于经常超载运行而产生发热现象。解决的方法为：当电压低于额定电压的10%时，应停止工作，另外要禁止超载运行。

（2）电动机在运转中声音不正常。其原因为：定子相位错移、定子铁芯未压紧、滚动轴承磨损等。这种情况应首先检查接线系统、定子铁芯是否有问题，如有问题要重新压紧或重选定子铁芯；其次检查滚动轴承的磨损情况，磨损严重时要进行更换。

（3）电动机在工作时振动。其原因是电动机轴与减速器轴不同心、转子变形、轴承损坏或磨损等。排除方法为：找正电动机轴与减速器轴的同心位置；检查并更换已损坏的轴承；检修变形的转子。

（4）电刷冒火花或滑环被烧焦。其原因是电刷研磨不好；电刷在刷握中太紧；电刷及滑环脏污；电刷压力不足；滑环不平，电刷跳动。排除的方法为：磨合电刷；调整松紧程度；清洗电刷及滑环；调整电刷的压力；磨光不平的滑环。

（5）电动机承受负荷后转速变慢。产生这种现象的原因是转子端部连接处发生短路。检查转子电路并排除短路故障。

### 13.4.8　交流接触器和继电器的常见故障

（1）交流接触器工作时声音较大。产生这种现象的原因是线圈过载；动、静磁铁相对位置错动，磁路受阻；动磁铁转动部位卡住等。排除方法为：减小动触点弹簧的压力；调整动、静磁铁位置，使磁路畅通；对铰接销轴加油润滑，以此消除附加阻力。

（2）线圈发热。产生这种现象的原因是线圈过载，动、静铁芯的极面有间隙等。排除方法为：减小动触点弹簧压力；清洗极面脏污；排除弯曲、卡住等产生间隙的因素；更换线圈。

（3）主接触器不能接通。这种情况可检查闸刀开关、紧急开关、舱口开关是否闭合；控制手柄是否放在零位；线路是否有电；控制电路熔断器是否接通。

 **复习思考题**

13-1 产生小车行走不平、大车啃道的原因各是什么？

13-2 制动器张不开的原因是什么？

13-3 哪些部位能引起电动机的转子出现故障？

13-4 怎样判断电动机转子的断路故障？

13-5 产生主梁下挠的原因是什么？

13-6 不能吊运额定起重量的原因何在？

13-7 为什么会有溜钩的现象发生？

13-8 合上保护箱刀开关，控制电路的熔断器就熔断，这是为什么？

13-9 合上保护箱刀开关，按下启动按钮，接触器吸合，但一扳动手柄，过电流继电器就动作，接触器就释放，这是为什么？

13-10 吊钩一上升，接触器就释放，这是为什么？

13-11 吊钩一下降，接触器就释放，这是为什么？

13-12 常见的主令控制线路的故障有哪些？

13-13 桥式起重机运行时，接触器短时断电的原因是什么？

13-14 控制屏刀开关合上后，零压继电器不吸合，这是为什么？

13-15 主令控制器手柄换级时，接触器就释放，这是为什么？

13-16 从电器的角度说明制动器不能松闸的道理。

13-17 怎样查找接触器工作不正常的原因？

13-18 怎样查找单台电动机不能启动的原因？

13-19 主回路、控制回路中常见的故障有哪些？

13-20 简述排除溜钩故障的方法。

13-21 简述如何检查、修理大车啃道。

13-22 怎样排除小车行车不平的故障？

13-23 如何修复主梁下挠？

13-24 简述液压电磁铁通电后推杆不动作或行程小的原因及排除方法。

13-25 简述接触器线圈发热的原因及排除方法。

13-26 简述电动机在运转时声音不正常的原因及排除方法。

13-27 简述电动机在承受负荷后转速变慢的原因及排除方法。

13-28 简述控制器的常见故障。

# 14 运输机械的选用与维护

## 14.1 物料的种类与特征

物品的种类与特征是确定运输设备及其零部件构造形式的主要因素之一。因此，为了能合理设计、选择和使用连续运输设备，应先知道所运输物品的特性和特征。运输物品一般分为成件物品和散状物料两类。

### 14.1.1 成件物品

成件物品是指按件计算的物品，有袋装、桶装、单件、托盘、箱装和集装箱等形式。成件物品搬运的主要特征是重量、外形尺寸（长×宽×高）、对温度的敏感性、爆炸的可能性和易燃性等。

### 14.1.2 散状物料

散状物料是指各种块状、粒状、粉状等形状的物料。散料的常用特性见表 14-1。

表 14-1　散料的常用特性

| 物 料 名 称 | 堆密度$(\rho_0)/t \cdot m^{-3}$ | 堆积角/(°) | | 对钢的摩擦系数 | |
|---|---|---|---|---|---|
| | | 动 $(\beta_d)$ | 静 $(\beta)$ | 动 | 静 |
| 稻 谷 | 0.56 ~ 0.58 | 35 ~ 45 | | 0.33 | 0.57 |
| 砂 糖 | 0.73 ~ 0.90 | | 51 | 0.85 | 1.0 |
| 尿 素 | 0.66(粉) ~ 0.80(粒) | | 43(粉) ~ 31(粒) | | 0.58(粒) |
| 磷矿粉 | 1.19 ~ 1.50 | | 38 | | |
| 细 盐 | 0.90 ~ 1.33 | 42 | 47.7 | 0.49 | 0.7 |
| 陶 土 | 0.33 ~ 0.50 | | 54 | 0.45 | 0.75 |
| 石英砂 | 1.33 ~ 1.53 | | 40 | | 0.75 |
| 型 砂 | 0.82 ~ 1.33 | 30 | 45 | | 0.71 |
| 白云石 | 1.22(粉) ~ 2.04(块) | 32.5 ~ 35 | | 0.625(粉) | |
| 石灰石、砾石 | 1.53 ~ 1.94 | 30 | 45 | 0.58 | 1.0 |
| 生石灰 | 0.87 ~ 0.97 | 30 | 43 | | |
| 熟石灰(粉) | 0.50 ~ 0.61 | | 43 | | 0.725 |
| 水 泥 | 0.92 ~ 1.73 | 35 | 40 ~ 45 | | 0.73 |
| 焦 炭 | 0.37 ~ 0.54 | 30 | 50 | 0.57 | 1.0 |
| 褐 煤 | 0.66 ~ 0.80 | 35 | 50 | 0.5 ~ 0.7 | 1.0 |
| 高炉渣 | 0.61 ~ 1.02 | 35 | 50 | 0.7 | 1.2 |
| 平炉渣 | 0.63 ~ 1.89 | | 45 ~ 50 | | |

| 物料名称 | 堆密度($\rho_0$)/t·m$^{-3}$ | 堆积角/(°) | | 对钢的摩擦系数 | |
|---|---|---|---|---|---|
| | | 动（$\beta_d$） | 静（$\beta$） | 动 | 静 |
| 煤渣 | 0.65 ~ 0.85 | 35 | 45 | | |
| 铁矿石（含铁53% ~ 60%） | 2.45 ~ 2.96 | 30 ~ 35 | 40 | | |
| 铁矿石（含铁不大于33%） | 2.24 ~ 2.76 | 30 ~ 35 | 38 ~ 40 | | |
| 铁烧结矿 | 1.73 ~ 2.04 | 35 | 45 | | |
| 磁铁矿 | 2.55 ~ 3.57 | 30 ~ 35 | 40 ~ 50 | | |
| 赤铁矿 | 2.04 ~ 2.86 | 30 ~ 35 | 40 ~ 50 | | |
| 褐铁矿 | 1.22 ~ 2.14 | 30 ~ 35 | 40 ~ 50 | | |

现将散料几项主要物理机械特性分述如下：

（1）粒度。它表示散料颗粒的大小。在决定运输机械工作构件尺寸以及料仓、漏斗和料槽排出口的尺寸时，必须考虑散料的粒度。粒度的大小是以颗粒最大线长度表示的，如图 14-1 所示。颗粒尺寸在 $(0.8 \sim 1.0)d_{max}$ 之间的料块称作最大料块组。

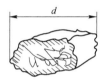

图 14-1　颗粒粒度

（2）密度和堆密度。密度是物质的一种特性。某种物质单位体积的质量称作这种物质的密度，用符号 $\rho$ 表示，单位 kg/m$^3$ 或 t/m$^3$。很显然，物体间在同种质量下体积越小密度就越大；体积越大，密度就越小。

由于，散状物料的体积难以计算，所以在运输机械中引入了堆密度的概念。堆密度是指单位容积的某种散状物料的质量，用 $\rho_0$ 符号表示，单位 kg/m$^3$ 或 t/m$^3$。堆密度的测量可用一定容积的容器，盛满散料后称其质量得到。根据堆密度大小，散料可分为轻散料（$\rho_0 \leqslant 0.82\text{t/m}^3$）、中等散料（$0.82\text{t/m}^3 < \rho_0 \leqslant 1.63\text{t/m}^3$）和重散料（$\rho_0 > 1.63\text{t/m}^3$）。运输机的类型和散料级别有关，一般输送堆密度大的散料，应用重型运输机械。各种常见散料的堆密度见表 14-1。

（3）堆积角（休止角）。散料撒到平面上自然形成的散料堆的表面与水平面的最大夹角称堆积角。流动性良好的散料堆积角等于散料的内摩擦角。堆积角有静、动态之分，在静止平面上自然形成的称静堆积角（$\beta$），在运动的平面上形成的称动堆积角（$\beta_d$）。两者均由实测得出，一般 $\beta_d = (0.65 \sim 0.80)\beta$，常取 $\beta_d = 2/3\beta$。两者的数值见表 14-1。

流动性不好的黏性散料，堆积角比内摩擦角大。将黏性散料放在有孔的平板上，把孔打开后，一部分散料从孔中落下，在平板上余下的散料堆表面与水平面的夹角称为该散料的逆息角（$\beta_2$ 也称陷落角）；从孔中落下的料堆表面与水平面的最大夹角称为该散料的安息角（$\beta_1$），如图 14-2 所示。在设计散料储仓时，储仓锥体倾面的倾角必须大于逆息角 $\beta_2$。在决定运输机械承载构件的尺寸时，需先查出所运散料的堆积角度。

（4）摩擦系数。它是用来确定某些运输机械工作时的最大倾角的，其常见数值见表 14-1。

（5）含水率（湿度）。散料中除自身的结晶水外还有散料颗粒自周围空气中吸入的收湿水和充满于散料颗粒间的表面水。

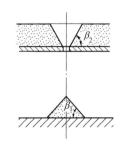

图 14-2　安息角与逆息角

含水率即收湿水和表面水重量与干燥散料重量之比。含水率大将增加散料的黏性，影响物料输送，一般含水率以不大于 15% 为宜。

（6）侧压力系数。散料垂直面上的正压力与该点水平面上的正压力之比称为散料的侧压力系数。在运输机械中，流动性良好的散料的侧压力系数（$k_c$）可按下列公式计算。

$$k_c = \tan^2\left(\frac{\pi}{4} - \frac{\beta_d}{2}\right) = \frac{1 - \sin\beta_d}{1 + \sin\beta_d} \tag{14-1}$$

除上述特性外，磨磋性、脆性、有毒性、锈蚀性等特性也都应在设计运输机时加以考虑。

## 14.2　带式运输机的选用

带式运输机是用挠性运输带作为物料承载件和牵引件的连续运输机械。它根据摩擦传动原理，由驱动滚筒带动运输带。其运输能力很大、功耗小、构造简单、对物料适应性强，因而应用范围很广。图 14-3 所示为典型的带式运输机总体结构。

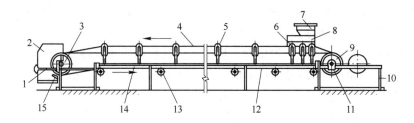

图 14-3　带式运输机总图

1—头架；2—头罩；3—驱动滚筒；4—输送带；5—上托辊；6—缓冲托辊；7—漏斗；8—导料槽；
9—改向滚筒；10—尾架；11—螺旋张紧装置；12—空段清扫器；13—下托辊；14—中间架；15—弹簧清扫器

带式运输机主要分为普通型和特殊型两大类：普通型包括通用带式运输机（见图 14-4）、轻型固定带式运输机和移动带式运输机；特殊型包括钢丝绳芯带式运输机、大倾角带式运输机、吊挂式带式运输机、气垫带式运输机和网带运输机等。本章主要讲通用带式运输机。

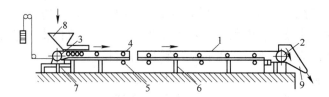

图 14-4　通用带式运输机的结构

1—运输带；2—传动滚筒；3—改向滚筒；4—上托辊；5—下托辊；
6—机架；7—小车；8—装料漏斗；9—卸料漏斗

带式运输机发展很快，宽度已达 3m，带速已达 6m/s、运输量（也称生产率）已达 20000m³/h，输送距离单机已达 10km 以上（统计数字），钢丝芯胶带的强度已达 800MPa。

### 14.2.1 带式运输机的主要零部件

#### 14.2.1.1 运输带

一般要求运输带强度高、伸长率小、挠性好、耐磨和抗腐蚀性强等。使用广泛的运输带有橡胶运输带、钢丝绳芯运输带、塑料运输带和钢带等，但以橡胶运输带应用最为普遍。下面重点介绍橡胶运输带。

A 结构与规格

图 14-5 所示为橡胶运输带的结构，它是用棉织物或化纤织物挂胶后叠成的多层带芯材料，四周用橡胶作为覆盖材料。其主要品种及带宽等见表 14-2。

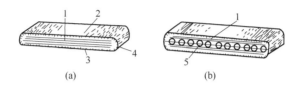

图 14-5 橡胶带的结构简图

(a) 帆布芯；(b) 钢丝芯

1—胶布层；2—工作面覆盖胶；3—非工作面覆盖胶；4—边胶；5—钢丝

表 14-2 橡胶运输带主要品种和带宽

| 品种 | 带宽 B/mm（GB/T 4490—2009） | | | | | | | | | 工作环境温度/℃ | 物料最高温度/℃ |
|---|---|---|---|---|---|---|---|---|---|---|---|
| | 300 | 400 | 500 | 650 | 800 | 1000 | 1200 | 1400 | 1600 | | |
| 普通型 | √ | √ | √ | √ | √ | √ | √ | √ | √ | -10 ~ +40 | 50 |
| 耐热性 | | √ | √ | √ | √ | √ | √ | √ | √ | | 120 |
| 维尼纶芯 | | | √ | √ | √ | √ | √ | √ | | -5 ~ +40 | 50 |

注：根据 GB/T 4490—2009 的规定，公称宽度为 300~500mm 的有端输送带宽度的极限偏差为 ±5mm；公称宽度为 600~3200mm 的有端输送带宽度的极限偏差为其宽度值的 ±1%。

橡胶带的工作面覆盖胶厚度有 3.0、4.5、6.0mm 三种规格，非工作面覆盖胶厚度都为 1.5mm。选用时，可参照物料特性来定。例如堆密度 $\rho_0 < 0.16t/m^3$、中小粒度或磨损性小的物料（煤、白云石等），工作面和非工作面覆盖胶厚度为 3.0+1.5mm；堆密度 $\rho_0 > 0.16t/m^3$、粒度不大于 200mm、磨损性较大的物料（破碎后的沙石、选矿产品等）覆盖胶厚度为 4.5+1.5mm；堆密度 $\rho_0 > 0.16t/m^3$、磨损性大的大块物料（大块矿石），覆盖胶厚度为 6.0+1.5mm。

作为带芯材料的橡胶布层数有 3、4、5、6、7、8、9、10、11、12 等十种规格。根据我国标准，通用固定带式运输机 TD75 型系列中，橡胶布层数 $i$ 与运输带宽度 $B$ 的对应关系见表 14-3。

表 14-3 带宽 B 与橡胶布层数 i 对应关系

| 带宽 B/mm | 500 | 650 | 800 | 1000 | 1200 | 1400 |
|---|---|---|---|---|---|---|
| 橡胶布层数 i | 3~4 | 4~5 | 4~6 | 5~8 | 5~10 | 6~12 |

B　接头方式

运输带的接头方式可分为机械接头法、冷黏接法、硫化法三种。

机械接头有皮带扣连接、合页连接和板卡连接等，如图 14-6 所示。这种接头方法方便、经济，但是接头容易损坏，接头强度相当于橡胶带本身强度的 35% ~ 40%，带芯外露易受腐蚀，对运输带的使用寿命有一定影响，适用于运输机长度不大、运输无腐蚀性物料、要求检修时间较短的场合。

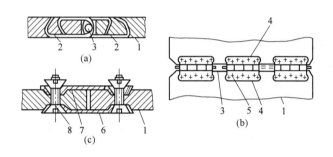

图 14-6　机械连接方法

(a) 皮带扣连接；(b) 合页连接；(c) 板卡连接

1—运输带；2—带扣；3—销柱；4—合页；5—铆钉；6，7—夹板；8—螺栓

冷黏接法即采用冷黏合剂来进行接头。这种接头方法比机械接头的效率高，也比较经济，但是从实践来看，由于工艺条件比较难掌握，且黏合剂的质量对接头的影响非常大，所以不是很稳定。目前国内比较知名的黏接剂中蒂普拓普 SC2000、圣卡 SK811、璜时得 LDJ243 系列等运输带胶都是国内使用量比较大的。

硫化法是将接头部位的胶布层和覆盖胶切成对称的阶梯（见图 14-7），涂以胶浆，在 0.5 ~ 0.8MPa 的压力、140 ~ 145℃温度下保温一定时间，即能成无接缝硫化接头。这种接头的强度能达到橡胶强度的 85% ~ 90%，且能防止带芯腐蚀，带的使用寿命较长。硫化法在多年的实践中证明是最理想的一种接头方法，它能够保证高的接头效率，同时也非常稳定，接头寿命也很长，容易掌握；但是存在工艺麻烦、费用高、接头时间长等缺点。

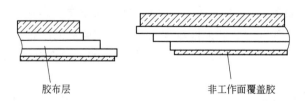

胶布层　　　　　　　　非工作面覆盖胶

图 14-7　硫化接头切口

C　安全系数

橡胶带的强度安全系数与带中橡胶布层数及接头方式有关，且随胶布层数的增加而逐渐加大，安全系数的选择要考虑应力在带子各层中分布不均匀，以及计算时没估计到的弯曲应力和疲劳等的影响。常用安全系数见表 14-4。

表 14-4 橡胶带的强度安全系数 n

| 橡胶布层数 i | | 3~4 | 5~8 | 9~12 |
| --- | --- | --- | --- | --- |
| 强度安全系数 n | 机械接头 | 10 | 11 | 12 |
| | 硫化接头 | 8 | 9 | 10 |

#### 14.2.1.2 滚筒

按材质来分，滚筒分钢板焊接滚筒和铸铁滚筒；按作用来分，滚筒分为驱动滚筒、改向滚筒和张紧滚筒三种。驱动滚筒按其表面情况，又分为光面、木面及胶面，改向滚筒和张紧滚筒均是光面。作为防止运输带跑偏的措施之一，滚筒两端的直径比中部直径小1%左右。滚筒的长度 L 比带宽 B 大 100~200mm。

#### 14.2.1.3 托辊

托辊是承托运输带的部件。对托辊的要求应从能使运输带顺利工作的角度出发。带与托辊之间的摩擦力应能使托辊灵活转动，否则将引起带与托辊之间打滑，产生强烈磨损，并增加运行阻力，为此，托辊多采用滚动轴承，并应有良好的密封。托辊损坏的原因多数是密封不良，灰尘进入卡死轴承。目前带式运输机一般采用径向迷宫式托辊，这种托辊运行阻力小，防尘效果好。托辊的直径应满足使带对托辊的摩擦力矩大于托辊的转动力矩。托辊外筒一般用无缝钢管制造。我国带式运输机 TD75 型标准中采用托辊直径 D 与带宽 B 有如下的关系：当 B≤800mm 时，D=89mm；当 B≥1000mm 时，D≥108mm。托辊外筒和轴承座等也可用塑料、增强尼龙等材料制造。但由于它们是绝缘材料，长期和运输带摩擦会产生静电火花，影响防爆安全。所以采用这种材料的托辊时一定要注意使用场合。

用于有载段的为承载托辊，用于无载段的为无载托辊。根据运输不同物料的要求，承载托辊有槽形的（运散料）和平形的（运成件物品），如图 14-8 所示；无载托辊多采用平形托辊。

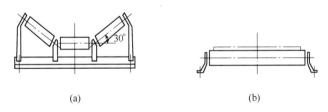

图 14-8 槽形托辊和平托辊
(a) 承载托辊；(b) 无载托辊

平形托辊的长度一般较带宽 B 大 100~200mm，槽形三托辊长度总和也应较带宽 B 大 100~200mm。

槽形托辊一般由 2~5 个辊子组成，其数目由带宽和槽角决定。最外侧辊子与水平线的夹角称为托辊槽角。托辊槽角在 0°~60° 范围内，托辊槽角增大后使物料堆积断面增大，能提高运输机生产能力，而且有防止撒料、跑偏和提高运输倾角的作用。槽角 α 的大小，常由运输带的成槽性决定，目前最常用的三节式托辊的槽角 α=30°。

为了防止运输带在工作时发生偏斜，应装有调心托辊。调心托辊能起运输带复位的作用。调心托辊是将槽形或平形托辊安装在可转动的支架上构成，如图 14-9 所示。图 14-9

(a)是结构最简单的调心托辊，这种托辊的两边沿运输带运动方向偏转 2°～4°。图 14-9 (b)是槽形自动调心的托辊，图 14-9(c)和(d)是平行自动调心托辊。这两种托辊的托架 1 可以转动，当运输带跑偏时，托辊就会向跑偏的一边向前偏转，此时托辊速度与带速方向 不一致，产生一个与运输带跑偏方向相反的分速度，使运输带向运输机中心线一侧移动， 从而纠正跑偏现象，运输带恢复到原来的位置，回转的托架也恢复正常位置。直立的挡辊 4 也起纠正跑偏的作用。

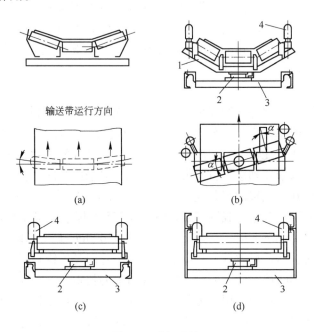

图 14-9　调心托辊

1—托架；2—止推轴承；3—钢槽；4—挡辊

　　斜置托辊对运输带的这种横向反推作用也能用于不转动的托辊架。如发现运输带由于 某种原因在某一位置上跑偏比较严重时，将该处的若干组托辊斜置一适当的角度，就能纠 正过来。

　　在装料漏斗处，当运输较重的成件物品时，须装置缓冲托辊，以减少冲击作用。缓冲 托辊如图 14-10 所示，有橡胶圈式和弹簧板式两类。

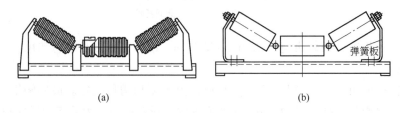

图 14-10　缓冲托辊

（a）橡胶圈式；（b）弹簧板式

### 14.2.1.4　张紧装置

张紧装置是调节运输带张紧程度，以产生摩擦驱动所需张力的装置。其功能是：保证运输带在传动滚筒的松边具有足够的初张力，使所需牵引力得以传递，防止运输带打滑；保证运输带周长上各点的张力不低于一定值，防止运输带在托辊之间过分松弛丧失槽形而引起撒料和增加运行阻力；补偿运输带因弹性变形和永久变形造成的长度变化；为运输带重新接头提供必要的行程。

张紧装置按结构形式分机械张紧式、重力张紧式和自动张紧式三类。

（1）机械张紧式。用机械方式移动张紧滚筒或张紧小车使运输带具有一定的初张力，以满足摩擦传动要求。这种方式在运输机运转过程中，张紧滚筒或张紧小车的位置始终是固定的，因此又称固定式。机械张紧装置结构简单紧凑，但运输机运转过程中张紧力不能自动调整保持恒定。常用的机械张紧装置有螺旋张紧装置与绞车式固定张紧装置。

1）螺旋张紧装置。它由螺杆和螺母组成的螺旋副来移动张紧滚筒使运输带张紧。这种张紧装置行程有限，且不能自动保持初张力，一般适用于短距离（小于80m）、小功率的带式运输机。

2）绞车式固定张紧装置。这种装置是将钢丝绳缠绕在绞车卷筒上，通过滑轮组及张紧小车将运输带张紧。初张力值由张力指示器显示。绞车一般有手动与电动两种，根据运输机长度与使用要求选定。张紧小车平时是固定不动的，经运转一定时间后，因运输带塑性伸长而使初张力降低时，可操作绞车移动张紧小车，使运输带达到规定的初张力。这种张紧装置结构紧凑，行程不受限制，但运输带的初张力不能保持恒定。

（2）重力张紧式。利用物体的重量使运输带具有足够的恒定张力。其结构形式可分为重锤式与重载车式两种。

1）重锤式张紧装置。这种装置利用重锤块的重量经张紧小车将运输带张紧，并保证运输带在各种运行状态下具有恒定的张力，同时自动补偿运输带的塑性伸长和过渡工况下弹性伸长的变化。根据运输机使用场合和张紧行程大小，张紧小车一般采用水平或倾斜布置，也可以垂直布置。这种张紧装置结构简单、张紧速度快、运输带的初张力始终保持恒定，使运输机运转可靠；缺点是体积较大而笨重。

2）重载车式张紧装置。利用张紧小车载重块的自身重量产生向下拉力使运输带张紧。当运输机工况变动引起运输带张力变化时，张紧小车在自身重量作用下产生位移，使张紧力保持恒定。这种张紧装置可布置在运输机的尾部，取消机尾装置，简化结构，且减少运输带弯曲次数，延长其使用寿命，但张紧小车的质量大为增加，主要用于倾角较大的上运或下运带式运输机。

（3）自动张紧式。自动张紧式是近代长距离、大运量、大功率带式运输机中应用较广的张紧形式。它能使运输带具有合理的张力值，自动补偿运输带的弹性变形和永久变形的长度变化。其缺点是结构较复杂，外形尺寸大，对污染敏感，并需要较精确的测力元件及控制系统。

自动张紧式按驱动机的形式有绞车式和液压式两种。

1）绞车式自动张紧装置。这种装置是用电动绞车和钢丝绳移动张紧小车，通过张力传感器和控制系统实现运输带初张力自动调整的装置。绞车式自动张紧装置的原理如图14-11所示。运输机启动之前，先启动绞车，使运输带张力增加到正常运转值的1.4~1.5倍，以满足运输机加速时产生运输带附加张力的要求，然后再启动运输机。此时的最大张力与初张力仍能保持原有的比值，可防止运输带打滑。运输带达到额定速度后，初张力自动转换为稳定运转值。在稳定运转工况下，运输带张力几乎不变，张紧装置不动作。若负荷变化或其他原因引起的张力变化率达 ±10% 以上时，张力传感器即输出信号给控制系统，使绞车自动开机，移动张紧小车进行调整。这种张紧装置能自动调整运输带的初张力值，使运输机在各种工况下不致打滑，但结构和控制系统较复杂，张力传感器的工作精度较低，不能迅速反应运输带张力的变化，一般用于大型固定式水平或倾角较小的带式运输机。

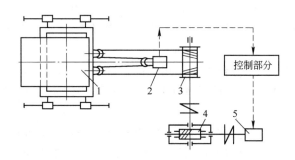

图 14-11　绞车式自动张紧装置原理图

1—张紧小车；2—传感器；3—卷筒；4—减速器；5—电动机

2）液压式自动张紧装置。这种装置是用液压缸移动张紧小车使运输带张紧的装置。通过张力传感器和液压泵供油控制系统使液压缸动作，实现初张力自动调整。其工作原理与绞车式自动张紧装置基本相同。与自动绞车式相比，其优点是可节省电能，缺点是张紧行程受液压缸长度的限制。

### 14.2.1.5　驱动装置

带式运输机的驱动装置是通过滚筒借摩擦力把动力传到运输带进行物品输送的。根据驱动滚筒的设置，驱动装置可分为单滚筒驱动、双滚筒驱动和多滚筒驱动。

（1）单滚筒驱动。这种驱动方案应用最广泛，由电动机、联轴器、减速器和驱动滚筒组成，如图 14-12 所示，一般用封闭式鼠笼电动机。在要求启动平稳时，配以液力耦合器或粉末联轴器。功率大于 200kW 或要求启动电流小、力矩大的场合，可采用绕线型电动机。

在要求结构紧凑和重量轻巧的情况下，有将电动机和减速器装入驱动滚筒内的，称为电动滚筒。电动滚筒驱动也属于单滚筒驱动，有油冷及风冷两种。电动滚筒适用于环境潮湿和有腐蚀性的场合。功率在 55kW 以下用电动滚筒驱动是有利的。

（2）双滚筒驱动。在单滚筒驱动能力不够的情况下，可采用双滚筒驱动。双滚筒驱动通常有两种布置方案：集中驱动方案和分别驱动方案。

1）集中驱动方案（见图 14-13）。集中驱动的

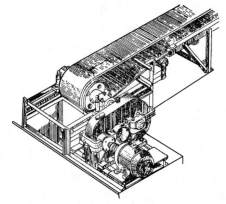

图 14-12　单滚筒驱动

载荷分配按两个滚筒的直径比值（$D_1 : D_2$）决定，理论上 $D_1$ 略大于 $D_2$ 为佳，但从生产、维修、使用上考虑，多采用直径相同的滚筒。这种方案的缺点有：

①第一滚筒与运输带的工作面接触，滚筒磨损较大；

②因制造、清扫、磨损等原因，滚筒的直径会逐渐产生差别，载荷的分配随之发生变化，导致功率利用不充分和运转不稳定；

③开式齿轮副的工作条件比较恶劣。

2）分别驱动方案（见图14-14）。双滚筒分别驱动方案中，常利用鼠笼型电动机配液力耦合器，使驱动系统的联合工作特性变软从而达到各电动机上载荷的合理分配。根据带式运输机的情况，在额定工况时，总滑差率在4%左右较为合适。这种方案的优点是：

①延长了启动时间，改善了运输机满载启动性能；

②两滚筒都和运输带非工作面接触，摩擦系数较稳定。

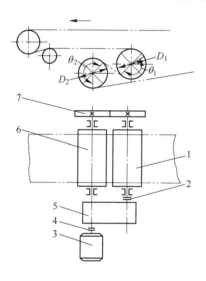

图 14-13　双滚筒集中驱动

1—第一驱动滚筒；2—低速联轴器；3—电动机；4—高速
联轴器；5—减速器；6—第二驱动滚筒；7—开式齿轮副

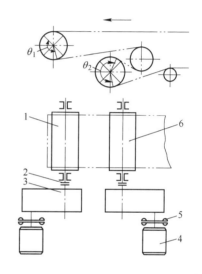

图 14-14　双滚筒分别驱动

1—第一驱动滚筒；2—联轴器；3—减速器；
4—电动机；5—液力耦合器；6—第二驱动滚筒

（3）多滚筒驱动。当带式运输机需要的功率相当大，用双滚筒驱动还不够合理时，可采用多滚筒驱动系统。这一类的驱动方式很多，通常采用的有如下两种结构形式：

1）头尾驱动式见图14-15（a），这种形式能充分发挥运输带的潜力；

2）头部双滚筒驱动加尾部单滚筒驱动式见图14-15（b），这种形式容易使驱动系统的规格一致，应用较广。

设计多滚筒驱动时，主要考虑的问题是：

1）合理布置各驱动点的位置及其功率分配，尽可能利用各滚筒的包围弧，减小运动带的内张力；

2）使各驱动滚筒的速度相互协调，实现预期的功率分配，进而使各驱动滚筒按要求的比值分配功率（或圆周力）。使各

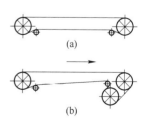

图 14-15　多滚筒驱动

（a）头尾驱动式；（b）头部
双驱动加尾部单驱动式

驱动滚筒速度相互协调的办法有多种方案，其中之一是采用可变充油量的液力耦合器的方案。通过充油量的变化来调节每个电动机的载荷。

14.2.1.6　装载装置

装载装置的作用是把物料装到运输带上。装载装置的形式按运输物品的特性而定。成件品常用倾斜滑板［见图 14-16(a)］或直接放到运输机上；散状物料则用装料漏斗见图 14-16（b）；如装料位置需要沿带式运输机纵向移动时，则采用装料小车见图 14-16（c），使它沿运输架结构上安装的轨道移动。

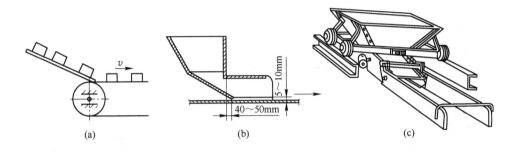

图 14-16　装载装置
(a) 倾斜滑板；(b) 装料漏斗；(c) 装料小车

为了减小或消除装载时物料对带面的冲击和因装载产生的附加阻力，减轻带面磨损，要求装载装置的布置应能使物料离开装置时的速度接近于带的运动速度。如使物料沿倾面滑到带上时，物料在带运动方向的分速度最好与带的运动速度相等，因此斜面的倾斜角比物料对斜面的摩擦角大 10°~15°，而且把斜面做成可调整的。

14.2.1.7　卸载装置

带式运输机一般是在运输带绕过端部滚筒时，利用物料的自重和离心力将物料卸到卸料漏斗中，然后由漏斗再导入其他设备。如需要在中间任何地点卸料时，可采用中间卸料装置，常用的有卸料小车、卸料板等。卸料小车多数装在运输机尾部滚筒处。如要求沿运输机纵向任意处卸载时，对散粒物料采用双滚筒卸载小车，如图 14-17 所示。卸料板是一种简单实用的卸料工具，挡板与带的纵向中心线的夹角 $\alpha$ 的大小，是决定挡板能否正常卸载的主要条件。$\alpha$ 的极限值又决定于物品对挡板的摩擦系数。通常取 $\alpha = 30°~45°$，运送的物品摩擦角小时取较大值，摩擦角较大的物品取较小值。为了减少普通卸料板在卸料时对带条产生冲击，常用犁形卸料板，如图 14-18 所示。

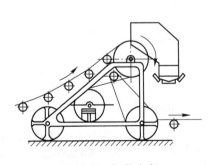

图 14-17　卸载小车

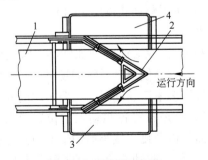

图 14-18　犁形卸料板
1—带条；2—犁形板；3，4—漏斗

### 14.2.1.8 清扫装置

清扫装置用来清除运输机在卸载后仍贴附在带面上的剩余物料。因为这些物料贴附在带面上，将使带面通过改向滚筒和无载区段的托辊时产生剧烈的磨损；同时也增加运输机的运行阻力并降低生产率。带式运输机常用的清扫装置有两种：

（1）清扫刮板见图 14-19（a），适用于清扫干燥物品。

（2）清扫刷见图 14-19（b），适用于清扫潮湿或有黏性的物品。

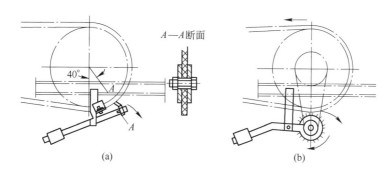

图 14-19　清扫装置

（a）清扫刮板；（b）清扫刷

这两种清扫装置都安装在靠近卸载滚筒外，以便清扫下来的剩余物料落入卸载漏斗。如采用清扫刷，则刷的转动须由靠近的滚筒轴上链轮或皮带轮带动，并与带运动方向相反，以增加清理效果。

### 14.2.1.9 安全装置

在倾斜的带式运输机中，当向上运送物料时，特别要防止由于偶然事故停车而造成物料倒流的危险。因此必须装有停止器和制动器，作为安全装置。安全装置通常靠近驱动滚筒或安装在滚筒轴端。

带式运输机用的制动装置有逆止器和制动器。逆止器是供向上运的运输机停车后限制运输带倒退用；制动器是供向下运输的运输机停车用。水平运输若需要准确停车或紧急制动，也应装设制动器。

逆止器有多种，最简单的是塞带逆止器，另外还有滚柱逆止器、新式的异形块逆止器。多驱动的带式运输机采用几个逆止器时，若不能保证各逆止器均匀分担逆止力矩，每个逆止器都必须按能单独承担运输机的全部逆止力矩选定。

制动器有闸瓦制动器和盘式制动器两种。闸瓦制动器通常采用电动液压推杆制动器。

## 14.2.2　带条的选择

（1）确定带速。根据物料的特性和拟定的宽度从表 14-5 中初步选出带速。选择带速时，应考虑以下几种情况：

表 14-5　带速推荐值

| 带宽 B/mm | | 300，400 | 500，600 | 800，1000 | 1200，1400，1600 |
|---|---|---|---|---|---|
| 带速/m·s$^{-1}$ | 无磨损性或磨损性小的物料（如原煤、盐等） | 1.0~2.0 | 1.0~2.5 | 1.0~3.15 | 1.25~4.0 |

| 带宽 $B$/mm | | 300，400 | 500，600 | 800，1000 | 1200，1400，1600 |
|---|---|---|---|---|---|
| 带速/m·s$^{-1}$ | 有磨损性的中小块物料（矿石、砾石、炉渣） | 1.0～1.6 | 1.0～2.0 | 1.25～2.50 | 1.25～3.15 |
| | 有磨损性的大块物料（如大块矿石等） | — | — | 1.25～2.0 | 1.25～2.5 |

1）较长和水平的运输机，可选择较高的带速。倾斜角越大或机长越短，带速应越低。

2）运输粉尘大的物料，带速一般小于 1m/s。

3）采用电动卸料车时，带速不宜超过 3.15m/s，物料粒度大时要取最小值。

4）采用卸料挡板时，带速不宜超过 2m/s。

5）运送成件物品时，带速一般取 1.25m/s。

（2）确定运输机的运输能力。运输机的运输能力是指在单位时间内运送物料的质量（t/h）。如在皮带上的运输物料其单位长度质量为 $q$(kg/m)，运输速度为 $v$(m/s)，则运输能力 $Q$ 为：

$$Q = \frac{3600}{1000}qv = 3.6qv \quad (\text{t/h}) \tag{14-2}$$

如运送物料堆在带上的横截面积为 $A(\text{m}^2)$，其堆密度为 $\rho_0(\text{t/m}^3)$（见表 14-1），则连续运输时的线载荷为：

$$q = 1000A\rho_0 \quad (\text{kg/m}) \tag{14-3}$$

故运输能力为：

$$Q = 3.6qv = 3600A\rho_0 v \quad (\text{t/h}) \tag{14-4}$$

如运送成件物品，每件质量为 $m$(kg)，每件间距为 $l$(m)，则运输能力为：

$$Q = 3.6\frac{m}{l}v \quad (\text{t/h}) \tag{14-5}$$

### 14. 2. 3　带式运输机的常见故障

（1）运输带跑偏。带式运输机运行时运输带跑偏是最常见的故障。这类故障重点注意安装尺寸的精度与日常维护保养。跑偏的原因有多种，需根据不同的情况区别处理。

1）运输带本身弯曲不直或接头不正引起跑偏。运输带扣钉歪或运输带黏接不直，使运输带所受拉力不均匀，运转时接头运转到哪里，哪里就发生跑偏。遇到这种情况，运输带接头须重新处理。

2）托辊组轴线同运输带中心线不垂直而引起跑偏。处理办法为调整承载托辊组。运输带在中部跑偏时，可调整托辊组的位置来调整跑偏（在制造时托辊组的两侧安装孔都加工成长孔，便于进行调整）。具体调整方法是运输带偏向哪一侧，托辊组的哪一侧就朝运输带前进方向前移，或另一侧后移。

3）滚筒不水平引起跑偏。处理办法为调整驱动滚筒与改向滚筒位置。驱动滚筒与改向滚筒的调整是运输带跑偏调整的重要环节。一条带式运输机至少有 2～5 个滚筒，所有滚筒的安装位置都必须垂直于带式运输机纵向中心线，若偏斜过大必然发生跑偏。其调整方法与调整托辊组类似。对于头部滚筒，如运输带向滚筒的右侧跑偏，则右侧的轴承座应当向前移动；运输带向滚筒的左侧跑偏，则左侧的轴承座应当向前移动；也可将前者左侧轴承座后移或后者右侧轴承座后移。尾部滚筒的调整方法与头部滚筒刚好相反。

4）张紧处的调整。运输带张紧处的调整是带式运输机跑偏调整的一个重要环节。重锤张紧处上部的两个改向滚筒除应垂直于带式运输机纵向中心线外，还应垂直于重力垂线，即保证其轴中心线水平。使用螺旋张紧装置时，张紧滚筒的两个轴承座应当同时平移，以保证滚筒轴线与带式运输机纵向中心线方向垂直。具体运输带跑偏的调整方法与滚筒不水平跑偏的调整类似。

5）转载物料落料位置对运输带跑偏的影响。其特点是：空载时不跑偏，一经加上物料就跑偏。转载物料落料位置对运输带的跑偏有非常大的影响，尤其是落料溜槽的水平投影与运输机成垂直时影响最大。偏离运输机方向的溜槽倾角越小，物料的水平速度分量越大，对运输带的侧向冲击也越大，同时物料也很难居中，运输带横断面上的物料易偏斜，最终导致运输带跑偏。若物料偏到右侧，则运输带向左侧跑偏，反之亦然。减少或避免这种因素引起的运输带跑偏，可改变物料的下落方向和位置，或增加导料槽长度阻挡物料。

6）滚筒表面黏结物料，使滚筒成为圆锥面，会使运输带向一侧偏离。特别是输送物料湿度大时，容易使物料落入回程运输带而黏接在滚筒上，造成跑偏。处理办法为经常检查清扫器和进行人工清扫。

7）运输带空载时发生跑偏，而加上物料就能纠正。这种现象一般是初张力太大，运输带张紧过度引起的，可适当放松拉紧装置或减少重锤块数目。

8）双向运行带式运输机跑偏的调整。双向运行的带式运输机运输带跑偏的调整比单向带式运输机跑偏的调整相对要困难许多，在具体调整时应先调整某一个方向，然后调整另外一个方向。调整时要仔细观察运输带运动方向与跑偏趋势的关系，逐个进行调整。重点应放在驱动滚筒和改向滚筒的调整上，其次是托辊的调整与物料的落料点的调整，同时应注意运输带在进行硫化接头时，应使运输带断面长度方向上的受力均匀。

（2）撒料。带式运输机的撒料是一个共性问题，原因也是多方面的，重点是要加强日常维护与保养。

1）转载点处撒料。转载点处撒料主要是在溜槽、导料槽等处。产生的原因可能是带式运输机严重过载、导料槽挡料橡胶裙板损坏等。

2）跑偏时撒料。运输带跑偏时的撒料是因为运输带在运行时两个边缘高度发生了变化，一边高另一边低，物料从低的一边撒出。处理方法是调整运输带的跑偏。

3）运输机启动时凹段弹起撒料。运输机启动时，如果凹段半径较小，运输带上又没有物料，在凹段区间处运输带就会弹起撒料。处理方法是在带式运输机凹段处增设压带轮来避免运输带弹起。

（3）异常噪声。带式运输机运行时其驱动装置、驱动滚筒、改向滚筒以及托辊组在不正常时会发出异常噪声，根据异常噪声可判断设备的故障。

1）托辊严重偏心时的噪声。带式运输机运行时托辊常会发生异常噪声，并伴有周期性的振动。尤其是回程托辊，托辊间距大，自重大，噪声也比较大。发生噪声的原因主要有两个方面：一是制造托辊的无缝钢管壁厚不均匀；二是在加工时两端轴承孔中心与外圆圆心偏差较大。在轴承不损坏并允许噪声存在的情况下可以继续使用。

2）联轴器两轴不同心时的噪声。在驱动装置的电动机与减速机之间的联轴器或带制动轮的联轴器处发出的异常噪声，这种噪声也伴有与电动机转动频率相同的振动。发出这种噪声时，一般是电动机或减速机的基础螺栓松动，电动机、减速机的位置发生变化，此时应及时对电动机、减速机的位置进行调整，以避免引起减速机输入轴断裂及轴承烧毁。

3）改向滚筒与驱动滚筒的异常噪声。改向滚筒与驱动滚筒正常工作时，噪声很小，发出异常噪声时一般是轴承损坏，轴承座处发出响声，此时须更换轴承。

（4）减速器断轴。减速器断轴发生在减速机高速轴上。最常见的是减速器第一级为垂直锥齿轮轴的高速轴。发生断轴主要有两个原因：

1）减速器高速轴设计上强度不够。这种情况一般发生在轴肩处，由于此处有过渡圆角，极易发生疲劳损坏，如圆角过小会使减速器在较短的时间内断轴。断轴后的断口通常比较平齐。发生这种情况应当更换减速器或修改减速器的设计。

2）高速轴不同心。电动机轴与减速器高速轴不同心时，会使减速器输入轴径向载荷增加，加大轴上的弯矩，长期运转会发生断轴现象。在安装与维修时应仔细调整其位置，保证同轴度满足安装要求。

（5）运输带使用寿命较短。运输带使用寿命和运输带的使用状况与质量有关。带式运输机在运行时应保证清扫器的可靠，回程运输带上应无物料。若保证不了就会发生回程运输带上的物料进入驱动滚筒或改向滚筒，损坏滚筒表面的硫化橡胶层，在运输带上会出现破口，降低运输带的使用寿命。

（6）带条打滑。

1）重锤拉紧装置和车式拉紧装置带式运输机运输带的打滑。在运输带打滑时可采用添加配重或拉紧绞车来解决，直到运输带不再打滑为止。但不应添加过多或拉力太大，以免使运输带承受不必要的过大张力而降低使用寿命。

2）螺旋拉紧装置打滑。在带式运输机出现打滑时可调整张紧行程来增大张紧力。但是，有时运输带出现了永久性变形，张紧行程已不够，这时可将运输带截去一段重新进行硫化。

### 14.2.4 带式运输机的安全操作

#### 14.2.4.1 一般规定

（1）带式运输机操作工、维修工必须经过有关培训，经考核合格后发证，持证上岗。

（2）凡操作人员都必须按规定穿戴劳动保护（包括工作服、帽、鞋、手套等）用品，女工发辫要盘入帽内，工作服要整齐利索。禁止戴围巾、穿高跟鞋和拖鞋或赤脚在现场作业。

（3）清扫工作现场时，严禁用水冲洗电气设备、电缆、照明、信号线路以及设备传动部件，不得用水淋浇轴瓦降温。

（4）工作现场应经常保持整齐清洁。

（5）所有拉绳开关、跑偏开关、速度传感器或打滑开关、撕裂保护、断带保护、温度保护、防堵保护、综合保护器等闭锁装置必须保证齐全完好，动作灵敏可靠，严禁甩掉不用。

（6）应尽量避免重载时启动。运转中严禁超负荷运行。

（7）运输机在运转中发生故障，必须停机处理。任何检修或维护，清理托辊、机头和机尾滚筒，必须严格执行"停送电"制度。

（8）无论带式运输机运转与否，都禁止在胶带上站、行、坐、卧，并严禁用运输机搬运工具及其他物件。

（9）运输机机头、机尾应设有安全防护栏或网。机下行人处设安全防护板。严禁跨越运转中的胶带，严禁从无防护的胶带下穿行。

（10）运输机所有外露的转动部位必须设置安全可靠的防护罩或网。在摘除防护罩的情况下不准开机运转。特殊情况下必须有详细严格的监督预防措施。

（11）严禁人体或工具接触运转的设备部件。

14.2.4.2 操作程序

A 开车前检查

（1）检查托辊有无损坏或脱落，发现问题及时更换。检查皮带胶接头或卡子有无损坏，皮带的松紧是否适度。

（2）检查各部轴承和减速器的润滑情况，要及时注油。

（3）检查所有紧固螺丝是否松动，检查拉绳开关、跑偏开关、防滑开关及调偏托辊架是否灵活可靠。

（4）检查带条逆止装置和制动装置是否有效，自动压力润滑和冷却装置是否完好。开车前打开冷却水供水阀门或检查冷却循环水箱内水量是否充足，若不充足则加水或通知集控室。

（5）检查是否有刮皮带现象。检查清扫器与皮带间的间隙是否适当，间隙不宜过小以防损伤皮带。

（6）检查各部溜槽有无堵塞和磨损现象。

（7）检查安全设施是否齐全可靠。检查所有保护装置有无动作或报警情况，出现问题及时排除并复位。

（8）检查垂直拉紧装置、小车拉紧装置、螺旋拉紧装置、液压拉紧状况是否完好，有无跑偏、倾斜、掉道、卡阻、钢丝绳松脱和断损等问题。

（9）各滚筒周围不应有其他物品，阻碍滚筒运转。

B 启车、停车

a 启车

带式运输机的操作分集控自动操作和就地手动操作两种操作方式。正常生产期间采用集控自动操作方式，只有在检修和有故障的情况下才可采用就地手动操作方式。两种方式的转换由集控室点击相应设备图标然后选择集中或就地完成，或由控制主页中选择整个系统的操作方式为集中或就地完成。注意：在就地手动操作方式下运转时，各设备的前后闭锁关系解除，生产中尽量避免采用！

（1）集控自动操作方式：在接到集控室程序启车的命令后，在检查确定本设备附近及前后关联设备无检修或其他人员作业的前提下，将设备控制按钮的闭锁打开，通知集控室可以启车。启车过程由程序控制自动完成。

（2）就地手动操作方式：首先与集控室联系确认本设备是否在就地方式下。在检查确定本设备附近及前后关联设备无检修或其他人员作业的前提下，将设备控制按钮的闭锁打开，按下启车按钮。在设备达到正常转数后即可通知正常加料。对于配有自动压力润滑或冷却系统的设备，启动主机前必须先启动润滑和冷却系统。

b　停车

（1）正常集控自动停车由集控室点击相应系统的系统停车按钮后自动顺序完成。

（2）正常就地手动停车：在接到集控室停车命令并待机上物料全部运空后现场按下带式运输机的停车按钮，延时5s然后相继停止压力润滑和水冷却装置或关闭供水阀门即可。

（3）紧急停车：在任何方式下只需现场按下带式运输机的任何停车按钮或拉动沿线任何拉绳开关、压倒跑偏开关立辊等均可实现设备停车。

C　运转中注意事项

（1）运转中密切注意设备负荷情况，与前后岗位及时联系调整给料量，保证物料均匀适量，无撒料跑料现象。严禁超负荷运转。

（2）检查上下托辊转动是否灵活，发现有问题的托辊应做标记，并视损坏程度择机处理。

（3）检查带条有无跑偏或磨边现象，发现后要分析原因，认真调整、解决。

（4）检查滚筒的声音、温度、振动有无异常，驱动装置的温度、声音和振动是否正常。电动机温升不大于35℃，各部轴承温升不大于30℃。检查冷却系统供水量是否合适，油温和油压是否达到正常范围。

（5）注意观察溜槽下料情况，严防堵塞溜槽和其他尖锐硬物挤住划坏带条事故。注意清扫器工作状况，及时调整松紧程度，防止过紧损坏带条。

（6）正常情况下，不准带负荷停车，发现带条接头开胶、拉断或撕裂，应立即停车。

（7）经常检查装料、卸料、机尾和拉紧等特殊部位，发现异物卡阻、缠绕、皮带跑偏或导料槽撒料等现象及时停车处理。

（8）运输中严禁用手向滚筒上撒物料或用手直接卸料。皮带在运转中严禁用铁锹或其他工具清除粘在滚筒和托辊上的杂物。

（9）不得在皮带运转中处理各种临时发生的大小故障，或进行任何检修和维护，必须严格执行"停送电"制度。

## 14.3　新型带式运输机

### 14.3.1　气垫带式运输机

气垫带式运输机是20世纪70年代首先在荷兰研制成功的一种新型连续输送设备。目前，美国、英国、日本、俄罗斯等国都在研制生产这种输送设备，并广泛应用于煤炭、化工、冶金、粮食等部门输送各种散状物料。

14.3.1.1　气垫带式运输机的特点

气垫带式运输机是将通用带式运输机的支承托辊去掉，改用设有气室的盘槽，由盘槽上的气孔喷出的气流在盘槽和运输带之间形成气膜，变通用带式运输机的接触支承为形成气膜状态下的非接触支承，从而显著地减少了摩擦损耗。理论和实践证明：气垫带式运输机有效地克服了通用带式运输机的缺点，具有下述特性：

（1）气垫带式运输机的结构简单，运动部件特别少，具有性能可靠和维修费用较低等优点；

（2）物料在运输带上相对静止，减少了粉尘，并降低或几乎消除了运行过程中的振动，有利于提高运输机的运行速度，其最高带速已达 8m/s；

（3）在气垫式运输机上，负载的运输带和盘槽的摩擦阻力实际上和带速无关，一台长距离的静止的负载气垫带式运输机只要形成气膜，不需要其他措施便能立即启动；

（4）气垫带式运输机采用箱形断面，其支承有良好的刚度和强度，且易于制造。

### 14.3.1.2 气垫带式运输机的原理及结构

气垫带式运输机的结构原理如图 14-20 所示。运输带 5 围绕改向滚筒 7 和驱动滚筒 1 运行，运输机的承载带的支体是一个封闭的长形箱体 6。箱体的上部为槽形，承载带由气膜支承在槽里运行，运输带的下分支采用托辊 9 支承，但从原理上讲可以和上分支一样用气膜支承。鼓风机 10 产生所需要的压力空气，空气送入作为承载架的气箱，压

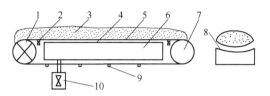

图 14-20 气垫带式运输机原理图
1—驱动滚筒；2—过渡托辊；3—物料；4—气膜；
5—运输带；6—箱体；7—改向滚筒；8—气孔；
9—下托辊；10—鼓风机

力空气沿气箱纵向散布，并通过气孔 8 进入槽面，从小孔流出的压力空气在运输带与盘槽之间形成的非接触支承，使摩擦损耗显著降低，从而运输机的运行性能得到很大改善。

由于气垫运输机没有承载托辊及阻力，因此功率消耗比通用带式运输机低，也不需要更换和修理托辊的费用。再有气垫带式运输机设计简单，省去许多运动部件，由金属板制成的气室制造容易，采用较小功率的驱动装置、轻型和较窄的运输带和较简单的辅助部件。但气垫带式运输机制造成本较高。

气垫带式运输机是一种新兴的正在发展中的运输设备，其理论研究、设计理论、制造方法都不太成熟，但它的优良性能受到人们的高度重视，在不久的将来，它定能得到迅速的发展。

## 14.3.2 大倾角带式运输机

大倾角带式运输机能在超临界角度的情况下运送物料。使用大倾角带式运输机既可减小占地面积（见图 14-21）又能节省运输费用，实践证明，用大倾角机可缩短运距 1/3 ~ 1/2，既缩短了基本建设周期，又减少了投资。通常用下面几种措施使物料不下滑也不向外撒料：

（1）增加物料对输送带表面的摩擦力。我国从 1960 年就开始研制花纹输送带。花纹输送带曾在煤炭、冶金、化工和粮食等部门使用。我国采用花纹胶带表面形状为圆锥凸块，如图 14-22 所示，凸块高度为 25mm，运送倾角可达 25°。

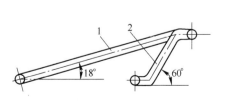

图 14-21 倾角不同的两种运输机械所占面积比较
1—普通带式运输机；2—大倾角带式运输机

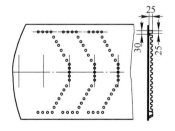

图 14-22 带圆锥凸块的花纹运输带

在国外，花纹胶带的表面形状有波浪形锥形、圆锥形、网状形和"人"字形等，花纹高度 5~40mm。运输机最大倾角可达 30°~35°，可运送散状物料和成件物品。

（2）在普通输送带上增设与输送带一起移动的横隔板。带横隔板的大倾角带式运输机在国外应用较广泛。带横隔板的输送带可分为两种：带有可拆卸横隔板的输送带、带有不可拆卸横隔板的输送带。

可拆卸横隔板采用机械方法固定。其优点是横隔板损坏后可以更换，也可以根据需要调整隔板间距；缺点是减弱了胶带强度。横隔板高度为 35~300mm，最大设备倾角可达 60°~70°。

（3）增加物料与输送带的正压力。采用这种方法来输送物料，倾角可达 90°，带速可达 6m/s。增加物料正压力的方法较多。我国已应用压带式运输机垂直运输物料。

在德国，普遍使用一种垂直运输散状物料或成件物品的泡沫塑料压带运输机。这种运输机具有海绵状的输送带，被运物料夹在承载带和压带之间，如图 14-23 所示。它可在任意角度运输货物。这种运输机的驱动环路装在承载带和压带环路内部，这样能保证承载带和压带整个接触，而且压力均匀。

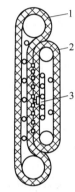

图 14-23 带有泡沫塑料输送带
大倾角输送机
1—承载带；2—压带；3—驱动环路

### 14.3.3 中间多驱动带式运输机

中间多驱动带式运输机是长距离带式运输机的一种形式。它是在长距离的机身中，间隔一定距离设置一台短的驱动带，如图 14-24 所示。每条驱动带有自己的驱动装置和拉紧装置。驱动带运行时，依靠它与主输送带之间的摩擦力，带动主输送带运行。还可以在主输送带两端也设置驱动装置直接带动主输送带。一台这种驱动方式的运输机能达到的运输距离，从原理上讲是没有限制的，只是在多台分散的驱动装置之间，难以保持同步运转。

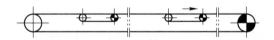

图 14-24 中间多驱动带式输送机

这种运输机的优点是把牵引力分散到各中间驱动部位，使主输送带所受的张力大为降低，在长运距中，可采用低强度的输送带，使初期投资降低。在运输距离分散加长的场合采用这种运输机，可随运距的加长逐渐增加驱动装置，避免在初期设置大功率的驱动装置。

## 14.4 链式运输机

### 14.4.1 链式运输机的种类

链式类型运输机，也是应用很广泛的连续运输机。这类运输机除常用于一般物品运输工作外，更广泛地用在各种流水作业的生产线上（例如汽车和拖拉机等的装配作业线上），作为各种工艺操作过程的传送设备。

链式运输机的主要特点是以链条作为牵引构件的（带式运输机是以橡胶带作为牵引构件的），链条本身不作承载构件用，另把承载构件安装在链条上，借助链条的牵引，达到输送物品的目的。根据输送物品种类大小和承载构件形状的不同，链式运输机主要有链板运输机、刮板运输机、埋刮板运输机、悬式运输机以及斗式提升机等。

### 14.4.1.1　链板运输机

链板运输机的构造如图 14-25 所示。它的承载件是平板或是两侧带有侧板的槽形板，这些板片连接在一根或两根封闭的牵引链条上。链条环绕驱动星轮和张紧星轮，驱动星轮轴上安装驱动装置。张紧装置都采用螺旋式。因为链条星轮传动速度不均匀，坠重式的张紧装置容易引起摆动。运输物品和运输机上的运动构件等的重量都由滚轮支承，滚轮装在片式关节链的销轴上见图 14-25（c），沿着导向机架滚动运行。

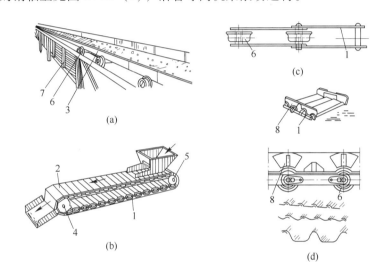

图 14-25　链板运输机

（a）槽形板片运输机；（b）平槽形板片运输机；（c）关节链；（d）各种波浪形板片
1—牵引链；2—平板；3—槽形板；4—驱动星轮；5—张紧星轮；6—滚轮；7—机架；8—侧板

所运物料不同，承载构件的板片形状也不同。运输成件物品时用平板见图 14-25（b），平板之间可以有一定的间隙。运输散粒物料时用槽形板片见图 14-25（a）或波浪形板片见图 14-25（d），以提高运输机的生产率，特别是在较大倾角的情况下运送物料时，波浪形承载板片具有明显的优越性。

链板运输机广泛地应用在冶金、煤炭和化学等工业部门。它的生产率很高，可达 10000kN/h，能水平运送物品，也能倾斜运送物品，如采用槽形板片承载物品，倾斜角可达 45°甚至更大。由于它的牵引和承载件强度高，运输距离可以较长，特别适宜运输沉重的、大块的、易磨损的和炽热的物品。这种运输机的缺点是自重大，制造复杂和成本高，运输速度小（0.2～0.6m/s），链条的关节多，维护工作繁重等。

常见的特殊类型链板运输机有用于载客的自动扶梯和用于铸铁浇铸的浇铸机。

### 14.4.1.2　刮板运输机

刮板运输机的构造如图 14-26 所示，敞开的料槽固定在机座中，牵引链上安装刮板并沿着料槽运动，绕过两端驱动星轮和张紧星轮，把槽中的物料往前运送。这种运输机有载区段可以在下面或上面，如果需要两个方向同时运送物品，则上下两个区段可以同为有载区段。这种运输机的倾斜运送角度不宜过大，通常取为30°~40°。

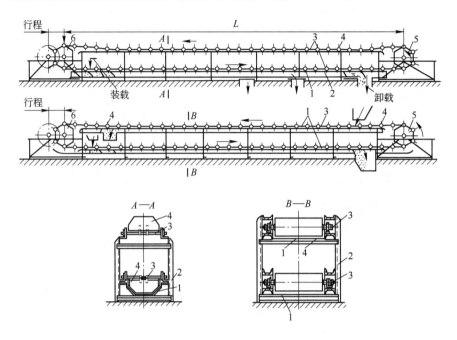

图 14-26　刮板运输机

1—料槽；2—机座；3—牵引链；4—刮板；5—驱动星轮；6—张紧星轮

刮板运输机的牵引件可以用单链或双链。刮板用薄钢板制造，形状有矩形和梯形两种。刮板的间距与高度必须保持适当的比例关系，以免由于物品的阻力过大使刮板发生显著的歪斜。

刮板运输机由上面或一侧面用漏斗装载，由末端自然卸载。也可以通过槽底部的活门进行中途卸载，使卸载工作能同时在几处进行。这种运输机可运送各种散状物料，如煤、碎石、热灰和熔渣等，但不适宜运送易碎、有黏性、怕挤压成块的物料。

刮板运输机在煤炭、化工等企业中用得最广泛。其优点是构造简单，可在任意地点装载卸载；缺点是物料在运送过程中容易被挤碎或压实成块，料槽和刮板磨损快以及功率消耗大。因此，刮板运输机的运送长度一般不宜超过 50~60m，运输能力不大于 1500~2000kN/h，运输速度一般为 0.25~0.75m/s。

### 14.4.1.3　埋刮板运输机

埋刮板运输机是一种在封闭的矩形横断面壳体内，借助运动中的刮板链条连续输送散状物料的运输机械。因为在输送过程中，刮板链条埋于被运送的物料之中，故称为"埋刮板运输机"。

埋刮板运输机的构造如图 14-27 所示。它的主要零部件为刮板链条、头部的驱动装置、尾部的张紧装置以及装载和卸载装置等。其基本结构和刮板运输机一样，所不同的是料槽全为封闭状态，除进料口和出料口外，其他一概都看不见。料槽横断面为矩形。刮板形式很多，图 14-27 中所示为 $V_1$ 型。

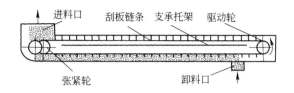

图 14-27　埋刮板运输机

　　埋刮板运输机在水平运输时，物料受到刮板链条在运动方向的压力及物料自身重量的作用，产生内摩擦力，保证料层之间的稳定状态，并克服物料在料槽中移动产生的外摩擦阻力，使物料形成连续整体的料流源源输送。在垂直提升时，物料受到刮板链条机在运行方向的压力，在物料中产生了横方向的侧压力，产生了物料的内摩擦力。同时由于下水平段的不断给料，下部物料相继对上部物料产生推移力。这种内摩擦力和推移力足以克服物料在料槽中移动产生的外摩擦阻力和物料自重，使物料形成连续整体向上提升的料流。

　　埋刮板运输机的主要参数是：料槽宽度 $B(\mathrm{mm})$、料槽高度 $h(\mathrm{mm})$、链条节距 $t$（mm）、运输速度 $v(\mathrm{m/s})$、运输能力 $Q(\mathrm{t/h})$ 和运输的几何尺寸（包括长度 $L(\mathrm{m})$、高度 $H(\mathrm{m})$ 以及安装角度 $\alpha$）。

　　埋刮板运输机结构简单、重量轻、体积小、密封性强、安装维修比较方便。它不但能水平输送，也能倾斜或垂直提升输送，能多点加料，也能多点卸料，输送工艺布置较为灵活；由于壳体是封闭的，有利于输送易于飞扬的、有毒的、易爆的、高温的物料，对改善工人的操作条件和防止环境污染等方面都有较突出的优点。

　　目前国内常用的埋刮板运输机有三种固定式机型（见图 14-28），即 SMS 型、CMS 型和 ZMS 型，五种埋刮板形式（见图 14-29），即 T 型、$U_1$ 型、$V_1$ 型、O 型、$O_1$ 型。

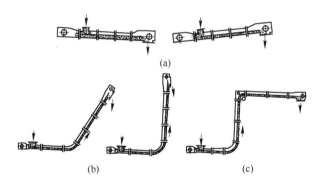

图 14-28　各种形式的埋刮板运输机
（a）SMS 型（水平型）；（b）CMS 型（垂直型）；
（c）ZMS 型（Z 型）

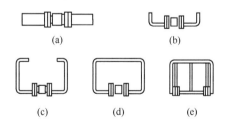

图 14-29　埋刮板形式
（a）T 型；（b）$U_1$ 型；（c）$V_1$ 型；
（d）O 型；（e）$O_1$ 型

### 14.4.1.4　悬式运输机

　　悬式运输机是一种由牵引链条形成的空间封闭运输线路。在链条上相隔一定距离就装有两轮（或四轮）的运行小车。小车下悬挂承载件，物品就装载在承载件内。小车沿着运输机线路上设置的工字钢轨道运行，在线路中可设置一组或几组驱动装置，并采用坠重式的张紧装置。装载地点和卸载地点可以任意选择。

根据运送物品的方法不同,悬式运输机可以分为下列三种形式:

(1) 承载件与牵引链固定连接并由牵引链直接带动的悬挂式;

(2) 利用装在链条上的推头来推动承载小车沿着辅助轨道移动的推动式;

(3) 带有运行小车的链条利用特殊挂钩装置牵引着承载小车在地面运行的牵引式。

后两种方式用得较少。

在悬式运输机运送物品的性质、形状、尺寸及质量可以有很大的差别,例如尺寸可达 3~4m,重量可达 15~20kN 等。运输机的总长度可达 2000m;运输速度通常在 0.05~0.35m/s;物品在运输途中可以进行各种工艺操作,例如进行喷漆、金属喷镀、干燥和热处理等。

悬式运输机的优点是:可以在空间运输物品;运输距离长;不占或很少占用车间的使用面积;消耗能量小;等等。

**14.4.1.5　斗式提升机**

**A　斗式提升机的特点与应用**

斗式提升机用于垂直向上或倾斜度大的向上连续提升或运输散状物料的机械,广泛应用于冶金、化工和建筑材料等工业部门。采用斗式提升机比倾斜的带式运输机占地面积要小。

斗式提升机由牵引件(带条或链条)、承载斗(料斗、畚斗)、机座、驱动装置(驱动滚筒或星轮)、张紧装置(张紧滚筒或星轮)以及封闭运行部分的罩壳(机筒)等组成。

在运送成件物品时,将斗式提升机的承载斗用托架或摇架代替,就成为托架提升机或摇架提升机。这两种提升机在现代物流系统中,能够发挥重要作用。

斗式提升机的主要特点是结构比较简单、横向尺寸小、提升高度大、能耗小、密封性好,但工作时易过载、易堵塞、料斗易磨损,并且斗式提升机对过载很敏感,因此,物料的装载必须均匀供给。

用带条作为牵引件的斗式提升机,其牵引带与带式运输机所用的带条相同,由于带条强度较低,承载斗与带条的连接部分很薄弱,运输能力较低,提升高度不大,最高达 40m,一般不超过 25m。提升速度可以高达 0.8~3.5m/s,适用于运送粉末状或小块的物品。

用链条作为牵引件的斗式提升机,其链条形式有片式关节链、焊接链和模锻可拆链,链条数目可以是一根或两根。用链条牵引的斗式提升机由于链条强度较高,故有较高的运输能力,可达到 1600kN/h,提升高度可达 40~50m,提升速度通常为 0.4~1.2m/s,这种斗式提升机适宜与运送大块的、炽热的和不适合于橡胶带运送的物料。

斗式提升机的装载工作都是在运载过程中,当承载斗绕过张紧滚筒或星轮时由下部料坑内自动将物料挖入斗中。其卸载工作根据工作速度不同有三种方法:

(1) 依靠承载斗绕过上部驱动滚筒或星轮时的离心力将物料抛出。这种方法适宜于运送易倾出的松散粒状物料,并且要求较高的提升速度(>1m/s)。

(2) 依靠重力使物料自由下落。这种方法必须用双链条作为牵引件,因为在卸载处要装设一个导向星轮使下降区段向内偏斜,以免自由下落的物料打在前一斗底而不能正常卸载。这种方法适宜于黏性较大的粉状物料。

（3）依靠重力使物料沿着一定方向下落。这种方法采用有导向槽底的斗，并且斗的连接间隔适当，能使物料沿着前一个斗底的导向槽下落，适宜于运送较重的具有磨损性的块状物料和脆性的物料。

后两种方法的提升速度一般在 $0.4 \sim 0.8 m/s$ 之间。

B 斗式提升机的使用与维护管理

斗式提升机在使用中应遵循"用前必检查，用中多观察，用后勤养护"的原则。

（1）操作时必须遵守"无载启动，空载停车"的原则。也就是先开机，待运转正常后，再给料；停车前应将机内的物料排空。

（2）工作时，进料应均匀，出料应通畅，以免引起堵塞。如发现堵塞，应立即停止进料并停机，拉开机座插板，排除堵塞物。注意此时不能直接用手伸进底座。

（3）正常工作时，承载斗带应在机筒中间位置，如发现有跑偏现象或承载斗带过松而引起承载斗与机筒碰撞摩擦时，应及时通过张紧装置进行调整。

（4）严防大块异物进入机座，以免打坏承载斗，影响斗提升机正常工作。输送未经初步清理的物料时，进料口应加设铁栅网，防止稻草、麦秆、绳子等纤维性杂质进入机座引起缠绕堵塞。

（5）应定期检查提升机承载斗带的张紧程度以及承载斗与其连接带的连接是否牢固，如发现松动、脱落、承载斗歪斜和破损现象，应及时检修或更换，以免发生更严重的后果。

（6）如发生突然停机的情况，应先将机座内积存的物料排出后再开机。

斗式提升机的维修分为日常维护和定期维修两类，日常维护主要指机械的日常润滑、易损零部件的更换修理。

## 14.4.2 链式运输机的维护与常见故障

### 14.4.2.1 链式类型运输机的维护

A 日常维护

链式运输机的日常维护工作是在不停机的情况下进行的，个别项目可利用运行的间隙时间进行。每班巡回检查次数应不少于 $2 \sim 3$ 次。检查内容主要包括：

（1）易松动的连接件，发热部位。

（2）各润滑系统，如减速器、轴承、液力耦合器等的油位油量是否适当。

（3）电动机的电流、电压值是否正常。

（4）各运动部位有无振动和异响。

（5）各摩擦部位的接触情况是否正常。

（6）安全保护装置是否灵敏可靠。

检查方法一般采用看、摸、听、嗅、试和量等办法。看是从外观检查；摸是用手感触其温度、振动和松紧程度等；听是对运行声音的辨别；嗅是对发出气味的鉴定，如油温升高气味和电气绝缘过热发出的焦臭气味等；试是对安全保护装置灵敏可靠性的试验；量是用量具和仪器对运行的机件，特别是受磨损件，如对链环等做必要的测量。

巡回检查应按一定的路线进行，即从磁力启动器、启动按钮、机头、中间部位至机尾。

B　周检、月检

链式运输机周检、月检除包括日检所有的内容外，还应包括下列内容：

（1）检查减速器齿轮啮合情况，清洗透气阀。

（2）检查机头、机尾架、中部槽、过渡槽、刮板链板等的磨损情况，更换个别磨损过限的零部件。

（3）检查紧链器各零部件的情况。

（4）分解检查电动机接线盒、防爆开关的隔爆面情况。

（5）测量电动机的绝缘情况及一台运输机上各台电动机的负载是否接近相等。

C　中修和大修

链式运输机中修一般半年左右进行一次，大修一般 2～3 年一次。在工作实际中，要根据各种链式运输机的不同特点和各自的工作状况决定中修、大修内容和具体间隔时间。

14.4.2.2　链式运输机常见的机械故障

（1）链式运输机断链。实际使用中链式运输机断链事故的发生，其主要原因是：

1）制造质量不过关。有些制造厂生产的链条，虽然强度达到了国家标准，但由于热处理工艺不稳定，规定的循环疲劳试验不能保证，因此，在使用中因疲劳强度不够而折断。

2）自然磨损变形。链条长期使用磨损过限，伸长变形或工作环境潮湿使链环产生锈蚀、脱皮，都降低了强度。

3）使用中发生跳牙掉链、链条过紧、双链长短不一、夹链、卡链等都能损伤链环。

4）过载使用；对边双链受力不均匀或只有一条链受力；损坏的链板、刮板及溜槽未及时更换，出现了卡死或增大了摩擦；频繁启动、冲击载荷等，均能引起链环的疲劳和延伸、甚至折断。

防止断链的措施除提高制造质量外，主要是加强维护检查，及时更换磨损和损伤链环，使用中避免链条过紧，掉链时要正确处理。

（2）减速器声音不正常。发生这种故障的原因是：

1）齿轮啮合不好，齿轮磨损严重或断齿，齿面有黏附物。

2）轴承损坏，箱体内有杂物或轴承游隙太大。

3）油量过多或过少，油质不干净。

4）减速器散热条件不好。

其处理方法是：调整齿轮啮合情况；更换齿轮、轴承；调整轴承游隙；重新加油。

（3）刮板链跳牙。刮板链跳牙发生在机头链轮处，它的后果是使链环变形、断裂和使刮板弯曲。刮板链跳牙的主要原因是：

1）刮板链松。刮板运输机在运转中，由于链环磨损节距增大，而紧链工作又不及时；或新安装的刮板运输机在运行一段时间后，由于溜槽接头越来越紧，新刮板链的"毛茬"被迅速磨损，使链环节距增大，造成刮板链松弛。松弛的刮板链会使分链器失去作用，从而使链环跳出链轮造成跳牙。

2）链环节距伸长。链环节距伸长过限，破坏了与链轮的正常啮合关系，可引起跳牙。

3）链轮与刮板链间嵌进矸石等硬物或齿顶磨秃，使链环被顶起而造成跳牙。

4）双链长度不同。对于双链式刮板运输机，如果两根刮板链长度不同，或两根链条虽然长度相同但张紧不同，都能产生跳牙。

5）刮板弯曲。刮板弯曲的结果是使链条间距缩短，造成链环在链轮上的啮合条件变坏，产生跳牙。

6）链轮轮齿严重磨损。链轮轮齿严重磨损使其与链环啮合不稳，形成"打滑"而跳牙。

7）疏忽。因铺设安装时检查疏忽或将链环装错或链环扭麻花而引起跳牙。

（4）刮板弯曲和折断。刮板弯曲和折断的主要是过载引起的：一种情况超载使用，另一种情况是刮板卡住造成过载。

## 14.5　无挠性牵引件的运输机械

### 14.5.1　螺旋运输机

#### 14.5.1.1　构造

螺旋运输机是一种没有挠性牵引件的连续运输设备，利用带有叶片的螺旋杆旋转推移物料来进行运输。它主要用来输送粉状、粒状的散状物料。

螺旋运输机主要由封闭料槽、带有叶片的螺旋轴、悬挂式轴承、驱动装置，装料口及卸料口等组成，如图 14-30 所示。当螺旋轴转动时，物料由于自重以及与槽之间摩擦力的作用，并不与螺旋一起转动，而是像螺母一样沿着螺旋的轴向做直线移动。运送的物料可以在中间或从端部卸料口卸出。在承载槽上面开有一些观察孔，以便了解物料的运输情况。

螺旋运输机由于可沿水平、倾斜方向（倾斜小于 20°）或垂直方向上运送物料，因此

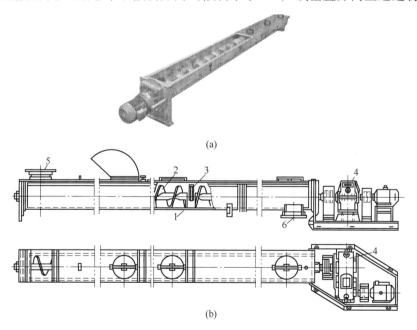

(a)

(b)

图 14-30　螺旋运输机

（a）外形图；（b）结构图

1—承载槽；2—带叶片的螺旋轴；3—轴承；4—驱动装置；5—装料口；6—卸料口

可分为水平螺旋运输机和垂直螺旋运输机。

螺旋运输机根据结构还可分为双螺旋运输机和单螺旋运输机，其中后者使用较多。螺旋运输机的安装方式有固定式和移动式两种，大部分螺旋运输机采用固定式。

螺旋运输机的组代号为 L，型代号有 S（水平式）、C（垂直式）、E（双螺旋运输机）和 Y（移动螺旋运输机）。螺旋运输机的主参数是螺旋的外径，以 mm 表示。例如，LS-250 表示螺旋直径为 250mm 的水平螺旋运输机，LE-300 表示螺旋直径为 300mm 的双螺旋运输机。移动式螺旋运输机的主参数是螺旋直径-机长，用 mm-m 表示。

### 14.5.1.2　主要零部件

（1）螺旋。螺旋是螺旋运输机的主要构件，由轴和螺旋叶片共同组成。螺旋叶片多用钢板冲压而成，然后将其相互焊接起来；也有采用扁钢轧制或铸造的节段套装在轴上，由螺栓固定而成。

螺旋的方向分为左旋和右旋两种，物料的输送方向是由螺旋的方向和螺旋的转动方向来决定的。

螺旋运输机的螺旋叶片形状，根据所运输物料的性质不同分为三种：

1）对于干燥无黏性的粒状或粉状物料采用整面式叶片，如图 14-31(a) 所示；

2）对于块状稍大而有黏性的物料采用带式叶片，如图 14-31(b) 所示；

3）对于黏性的或怕挤压变实的物料则采用桨式叶片，如图 14-31(c) 所示。

（2）料槽。料槽是容纳螺旋和物料并为其导向的构件，内孔为圆形断面，一般由薄钢板轧制而成，其厚度大致与螺旋叶片的相同。料槽圆弧内径与螺旋外径的间隙一般为 7 ~ 10mm，螺旋外径大时，取上限；反之，取下限。

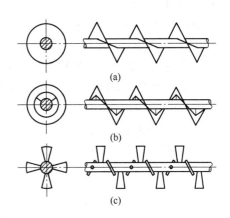

图 14-31　螺旋运输机叶片
(a) 整面式的叶片；(b) 带式叶片；(c) 桨式叶片

（3）支撑装置。支撑装置包括中间轴承支撑和首尾两端轴承支撑。轴承可以是滑动轴承，也可以是滚动轴承。在可能的情况下，应尽量采用滚动轴承。但不管采用何类轴承支撑，其润滑和密封性良好是至关重要的。

（4）驱动装置。螺旋运输机的驱动装置由电动机、减速器及联轴器组成。当螺旋运输机输送物料量比较稳定时，传动装置可直接连接到螺旋运输机的轴上，从而使结构紧凑，运行可靠。通常采用齿轮减速电动机通过联轴器直接驱动的形式。如果螺旋运输机进料量不稳定，经常出现超载运行时，传动装置可采用链条或三角皮带与运输机的轴连接。

### 14.5.1.3　特点及应用

螺旋运输机的优点是：构造简单紧凑，没有空返分支，因而横截面尺寸小；密封性能好，运送粉状物料时粉尘不会到处飞扬；中间装料卸料方便，操作安全；制造成本低，可以运送 200℃ 的热物料。

它的缺点是：由于物料对螺旋、料槽的摩擦和物料的搅拌，运送过程中的阻力大，所以单位功率消耗较大；运输过程物料破碎严重，零件磨损比较大；螺旋运输机对超载较敏感，超过时容易发生堵塞事故；运送距离短（＜70m），螺旋直径小（100～600mm），故运输能力低（通常不大于100kN/h）。

螺旋运输机一般输送距离不长、生产率较低，适于输送磨磋性较小的物料，不宜输送黏性大、易结块及大块的物料。

### 14.5.2 辊道运输机

#### 14.5.2.1 辊道运输机的结构及特点

辊道运输机（见图14-32）利用许多辊子作为承载件。辊子等距安装在机架上，用于水平或倾斜运送成物品，运送的物品须有刚性的支撑面。对于软的或粒状物料，则要放在托盘或箱子内才能运送。

辊道运输机可分为有驱动和无驱动两种。

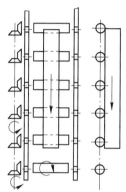

有驱动的辊道运输机，其全部或部分辊子采用电动机和锥齿轮传动装置集中驱动，或用单独的电动机分别驱动。旋转的辊子借助摩擦力推动物品移动。这种运输机广泛用于现代轧钢车间，作为轧钢生产过程的调度和运输工具。

无驱动的辊道运输机在水平方向运送物品时，须外力推动；在向下倾斜运送物品时，可借用重力。例如，以1.5%～3%倾斜度运送时，物品就可以利用重力沿倾坡自行移动。无驱动辊道运输机在国民经济中应用很广泛，因为它具有构造简单、使用方便、工作无噪声、外形尺寸小和可以不消耗能量等优点。故在机械加工车间、压力加工车间和铸造车间的流水作业线上，经常用它将工件从一个加工点运到另一个加工点。

图14-32 辊道运输机

#### 14.5.2.2 辊道输送机的实施方案

机动辊道有多种实施方案，常见的有以下五种：

（1）每个辊子都配备一个电动机和一个减速器，单独驱动。一般采用行星传动或谐波传动减速机。由于每个辊子自成系统，更换维修比较方便，但费用较高。

（2）每个辊子上装两个链轮，如图14-33所示。首先由电动机、减速机和链条传动装置驱动第一个辊子，然后再由第一个辊子通过链条传动装置驱动第二个辊子，这样逐次传递，以此实现全部辊子成为驱动辊子。

（3）用一根链条通过张紧轮驱动所有辊子，如图14-34所示。但这种方案只有当货物尺寸较长、辊子间距较大时，才比较容易实现。

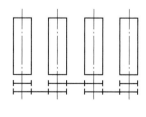

图14-33 双链轮传动

图14-34 单链条传动

（4）用一根纵向的通轴，通过扭成8字形的传动带驱动所有的辊子，如图14-35所示。在通轴上，对应每个辊子的位置开着凹槽。用无级传动带套在通轴和辊子上，呈扭转90°的8字形布置，即可传递动力，使所有辊子转动。如果货物较轻，对驱动力的要求不大，这种方案结构简单，较为可取。

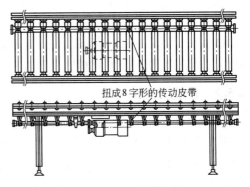

图 14-35 8 字形传动

（5）在辊子底下布置一条胶带，用压辊顶起胶带，使之与辊子接触，靠摩擦力的作用，当胶带向一个方向运行时，辊子的转动使货物向相反方向移动，如图 14-36 所示。把压辊放下使胶带脱开辊子，辊子就失去驱动力。有选择地控制压辊顶起和放下，即可使一部分棍子转动，而另一部分辊子不转，从而实现货物在辊道上的暂存，起到工序间的缓冲作用。

辊道运输机可以直线输送，也可以改变输送方向。输送方向的改变要用锥形辊子按扇形布置实现，如图 14-37 所示。在有的场合如输送自由度比较大的物料，可使用轮式运输机。轮式运输机操作起来比较方便，尤其是在自动化与非自动化物料运输设备相衔接的地方。

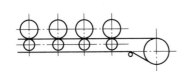

图 14-36 压辊胶带传动

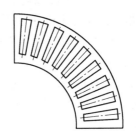

图 14-37 锥形辊子扇形布置

### 14.5.3 惯性运输机

惯性运输机是利用物料自身的惯性进行输送的。它可以输送成件物品或散状物料，但以输送散状物料为主。它的工作原理是使料槽做特定的往复运动，在向前运动时物料由足够大摩擦力带动伴随料槽一起运动，当向前变为向后运动时，由于摩擦力变小，物料在惯性力作用下，在料槽中滑动并以一定的节奏断续地向前运送。

按照物料在料槽上的压力，惯性运输机分为恒压式和变压式两类。恒压式由于物料运动时摩擦力较大，物料和料槽磨损剧烈，能量损耗较多；变压式的运送阻力小，料槽磨损也小。

惯性运输机的优点是：构造简单，价廉，可用于运送高温物料，可由中途槽底的孔卸料，供料不匀对其影响不大。

惯性运输机的缺点是：振动会引起很大的动载荷、噪声也大，运送速度慢，运输能力低，运送距离短，运送倾角小，能量损耗较多。

（1）恒压式惯性运输机。恒压式惯性运输机的料槽支承在滚轮上，由曲柄连杆机构带动，电动机通过驱动装置使料槽的往复具有不同的运动特性。恒压式惯性运输机的驱动装置是一个曲柄摇杆机构，也可以采用双曲柄机构或椭圆齿轮等其他类型机构。

（2）变压式惯性运输机。变压式摆动运输机的料槽支承在倾斜的摆杆上，由普通的曲柄连杆机构带动，往复运动的规律是对称的。摆杆长度通常为曲柄半径的 10～50 倍，因此料槽的运动可以近似当做直线运动。

振动式运输机是另一种变压式惯性运输机。它的应力变化剧烈，以致垂直运动的加速度远大于重力加速度，使所运物料抛离料槽，做飞行运动。

振动运输机的振幅在 10mm 以下，一般只有 2～5mm；频率为 17～50Hz/s。振动式运输机可以像摆式运输机一样，支承在倾斜的摆杆上，但多数悬挂在弹簧上，防止振动载荷传到房屋结构。振动运输机的驱动有偏心轮的也有电磁铁的。目前应用广泛的是电磁式振动运输机。它的优点是：

1）没有传动件，不需要轴承、减速机和电动机；

2）结构简单，价廉，维护检修简便；

3）重量轻，尺寸小；

4）驱动功率小，省电；

5）由于振幅小，使物料破碎与起尘的作用小。

目前采用的振动运输机多为共振式的，激磁力的频率略低于或略高于系统的自振频率，前者称为亚共振式，后者称为超共振式。我国主要采用亚共振式，激振频率为自振频率的 0.85～0.9。

振动式运输机一般运输距离不长，常作为给料装置，广泛用于采矿、选矿、冶金、煤炭、化工、建筑材料、机械制造、轻工业、粮食等部门，作为料仓排料、向带式运输机或斗式提升机等供料；向破碎机、粉碎机、烘干机、搅拌机等喂料以及在包装车间用来定量包装或定量混合等。

振动运输机的缺点是：不宜运送黏性物料，有噪音，动载荷容易松动基础，运料量不能变化等。

### 14.5.4　气力运输机

#### 14.5.4.1　气力运输机的工作原理

气力运输机（见图 14-38）是利用空气流动运送物料的。其工作原理是：运送粉状或

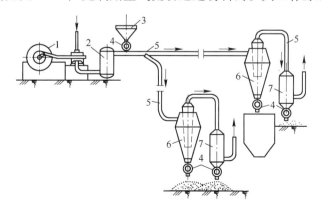

图 14-38　气力运输机

1—压力机；2—气缸；3—进料漏斗；4—开关；5—压气管道；6—除尘器；7—过滤器

粒状物料时，将运送的物料放进有一定流速的管道空气中，使物料和空气形成悬浮的混合物，送到目的地后再将物料分离出来。如果运送成件小物品，则应将物品装入小筒中，放进压缩空气管道进行运送。

14.5.4.2  气力运输机的应用与特点

气力运输机广泛应用于农业、林业、轻工业、重工业、交通运输业及建筑工业等部门中。有些部门常常将气力输送与工艺过程相结合，如进行干燥和分离等。

气力运输机有很多优点：效率高；设备简单；结构紧凑；使用方便；管道布置方便，适用于复杂的空间运输线路；运输距离长；便于遥控和自动化等。

气力运输机也有不少缺点：消耗电能多；不能运送湿的、黏性的、潮解性的或块度大的物料；不宜运送磨碴性强的物料（因管道磨损剧烈）；需要复杂的除尘装置，否则会对环境和空气造成污染。

气力运输机的运输能力达 3000kN/h，运输距离达 1800m，运输高度达 100m。

14.5.4.3  气力运输机的分类

根据气力运输机的工作原理可知，气力运输机运送物料的必要条件是在管路两端形成一定的压力差。按形成压力差的方式不同，气力运输机可分为吸送式、压送式和混合式三种。此外，还有一种变态的悬浮输送形式——空气槽。

（1）吸送式气力运输机。吸送式气力运输机是利用风机对整个管路系统进行抽气，使管道内的气体压力低于外界大气压，形成一定的真空度。在压力差的作用下，外界的空气透过料层间隙和物料形成混合物进入吸嘴，并沿管道输送。当空气和物料的混合物经过分离器时，带有物料的气流速度急剧降低并改变方向，使物料与空气分离，物料经分离器底部的卸料器卸出，含尘空气经第一级除尘器和第二级除尘器净化后，由风机通过消声器排入大气中。

（2）压送式气力运输机。压送式气力运输机中的空气在高于大气压的正压状态下工作，鼓风机把压缩空气压入管道，与由供料器装入的物料形成混合物，沿输料管送至卸料点，在那里物料通过分离器卸出，空气则经风管和除尘器而排入大气中。

（3）混合式气力运输机。混合气力运输机，如图 14-39 所示，由吸进式和压送式两部分组成。物料从吸嘴进入输料管被吸至分离器，经下部的卸料器（它又起着压送部分的供料器作用）卸出并送入压送部分的输料管，而从分离器中的除尘器出来的空气经风管送至鼓风机压缩后进入输料管，把物料压送至卸料点，物料被再次分离出来，而空气则由分离器上部排出。

（4）空气槽。空气槽（见图 14-40）是利用空气通入粉料层中使物料流态化（粉料的摩擦角减小，流动性增加），并依靠粉料

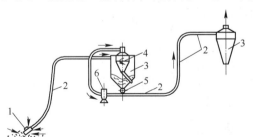

图 14-39  混合式气力输送机

1—吸嘴；2—输料管；3—分离器；

4—除尘器；5—卸料器；6—鼓风机

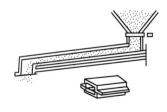

图 14-40  空气槽

自重沿斜槽向下输送的装置。斜槽向下倾斜 4°~10°，由若干段薄钢板制成的矩形断面槽体连接而成。槽体由多孔板分隔成上下两部分，上部为斜槽，下部为通风槽。多孔板可用多层帆布、多孔水泥板等制造。低压（约 5000Pa）的压缩空气吹入通风槽后，通过密布孔隙的多孔板均匀分布在物料颗粒之间，使物料层流态化，并在重力作用下沿料槽输送至卸料口，通过料层的空气可由排气口经布袋过滤排出。

#### 14.5.4.4 气力运输机的主要部件

气力运输机主要用于散粮卸船、卸车，其虽然形式很多，且结构各异，但归纳起来都由下列几部分组成：风机、输送管道及管件、供料装置、分离器、除尘器、卸料（灰）装置、消声器等。

（1）风机。风机是将机械能传给空气使空气形成压力差而流动的设备。在气力运输机中，风机用来使空气在管道内形成一定速度和压力的气流，以实现物料的输送。目前，常用的风机有离心式鼓风机、罗茨式鼓风机和往复式空气压缩机。

（2）输送管及管件。输送管及管件可以组成输送空气和物料的管道，也可以连接其他构件，它包括直管、弯管、伸缩管、分叉管、铰接弯头和切换阀等。

（3）供料装置。在吸送式气力运输机中，供料是在管道压力低于外界大气压的条件下进行的，故供料装置结构较为简单，常采用吸嘴形式。吸嘴种类很多，有简单吸嘴、双筒吸嘴、直吸嘴、角吸嘴和转动吸嘴等。

在压送式气力运输机中，供料是在管路中气体压力高于外界大气压的条件下进行的，必须将物料送进管道，同时又不能使管道中的空气逸出，因此，供料装置比较复杂。常用的供料器有旋转式、喷射式、螺旋式和容积式。

（4）分离器。分离器（见图 14-41）是把物料从输送出来的双相流中分离出来的装置。常用的分离器有容积式和离心式两种。容积式分离器是一个直径较大的圆筒容器。当双相流由输料管进入断面突然扩大的容器中时，流速急剧下降，使气流失去了对物料的携带能力，物料在重力的作用下从双相流中分离出来。离心式分离器是利用双相流旋转时的离心力使物料抛到分离器壁面并沿壁下落被分离。其尺寸较小，容易制造，分离效率较高，在风量较大的情况下还能用两个或几个并联使用。

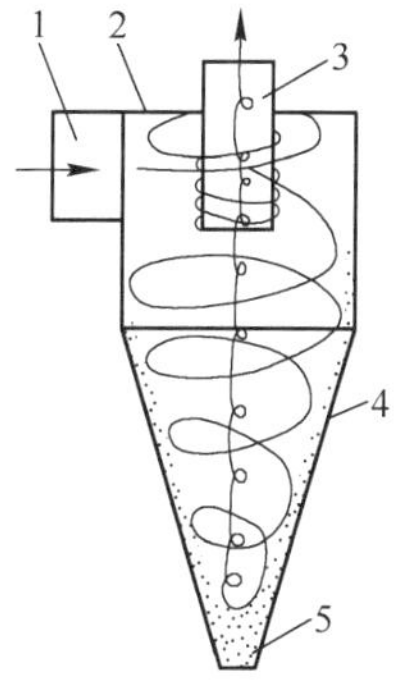

图 14-41　离心式分离器
1—切向进口；2—圆筒体；
3—排气管；4—圆锥体；
5—卸料口

（5）除尘器。除尘器是用来清除气流中灰尘的装置。由于从分离器出来的气流含有大量的灰尘，为了保护环境和风机，必须装设除尘器去除气流中的灰尘。除尘器按除尘方式分为干式和湿式两大类。湿式除尘器是使空气经过水来除尘的，除尘效果较好，但设备受各种条件的限制。干式除尘器常用的有离心式和袋式除尘器两种。

（6）卸料（灰）器。卸料（灰）器是一种将物料（灰尘）从分离器（除尘器）中卸出来，并阻止空气进入分离器（除尘器）的装置，目前应用最广泛的是旋转式（叶轮式）和阀门式。旋转式卸料（灰）器的结构与旋转式供料器相同。阀门式卸料（灰）器由上下两道阀门构成。工作时，上阀门常开，下阀关闭，使物料（或灰尘）落入卸料器中。需要卸料时，关闭上阀门，打开下阀门，即可在气力运输机不停机的情况下卸料。阀门式卸料器的结构较简单，气密性好，但高度尺寸较大。

14.5.4.5　气力运输机的安全操作

A　日常安全操作

气力运输机的主要任务就是为生产工艺和各作业机物流流通服务。服务的好坏，在很大程度上也取决于各作业机本身的正确操作和良好的维护。通常风运效果不好的现象是：物料从作业机外扬、机器或管道内水汽凝结，风运效果降低等。产生的原因有二：其一是机器设备内部阻力增大，其二是气力运动利用不合理。因此，在操作中要做到：

（1）加强维修，随时保证各作业机器完好，按物料需要精确设计管网，使气流充分发挥作用。

（2）加强密闭，及时焊补管道、管件上的缝隙；对于观察门应紧密粘合，防止漏风。

（3）减少阻力。设备阻力增大应及时检查风机和各作业机的进出风口是否堵塞进而导致进风口变小，影响风网正常工作；管道内部有无尘积物料，滑门阀是否处于正确位置。

B　开车和停车安全操作

（1）开车前要检查总风机的滑门阀是否关闭，各作业机的风门阀是否在正确位置，重力压力门是否有杂物卡住，除尘器下部的灰箱是否堵塞，密闭处理是否良好，有无漏风现象。

（2）在技师指导下，按工艺流程相反顺序依次开动气力输送流程之后的各工艺作业机。

（3）开动各卸料器下部的关风机，对于料封压力门，应注意检查压力门启闭是否灵活，有无异物卡住。

（4）在启动风机电动机前，先关闭总风门，待风机启动恢复正常后，徐徐打开总风门至规定位置。

（5）风机运转正常后，按工艺流程相反方向，依次开动各工序的作业机。

（6）空车运转正常后，投料生产。

（7）停车应按开车时的反方向顺序进行。

C　运行中安全操作

（1）在运行中经常注意进入各接料器的物料是否均匀稳定，因物料变化而引起供料量变化时，必须进行适当调整。对于要返工回机的物料，应按"同质合并"的原则，经喂料器均匀加入。对于流动性差的物料，应及时消除物料在接料口偶然成拱现象。

（2）对料管掉下的物料，避免在接料器下部堆积过高影响接料器的进风。

（3）在运行中要特别注意闭风器有无异物卡住，以免造成整个风运系统运转失调。对于料封压力门要经常观察存料管内的料封高度，防止进风。

（4）在运行中随时检查各管道风门是否在规定位置。如果输送物料的空气是随物料从作业机经溜管进入接料器的，则必须经常检查作业机的进风口情况，确保各输料管风速的稳定性。

（5）在运行中若发现风网有漏风现象，应立即采取补救措施。先稳定生产，待停车后再修理。

（6）注意风机的运转是否正常、有无异声，皮带是否打滑，轴承是否发热，润滑状况和减振器的配备及减振状况是否良好，发现问题应立即组织抢修。

**复习思考题**

14-1  运输机所运送的物料根据性质不同分为几种?

14-2  散状物料有哪些重要特性?

14-3  简述带式运输机的优缺点。

14-4  带式运输机由哪些部件组成?它们的作用各是什么?

14-5  带条接头方式有几种,分别有何特点?

14-6  清扫器的作用是什么?它有哪几种类型?

14-7  简述带式运输机的常见故障及其处理方法。

14-8  链式运输机有哪几种常见的类型?

14-9  链式运输机的主要特点是什么?

14-10  常用无挠性牵引件的运输机械有几种?

14-11  简述辊道式运输机的组成和实施方案。

14-12  螺旋运输机主要由哪些部件组成,各有什么作用?

14-13  惯性运输机分为几种?它是如何工作的?

14-14  气力运输机的分类、特点是什么?

14-15  简述气力运输机的主要部件和作用。

# 附录 起重吊运指挥信号 (GB 5082—1985)

**中华人民共和国国家标准**

## 起重吊运指挥信号

## The commanding signal for lifting and moving

## 引 言

为确保起重吊运安全，防止发生事故，适应科学管理的需要，特制订本标准。

本标准对现场指挥人员和起重机司机所使用的基本信号和有关安全技术作了统一规定。

本标准适用于以下类型的起重机械：

桥式起重机（包括冶金起重机）、门式起重机、装卸桥、缆索起重机、塔式起重机、门座起重机、汽车起重机、轮胎起重机、铁路起重机、履带起重机、浮式起重机、桅杆起重机、船用起重机等。

本标准不适用于矿井提升设备、载人电梯设备。

## 1 名词术语

通用手势信号——指各种类型的起重机在起重、吊运中普遍适用的指挥手势。

专用手势信号——指具有特殊的起升、变幅、回转机构的起重机单独使用的指挥手势。

吊钩（包括吊环、电磁吸盘、抓斗等）——指空钩以及负有载荷的吊钩。

起重机"前进"或"后退"——"前进"指起重机向指挥人员开来；"后退"指起重机离开指挥人员。

前、后、左、右——在指挥语言中，均以司机所在位置为基准。

音响符号：

"——"表示大于一秒钟的长声符号。

"●"表示小于一秒钟的短声符号。

"○"表示停顿的符号。

## 2 指挥人员使用的信号

### 2.1 手势信号

#### 2.1.1 通用手势信号

**2.1.1.1**　"预备"（注意）

手臂伸直，置于头上方，五指自然伸开，手心朝前保持不动（见图1）。

**2.1.1.2**　"要主钩"

单手自然握拳，置于头上，轻触头顶（见图2）。

**2.1.1.3**　"要副钩"

一只手握拳，小臂向上不动，另一只手伸出，手心轻触前只手的肘关节（见图3）。

**2.1.1.4**　"吊钩上升"

小臂向侧上方伸直，五指自然伸开，高于肩部，以腕部为轴转动（见图4）。

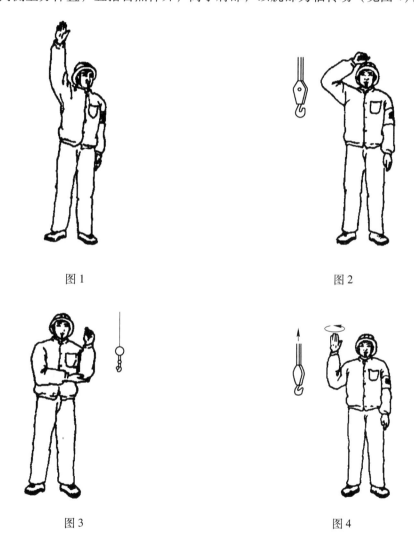

图1　　　　　　　　　　　　　　　　图2

图3　　　　　　　　　　　　　　　　图4

**2.1.1.5**　"吊钩下降"

手臂伸向侧前下方，与身体夹角约为30°，五指自然伸开，以腕部为轴转动（见图5）。

**2.1.1.6**　"吊钩水平移动"

小臂向侧上方伸直，五指并拢手心朝外，朝负载应运行的方向，向下挥动到与肩相平的位置（见图6）。

**2.1.1.7**　"吊钩微微上升"

小臂伸向侧前上方，手心朝上高于肩部，以腕部为轴，重复向上摆动手掌（见图7）。

**2.1.1.8**　"吊钩微微下降"

小臂伸向侧前下方，与身体夹角约为30°，手心朝下，以腕部为轴，重复向下摆动手掌（见图8）。

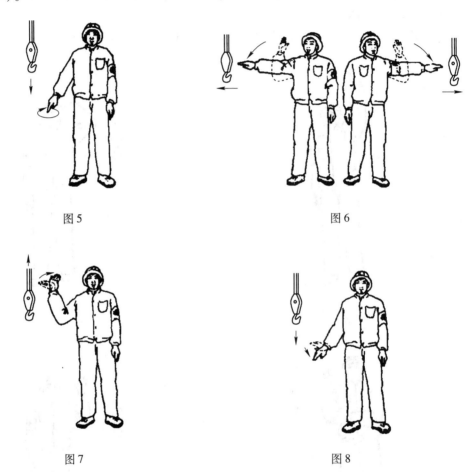

图5                              图6

图7                              图8

**2.1.1.9**　"吊钩水平微微移动"

小臂向侧上方自然伸出，五指并拢手心朝外，朝负载应运行的方向，重复做缓慢的水平运动（见图9）。

**2.1.1.10**　"微动范围"

双小臂曲起、伸向一侧，五指伸直，手心相对，其间距与负载所要移动的距离接近（见图10）。

**2.1.1.11**　"指示降落方位"

五指伸直，指出负载应降落的位置（见图11）。

**2.1.1.12**　"停止"

小臂水平置于胸前，五指伸开，手心朝下，水平挥向一侧（见图12）。

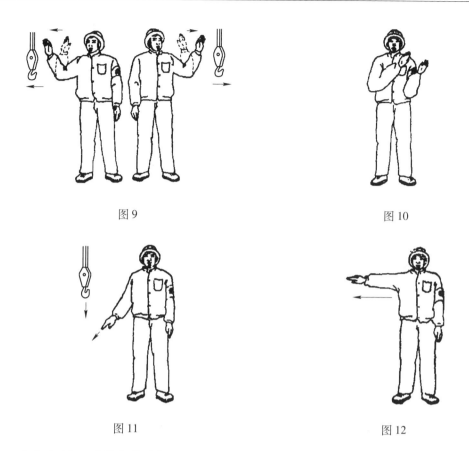

图 9　　　　　　　　　　　　图 10

图 11　　　　　　　　　　　　图 12

**2.1.1.13　"紧急停止"**
两小臂水平置于胸前，五指伸开，手心朝下，同时水平挥向两侧（见图 13）。
**2.1.1.14　"工作结束"**
双手五指伸开，在额前交叉（见图 14）。

图 13　　　　　　　　　　　　图 14

**2.1.2　专用手势信号**
**2.1.2.1　"升臂"**

手臂向一侧水平伸直，拇指朝上，余指握拢，小臂向上摆动（见图15）。

**2.1.2.2** "降臂"

手臂向一侧水平伸直，拇指朝下，余指握拢，小臂向下摆动（见图16）。

图15　　　　　　　　　　　　　　图16

**2.1.2.3** "转臂"

手臂水平伸直，指向应转臂的方向，拇指伸出，余指握拢，以腕部为轴转动（见图17）。

**2.1.2.4** "微微升臂"

一只小臂置于胸前一侧，五指伸直，手心朝下，保持不动。另一只手的拇指对着前手手心，余指握拢，做上下移动（见图18）。

图17　　　　　　　　　　　　　　图18

**2.1.2.5** "微微降臂"

一只小臂置于胸前一侧，五指伸直，手心朝上，保持不动。另一只手的拇指对着前手手心，余指握拢，做上下移动（见图19）。

**2.1.2.6** "微微转臂"

一只小臂向前平伸，手心自然朝向内侧。另一只手的拇指指向前只手的手心，余指握拢做转动（见图20）。

**2.1.2.7** "伸臂"

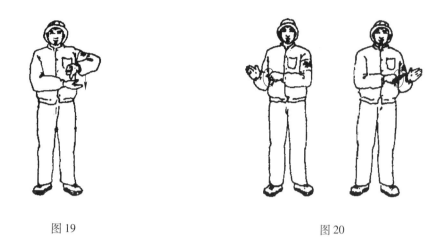

图 19　　　　　　　　　　　　　　　　　图 20

两手分别握拳，拳心朝上，拇指分别指向两侧，做相斥运动（见图21）。

**2.1.2.8**　　"缩臂"

两手分别握拳，拳心朝上，拇指对指，做相向运动（见图22）。

图 21　　　　　　　　　　　　　　　　　图 22

**2.1.2.9**　　"履带起重机回转"

一只小臂水平前伸，五指自然伸出不动。另一只小臂在胸前做水平重复摆动（见图23）。

**2.1.2.10**　　"起重机前进"

双手臂先向前平伸，然后小臂曲起，五指并拢，手心对着自己，做前后运动（见图24）。

**2.1.2.11**　　"起重机后退"

双小臂向上曲起，五指并拢，手心朝向起重机，做前后运动（见图25）。

**2.1.2.12**　　"抓取"

两小臂分别置于侧前方，手心相对，由两侧向中间摆动（见图26）。

**2.1.2.13**　　"释放"

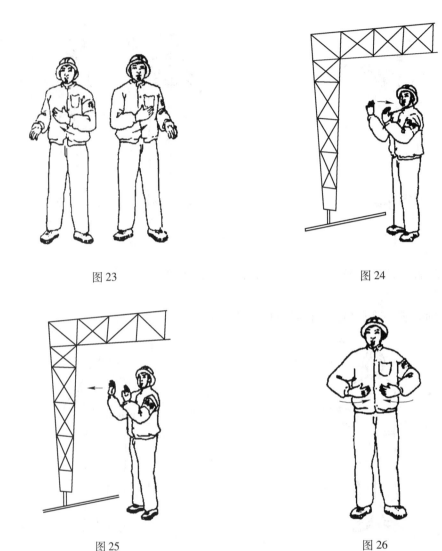

图 23　　　　　　　　　　　　　　　图 24

图 25　　　　　　　　　　　　　　　图 26

　　两小臂分别置于侧前方，手心朝外，两臂分别向两侧摆动（见图 27）。

**2.1.2.14　"翻转"**

　　一小臂向前曲起，手心朝上。另一小臂向前伸出，手心朝下，双手同时进行翻转（见图 28）。

　　**2.1.3　船用起重机（或双机吊运）专用手势信号**

　　**2.1.3.1　"微速起钩"**

　　两小臂水平伸向侧前方，五指伸开，手心朝上，以腕部为轴，向上摆动。当要求双机以不同速度起升时，指挥起升快的一方，手要高于另一只手（见图 29）。

　　**2.1.3.2　"慢速起钩"**

　　两小臂水平伸向侧前方，五指伸开，手心朝上，小臂以肘部为轴向上摆动。当要求双机以不同速度起升时，指挥起升快的一方，手要高于另一只手（见图 30）。

　　**2.1.3.3　"全速起钩"**

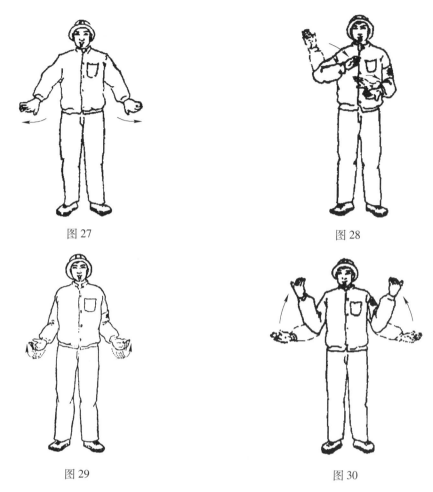

图 27　　　　　　　　　　　　　　图 28

图 29　　　　　　　　　　　　　　图 30

两臂下垂，五指伸开，手心朝上，全臂向上挥动（见图 31）。

**2.1.3.4　"微速落钩"**

两小臂水平伸向侧前方，五指伸开，手心朝下，手以腕部为轴向下摆动。当要求双机以不同的速度降落时，指挥降落速度快的一方，手要低于另一只手（见图 32）。

图 31

图 32

**2.1.3.5**　"慢速落钩"

两小臂水平伸向侧前方，五指伸开，手心朝下，小臂以肘部为轴向下摆动。当要求双机以不同的速度降落时，指挥降落速度快的一方，手要低于另一只手（见图33）。

**2.1.3.6**　"全速落钩"

两臂伸向侧上方，五指伸开，手心朝下，全臂向下挥动（见图34）。

图33

图34

**2.1.3.7**　"一方停止，一方起钩"

指挥停止的手臂作"停止"手势；指挥起钩的手臂则做相应速度的起钩手势（见图35）。

**2.1.3.8**　"一方停止，一方落钩"

指挥停止的手臂作"停止"手势；指挥落钩的手臂则做相应速度的落钩手势（见图36）。

图35

图36

**2.2**　旗语信号

**2.2.1**　"预备"

单手持红绿旗上举（见图 37）。

**2.2.2**　　"要主钩"

单手持红绿旗，旗头轻触头顶（见图 38）。

图 37　　　　　　　　　　　　　　　　　　图 38

**2.2.3**　　"要副钩"

一只手握拳，小臂向上不动，另一只手拢红绿旗，旗头轻触前只手的肘关节（见图 39）。

**2.2.4**　　"吊钩上升"

绿旗上举，红旗自然放下（见图 40）。

图 39　　　　　　　　　　　　　　　　　　图 40

**2.2.5**　　"吊钩下降"

绿旗拢起下指，红旗自然放下（见图 41）。

**2.2.6**　　"吊钩微微上升"

绿旗上举，红旗拢起横在绿旗上，相互垂直（见图 42）。

图 41

图 42

**2.2.7**　"吊钩微微下降"

绿旗拢起下指，红旗横在绿旗下，相互垂直（见图 43）。

**2.2.8**　"升臂"

红旗上举，绿旗自然放下（见图 44）。

图 43

图 44

**2.2.9**　"降臂"

红旗拢起下指，绿旗自然放下（见图 45）。

**2.2.10**　"转臂"

红旗拢起，水平指向应转臂的方向（见图 46）。

**2.2.11**　"微微升臂"

红旗上举，绿旗拢起横在红旗上，相互垂直（见图 47）。

**2.2.12**　"微微降臂"

红旗拢起下指，绿旗横在红旗下，相互垂直（见图 48）。

**2.2.13**　"微微转臂"

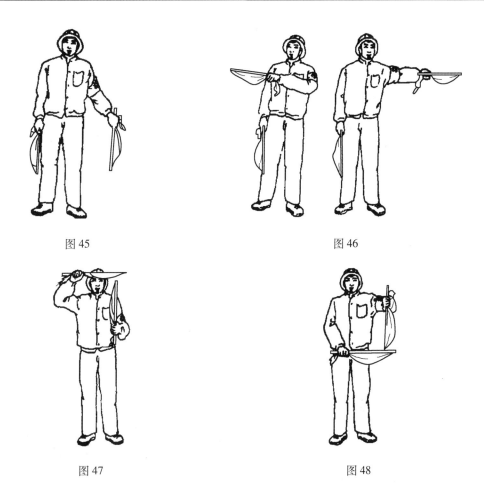

图 45                          图 46

图 47                          图 48

红旗拢起，横在腹前，指向应转臂的方向；绿旗拢起，竖在红旗前，相互垂直（见图49）。

**2.2.14** "伸臂"

两旗分别拢起，横在两侧，旗头外指（见图50）。

图 49                          图 50

**2.2.15** "缩臂"

两旗分别拢起，横在胸前，旗头对指（见图51）。

**2.2.16　"微动范围"**

两手分别拢旗，伸向一侧，其间距与负载所要移动的距离接近（见图52）。

图51　　　　　　　　　　　　　　　　　　图52

**2.2.17　"指示降落方位"**

单手拢绿旗，指向负载应降落的位置，旗头进行转动（见图53）。

**2.2.18　"履带起重机回转"**

一只手拢旗，水平指向侧前方，另一只手持旗，水平重复挥动（见图54）。

图53　　　　　　　　　　　　　　　　　　图54

**2.2.19　"起重机前进"**

两旗分别拢起，向前上方伸出，旗头由前上方向后摆动（见图55）。

**2.2.20　"起重机后退"**

两旗分别拢起，向前伸出，旗头由前方向下摆动（见图56）。

**2.2.21　"停止"**

单旗左右摆动，另外一面旗自然放下（见图57）。

**2.2.22　"紧急停止"**

双手分别持旗，同时左右摆动（见图58）。

**2.2.23　"工作结束"**

两旗拢起，在额前交叉（见图59）。

**2.3　音响信号**

图 55　　　　　　　　　　　　图 56

图 57　　　　　　　　　　　　图 58

图 59

**2.3.1**　"预备"、"停止"

一长声——

**2.3.2**　"上升"

两短声●●

**2.3.3 "下降"**

三短声●●●

**2.3.4 "微动"**

断续短声●○●○●○●

**2.3.5 "紧急停车"**

急促的长声————

**2.4 起重吊运指挥语言**

**2.4.1 开始、停止工作的语言**

表1

| 起 重 机 的 状 态 | 指 挥 语 言 |
|---|---|
| 开始工作 | 开　始 |
| 停止紧急停止 | 停 |
| 工作结束 | 结　束 |

**2.4.2 吊钩移动语言**

表2

| 吊 钩 的 移 动 | 指 挥 语 言 |
|---|---|
| 正常上升 | 上　升 |
| 微微上升 | 上升一点 |
| 正常下降 | 下　降 |
| 微微下降 | 下降一点 |
| 正常向前 | 向　前 |
| 微微向前 | 向前一点 |
| 正常向后 | 向　后 |
| 微微向后 | 向后一点 |
| 正常向右 | 向　右 |
| 微微向右 | 向右一点 |
| 正常向左 | 向　左 |
| 微微向左 | 向左一点 |

**2.4.3 转台回转语言**

表3

| 转 台 的 回 转 | 指 挥 语 言 |
|---|---|
| 正常右转 | 右　转 |
| 微微右转 | 右转一点 |
| 正常左转 | 左转 |
| 微微左转 | 左转一点 |

**2.4.4 臂架移动语言**

表4

| 臂架的移动 | 指挥语言 |
|---|---|
| 正常伸长 | 伸　长 |
| 微微伸长 | 伸长一点 |
| 正常缩回 | 缩　回 |
| 微微缩回 | 缩回一点 |
| 正常升臂 | 升　臂 |
| 微微升臂 | 升一点臂 |
| 正常降臂 | 降　臂 |
| 微微降臂 | 降一点臂 |

## 3　司机使用的音响信号

3.1　"明白"——服从指挥

一短声●

3.2　"重复"——请求重新发出信号

二短声●●

3.3　"注意"

长声——

## 参 考 文 献

［1］陈道南．起重运输机械[M]．北京：冶金工业出版社，2003．

［2］高敏．新版天车工培训教程[M]．北京：机械工业出版社，2011．

［3］建筑专业《职业技能鉴定教材》编审委员会．安装起重工[M]．北京：中国劳动社会保障出版社，2003．

［4］李铮．起重运输机械[M]．北京：冶金工业出版社，1998．

［5］时彦林．天车工培训教程[M]．北京：冶金工业出版社，2013．